“十二五”国家重点图书规划项目

围压条件下岩石的动态力学特性

Dynamic mechanical properties of rock with the confining pressure

许金余　范建设　吕晓聪　著

国家自然科学基金资助项目(51078350)

西北工業大學出版社

【内容简介】 本书以岩石的动态冲击试验为基础，从材料微观结构的角度，对围压条件下岩石的强度、破坏形态和能量耗散随应变率的变化规律进行了分析；以损伤力学与统计理论为基础，将统计损伤模型和黏弹性模型相结合，建立了基于 Weibull 分布的岩石动态损伤统计本构模型；对围压条件下岩石在冲击荷载循环加载下的动态疲劳损伤特性进行了研究；建立了岩石破碎块度与能量、破碎断裂能与围压的关系，并运用分形理论对岩石破碎块度的分形特征进行了研究；利用有限元程序进行 SHPB 试验的数值仿真，对岩石 SHPB 试验的有效性进行了验证和讨论；根据岩石能量吸收特性随围压的变化关系，对地下工程围岩中爆炸冲击波传播规律的地应力效应进行了分析。

本书可供从事地下工程、采矿工程专业的科研设计人员参考使用，也可供爆破工程、岩土工程、水利水电工程等专业的高校教师、研究人员、研究生及工程技术人员参考使用。

图书在版编目(CIP)数据

围压条件下岩石的动态力学特性/许金余，范建设，吕晓聪著. —西安：西北工业大学出版社，2012.1

ISBN 978-7-5612-3262-0

Ⅰ.①围… Ⅱ.①许… ②范… ③吕… Ⅲ.①围压—岩石力学—动态性能 Ⅳ.①TU45

中国版本图书馆 CIP 数据核字(2011)第 264117 号

出版发行：西北工业大学出版社
通信地址：西安市友谊西路 127 号　　**邮编**：710072
电　　话：(029)88493844　88491757
网　　址：www.nwpup.com
印 刷 者：陕西向阳印务有限公司
开　　本：787 mm×960 mm　1/16
印　　张：14
字　　数：301 千字
版　　次：2012 年 1 月第 1 版　2012 年 1 月第 1 次印刷
定　　价：30.00 元

前　言

随着经济建设与国防建设的不断发展，地下空间开发不断走向深部。在地下资源开采过程中，随着工程深度的不断加大，地质条件趋于复杂，一系列工程灾害如巷道变形剧烈与失稳加剧、岩爆与冲击地压剧增等日益严重。另外，在现代高技术战争条件下，高精度侦察技术、精确制导武器和小型钻地核武器的不断发展，对地下防护工程的建设和生存提出了严峻挑战，深地下防护工程的地位和作用显得越发重要和突出。

深部岩石力学问题已经成为关系国家财产和人民生命安全的重大课题，也是国内外岩石力学与地下工程领域研究的焦点问题。首先，深部岩石所赋存的复杂地应力环境，改变了岩石的力学性能。其次，武器爆炸对地下工程的威胁，以及有关地震、爆破等工程问题的研究，都与冲击荷载或应力脉冲作用下的岩石动态力学性能有关。另外，由于地应力的存在，地下爆炸时岩体运动的能量明显大于爆源的爆炸能，但其机理尚不清楚。因此，有关地应力环境下岩石的动态力学特性，以及岩石在冲击荷载循环作用下的能量耗散和累积损伤效应等课题亟待解决。本书正是作者在深入研究这个课题的基础上，总结多年研究成果完成的。

本书基于岩石的霍普金森压杆动态冲击试验和应力波理论，结合损伤力学、断裂力学、分形理论等，对围压条件（地应力环境）下岩石的动态力学特性展开研究。从材料微观结构的角度对围压条件下岩石的强度、破坏形态和能量耗散随应变率的变化规律进行分析；以损伤力学与统计理论为基础，将统计损伤模型和黏弹性模型相结合，建立基于 Weibull 分布的岩石动态损伤统计本构模型；对围压条件下岩石在冲击荷载循环加载下的力学特性进行研究，分析其累积比能量吸收值与入射能量，损伤度与围压等参量之间的关系，为研究岩石在爆炸冲击荷载下的动力学特性提供一种新的思路；通过岩石的破碎块度和能量分析，建立岩石破碎块度与能量的关系式，并分析岩石破碎断裂能与围压的关系；根据岩石破碎的自相似性，运用分形理论对岩石破碎块度的分形特征进行研究；研究成果对地下资源的高效开采、地下工程的防护和抢修抢建都有重要的指导意义。利用有限元程序进行 SHPB 试验的数值仿真，对岩石 SHPB 试验的有效性进行验证和讨论；根据围压条件下岩石试件的动态压缩试验结果，岩石能量吸收特性随围压的变化关系，对地下工程围岩中爆炸冲击波传播规律的地应力效应进行分析。本书的研究成果不仅对采矿工程和地下工程的建设有重要的指导意义，而且对结构工程、岩土工程等学科的发展，都将起到积极的推动作用。

本书由许金余、范建设、吕晓聪撰写，由郑颖人审校。刘军忠、张磊、王泽东等同志参与了本书试验研究、数据整理和结果分析的部分工作。张增运、翟毅、杨进勇等同志在试验前期的岩石选取工作中给予了热情帮助。在此谨向帮助完成此书的同志表示衷心的感谢！

由于水平有限，书中难免有不足和欠妥之处，恳切希望读者予以批评指正。

著　者

2010 年 5 月于西安

目　录

第1章 绪 论

1.1 岩石动力特性研究的意义

为了满足社会与经济发展日益增长的需求，人类对地下空间的利用和地下矿产资源的开采不断加剧。随着浅层空间和浅部资源的逐渐减少，地下工程的深度越来越大，一系列工程灾害如巷道变形剧烈与失稳加剧、岩爆与冲击地压剧增等日益严重。深部地下工程围岩的破坏特征和合理支护形式也与浅部有明显区别，这种差别的根源在于岩石所处的赋存环境的差异，尤其是在高地应力条件下岩石表现出十分特殊的力学行为，如岩石的脆-延转化特性、岩石的强度特征和破坏特征，尤其是动态的突然破坏等[1]。

在国防建设中，地下防护工程是国家安全的重要物质基础，是国防威慑力量的重要组成部分，是打赢高技术战争的有效盾牌，它能确保指挥体系的安全与稳定，能有效保障有生力量和战争潜力的安全，在历次战争中都发挥了重要作用[2]。但是，在现代高技术战争条件下，随着侦察技术、精确制导武器和小型钻地核武器的不断发展，战场侦察监视与捕获攻击的能力空前提高，对地下防护工程的建设和生存提出了严峻挑战[3-5]。另外，利用多枚钻地弹头在目标区地下一定深度实施多弹头重复连续打击，通过地冲击荷载的“重复袭击效应”以摧毁地下坚固目标也已经成为未来战争中对地下工程的重要打击方式[6]。美国工程兵水道试验站已将重复爆炸列入重点研究课题[7]。深地下防护工程的地位和作用显得越发重要和突出。

但是，随着地下工程深度的不断增加，地应力将进一步增大，深部岩石所处的应力环境导致岩石力学性质发生了变化；在地应力条件下地下工程围岩在冲击荷载单次作用和循环作用下的动态力学性能也有待研究。另外，由于地应力的存在，地下爆炸时岩体运动的能量明显大于爆源的爆炸能，其机理尚不清楚。因此，有关在地应力环境（围压条件）下岩石动态力学性能的基础与应用研究，以及岩石在冲击荷载循环作用下的能量耗散和累积损伤效应等课题在理论和试验方面均有待深入研究。

1.2 国内外研究现状

1.2.1 岩石力学性能的研究

1. 国外研究状况

在岩石力学与工程领域，国外文献主要集中在岩石静态力学和断裂力学方面的研究，以及用霍普金森压杆(Split Hopkinson Pressure Bar,简称 SHPB)装置对岩石动态力学性能的研究,而对在地应力环境下(围压状态下)岩石的各项力学性能的研究还不多见。

茂木清夫(1980 年)[8]对岩石在一般三轴压缩下的流动和破坏进行了分析总结,讨论了组合应力状态对各向同性及各向异性岩石的流动和破坏的效应,认为中间主应力的影响不仅在各向异性岩石里是显著的,而且在各向同性岩石里也同样是显著的。C. S. Chen(1996 年)[9]利用巴西测试法研究了各向异性岩石的变形、强度和断裂特性。B. P. Sibiriakov(2002 年)[10]针对传统动力学的不足,将材料微裂纹尺寸引入分析模型,对远场应力作用下岩石类物质的超声速和中声速开裂问题进行了研究。N. Li(2002 年)[11]对循环荷载下冻结裂隙砂岩动疲劳特性进行了研究。试验结果显示,裂隙砂岩比完整砂岩疲劳效应明显,冻结作用能减弱试样的疲劳效应与加载速率效应。S. H. Cho 等(2003 年)[12]对花岗岩和凝灰岩动抗拉强度应变率效应进行了研究,结果表明,两类岩石的动抗拉强度随应变率急速增加,并且认为高应变率条件下动抗拉强度提高是由于相邻微裂纹应力释放而导致扩展裂纹滞止所致。Muhammad Javid Iqbal(2004 年)[13]通过对脆性岩石断裂粗糙度的研究,提出了改进的岩石断裂测试方法。Valentina Rocchi 等(2004 年)[14]研究了火山岩在 1 000℃高温和 30MPa 压力下的力学性能。结果表明,在高温情况下,低压对火山岩强度影响甚微,而应变率是主要的影响因素。文献[15-16]研究了花岗岩内部的微裂纹构造与其力学性能的关系,包括波速、模量、单轴压缩、拉伸强度和断裂韧性等。M. H. B. Nasseri 等(2006 年、2007 年)[17-18]的研究表明,微裂纹密度、微裂纹长度和断裂韧性之间存在很好的相关性。Yoshikazu 等(2009 年)[19]对在低围压条件下的岩石进行了大尺度三轴压缩试验,分析了剪切强度等力学参数的变化特征。C. Z. Qi 等(2009 年)[20]提出,在低应变率条件下,岩体的变形与破裂受控于热激活机制,随着应变率的增加,宏观黏性起主导控制作用。应变率对岩体强度的影响主要受这两种机制的综合作用。C. O. Aksoy 等(2010 年)[21]运用数值方法对地下工程岩石的变形特征进行了研究。SHPB 试验技术是研究岩石材料冲击力学性能的重要手段。Bazle A Gama 等(2004 年)[22]批判地回顾了 B. Hopkinson,R. M Davies 以及 H. Kolsky 的经典论述,讨论了一维 SHPB 理论中假设的有效性和适用性,介绍了 SHPB 试验的程序,即杆的调试、试件设计、脉冲整形以及数据分析。K. Xia(2007 年[23]、2008 年[24])通过 SHPB 装置对花岗岩在动态压缩作用下的力学性能和微观结构效应进行了研究。J. P. Zuo 等(2008 年)[25]基于断裂力学理论研究了岩石类材料的非线性强度准则。J. C. Li 等(2009 年)[26]运用 SHPB 装置对裂隙岩石进行了动力试验,研究了应力波在裂隙岩体中的传播规律,结果表明,裂隙宽度和含水量对裂隙岩体的动态应力-应变关系有较大影响。S. Demirdag等(2010 年)[27]运用液压伺服压力试验机和 SHPB 装置对几种不同岩石进行了试验,研究了孔隙率、密度和硬度对岩石静态和动态力学性能的影响。

2. 国内研究状况

自 20 世纪 80 年代以来,我国岩石力学与工程领域的研究和教育得到蓬勃发展。岩石力学研究工作得到大量试验数据的支持,不仅解决了若干重大工程的岩石力学问题,而且分析理论和方法皆有所提高。在若干岩石力学的问题上,我国岩石力学专家提出了独到的见解,受到了国际岩石力学界的重视。

作为一种特殊的天然材料，受成因和地质构造的影响，岩石的组织结构极为不均匀，内部存在大量的天然缺陷，而且这些缺陷的分布完全是随机的，因此可视为一种非均质的多相复合结构[28]。在受到外界力作用下，弥散在岩石内部原有的微缺陷不断变化，新生微裂纹不断萌生、扩展，最后彼此贯通；随着应力或应变增加，岩石不断产生损伤，最终形成宏观裂缝，这将导致岩石最终失稳破坏。岩石变形破坏过程是能量的复杂转化过程，在岩石应力达到峰值强度前不断吸收外界的能量，而峰值后破坏则是能量不断释放的过程[29]。也就是说，岩石的变形破坏过程实质上是能量耗散和释放的全过程。许多学者对岩样的力学性能和破坏过程的能量变化规律进行了试验研究，已取得了有价值的研究成果。

王武林等(1986 年)[30]通过室内大块度岩石球面波爆炸试验，用拉格朗日多点测量和分析方法对实测结果进行了数值计算，获得了大理岩材料在弹塑性区的本构关系。杨春和(1992 年)[31]根据地质材料的基本特性，提出了一种率性相关的内变量本构理论。该理论反映了地质材料的演变、应变速率、尺寸及其原位损伤等因素的影响。郭少华(2003 年)[32]针对含裂纹岩石压缩断裂的性质进行了试验研究、机理分析和理论模拟，了解并掌握了岩石压缩断裂的主要规律，提出了相应的判据和模拟模型。左宇军、李夕兵(2005 年)[33]采用低周疲劳加载方法，对红砂岩在由 INSTRON 电液伺服材料试验机和特制的水平静压加载装置组成的试验机上进行了一维和二维动静组合加载试验，研究了组合加载条件下红砂岩在不同水平静压和不同竖向静压下受不同频率和不同幅值动力扰动作用时的力学响应和破坏特征。苏承东等(2008 年)[34]利用伺服试验机对大理岩岩样在不同围压下轴向压缩屈服之后完全卸载，再对损伤岩样进行单轴压缩试验，研究岩样在不同围压下三轴压缩的塑性变形量、能耗与损伤岩样单轴压缩时的强度、平均模量、能耗特征的变化规律。

谢和平等(2005 年)[35-36]研究了岩石变形破坏过程中能量耗散、能量释放、岩石强度、整体破坏的内在联系，认为岩石的变形破坏过程实际上就是一个从局部耗散到局部破坏最终到整体灾变的过程。尤明庆和华安增(2002 年)[37]研究了试样在三轴加载后保持轴向变形恒定，降低围压破坏的过程中，岩样实际吸收能量与围压的关系。杨圣奇等(2006 年)[38]研究了不同尺度大理岩样单轴压缩变形破坏与能量特征的影响规律，分析了围压对岩样三轴压缩变形破坏与能量的影响规律。喻勇等(2004 年)[39]研究了花岗岩在三点弯曲断裂、劈裂拉伸、三轴压缩及单轴抗压不同加载方式下的能耗特征。彭瑞东等(2005 年)[40]讨论了试验系统弹性储能对岩石变形测量的影响。杨圣奇等(2007 年)[41]利用伺服试验机对大理岩进行了常规三轴压缩试验，研究了岩样三轴压缩变形破坏及其能量特征。结果表明，低围压时岩样内部材料并未均匀化，岩石表现为应变软化特性；而高围压时岩样内部材料强度由低到高逐渐屈服，变形趋于均匀，岩石出现塑性流动特性；岩石峰值应变与围压成正线性关系，岩石残余强度对围压的敏感性显著高于峰值强度；岩石破坏应变能随着围压的增大而增大，且两者成正线性关系；岩石全部断裂能随着围压的增加亦成正线性增加。张雪颖等(2009 年)[42]利用伺服机对大理岩进行了高围压及高围压高水压岩石的卸荷力学试验，结果表明，大理岩峰前卸荷比峰后卸荷表现出更大的脆性；孔隙水压力加速了岩石的脆性破裂，降低了岩石的强度；在高围压情况下卸荷比低围压卸荷更容易破坏。

岩石对动荷载（工程爆破、地下核爆炸和常规爆炸等）产生的振动所反映出的力学特性、弹性波（应力波、地震波、声波和超声波等）在岩石中的传播特性都属于岩石的动力学特性，反映在研究领域则表现为研究岩石的动力特性，而岩石动力学的产生和发展则提供了一个有力的研究工具。充分掌握岩石和岩体的动态力学性质和本构关系，是研究岩石爆破机理、应力波传播规律、防护工程设计以及地震工程、岩土基础工程等所必需的重要资料[43]。对岩石动力特性，人们研究得较多的是材料对加载速率的响应。文献[44]利用高压动三轴仪，分别以10^4MPa/s，10^3MPa/s，10MPa/s三种加载速率对岩样进行了加载试验，获得了破坏强度与加载速率的关系。信礼田等（1996年）[45]利用一级压缩空气炮进行高速平面撞击试验，分别测量了砂岩、花岗岩和石灰岩试件组成的靶板中的应力脉冲波形，得到了岩石的动态本构关系，了解了岩石在强冲击荷载下的某些力学性质和变形特征。席道瑛（1995年）[46]、单仁亮（2000年）[47]利用37mm霍普金森压杆装置，分别测试了花岗岩、大理岩和砂岩的单轴冲击本构关系。高文学（2000年）等人[48]研究了脆性岩石在强冲击荷载下的力学响应特性。采用一级轻气炮驱动的飞片撞击试验技术，测量大理岩试件组成的靶板中的应力脉冲波形；应用拉氏分析方法，探讨岩石在高应变率下的力学性质和变形特征，获得了流场各力学参量和岩石动态本构关系。李海波、赵坚（2001年）[49]对取自新加坡Bukit Timah地区的岩芯做了动态压缩性试验，结果表明，在单轴动荷载作用情况下岩样呈锥型破坏模式（劈裂破坏和试样端部摩擦效应结合），在三轴情况下岩样呈剪切破坏模式；当应变速率从$10^{-4}s^{-1}$增加到$10\ s^{-1}$时，花岗岩的抗压强度增加约15%。试验结果还表明，花岗岩的弹性模量和泊松比随应变速率的增加没有明显的变化趋势。赵阳升等（2003年）[50]提出的岩体动力破坏最小能量原理是岩体力学学科重要的科学命题。谢和平等（2005年）[51]讨论了岩石变形破坏过程中能量耗散、能量释放与岩石强度和整体破坏的内在联系。肖大武等（2007年）[52]利用有限元计算和量纲分析的方法，分析了在SHPB硬质材料测试中因试件与杆横截面积失配而出现的二维效应，并提出了平面二维效应和凹面二维效应的概念。分析结果表明，平面二维效应的影响可忽略不计，而凹面二维效应的影响是最主要的。研究结果对试件与杆在横截面积失配情况下的SHPB试验有一定的指导意义。朱珏等（2007年）[53]认为，在SHPB冲击试验中试样断裂前的应力是否达到均匀，是冲击试验是否有效的一个关键。翟越等（2007年）[54]利用脉冲整形器改进后的分离式SHPB压杆系统，对新加坡Bukit Timah地区的花岗岩圆柱形试样进行了高应变率下的单轴压缩试验。采用多裂纹相互作用的动态滑移型裂纹模型定量地分析了在不同应变率下，材料的微裂纹的初始长度、角度、初始裂纹间距以及裂纹面的摩擦因数等微裂纹特征对材料动态强度及破碎的影响，将岩石类材料的宏观动力学特性与其细观微结构联系起来，合理地解释了花岗岩的动态强度及破碎程度的应变率相关性。张成良（2007年）[55]研究了深部岩体在“三高”环境下的力学特性和开挖卸荷作用下的变形规律。周小平等（2008年）[56]在考虑深部岩体拉伸破坏的基础上，提出了一种新的适用于深部岩体的强度准则。李夕兵等（2008

年)[57]利用多载荷凿岩机、INSTRON 系统、SHPB 装置对岩石在不同动静组合加载下的强度特性、破碎规律及吸能效率进行了试验研究。李夕兵、宫凤强等(2009 年)[58]总结了三轴 SHPB 岩石材料动力学特性的变化规律。许金余等(2009 年、2010 年)[59-61]利用带围压加载装置的 SHPB 系统对不同岩石的动态力学性能进行了试验研究,分析了在围压条件下岩石的动态力学性能、能量吸收特性以及岩石在冲击荷载循环作用下的疲劳损伤特性。

由于岩石的抗拉强度远小于其抗压强度,受载时经常会发生拉伸破坏,并且这种破坏往往与加载率有关,因此动态拉伸强度是岩石力学性能的重要指标之一,其测试方法的研究在地下工程、军事防护工程、爆炸力学性能评估等许多实际问题中都有广泛的应用。考虑到直接拉伸试验受加载条件等限制,因此,岩石的拉伸强度一般由间接拉伸试验得出。国际岩石力学学会(International Society for Rock Mechanics,简称 ISRM)于 1978 年颁布了用巴西圆盘试样测量岩石拉伸强度的试验规范[62],即巴西试验,它被包括中国在内的许多国家所采纳[63]。美国材料试验学会(American Society for Testing Material,简称 ASTM)标准也推广了这种试验方法[64]。为避免在加载过程中出现由于局部应力集中而使施力点先破坏的不合理模式,王启智等人在圆盘中引入了两个互相平行的平面作为加载面,即平台巴西圆盘[65],这样更能保证试验的有效性。李伟等(2005 年)[66]提出了获取脆性材料动态拉伸强度及弹性模量的试验步骤及相关记录数据的分析方法,利用直径为 100mm 的分离式 SHPB 径向冲击巴西圆盘和平台巴西圆盘试样,测试了大理岩在高应变率加载下的动态力学性能。王启智等(2007 年)[67]基于理论分析结果,对平台巴西圆盘大理岩试样进行了平台压缩试验,结果表明,可以从一次有效的载荷-位移记录中同时确定脆性岩石的弹性模量、拉伸强度和断裂韧度。刘世奇、李海波(2007 年)[68]应用自行研制的岩石动态拉伸装置对花岗岩材料进行了动态劈裂拉伸、动态轴向拉伸以及有侧向压力的动态直接拉伸试验研究和理论研究。结果表明,花岗岩的动态劈裂拉伸强度、临界拉伸应变以及弹性模量均随着加载速率的增加而增加;在动态单轴拉伸情况下,花岗岩的抗拉强度和弹性模量均呈现明显的相关性,亦即花岗岩的抗拉强度和弹性模量均随着应变速率的增加而增加,但弹性模量随应变速率的增加幅度小于抗拉强度的增加幅度。冯峰等(2009 年)[69]用中心直裂纹平台巴西圆盘测试了岩石动态断裂韧度的尺寸效应。

综合分析国内外有关岩石力学性能的研究成果,大多是利用伺服试验机等设备对岩石试件进行单轴或三轴准静态压缩试验,研究其压缩变形破坏及其能量特征、力学性能的微观结构效应,以及用轻气炮或脉冲整形器改进后的分离式 SHPB 系统对岩石试件进行高应变率下的单轴压缩试验和动态劈裂拉伸试验,讨论了岩石动态变形破坏过程中能量耗散、能量释放与岩石强度和整体破坏的联系。对于在地应力环境(围压条件)下岩石的动态力学性能的研究明显不足。

1.2.2 SHPB 装置试验技术的研究

研究材料在高应变率下的动态力学行为与研究材料准静态力学行为是不同的,一般必须计及最基本的两类动态力学效应,即结构惯性效应(应力波效应)和材料应变率效应。问题的核心在于如何区分这两类效应,因为就材料动态力学行为的研究本身而言,研究的目的只是材料的应变率效应。然而，这两类效应恰好常常互相联系、互相影响、互相依赖、互相耦合，从而使问题变得十分复杂。事实上，一方面，在应力波传播的分析中，材料动态本构方程是建立整个问题基本控制方程组所不可缺少的组成部分，换言之，波传播是以材料动态本构关系已知为前提的；而另一方面，当进行材料高应变率下动态本构关系的试验研究时，一般又必须计及试验装置中和试件中应力波传播及相互作用，换言之，在材料动态响应研究中，又要依靠所试验材料中应力波传播的知识来分析。

Kolsky 于 1949 年提出了分离式 SHPB 试验系统[70]。分离式 SHPB 的核心思想是在试验中把应力波效应和应变率效应解耦。该装置采用应变片测量得到弹性压杆中的加载脉冲和输出杆中的透射脉冲，间接地推算得到夹在这两根杆中材料试件的动态本构关系，避开了在冲击作用下直接测量试件中应力和应变的困难；并经过几十年的发展形成了比较完整的 SHPB 试验技术，在材料的动态性能试验中得到了广泛的应用[71-83]。

分离式 SHPB 装置是研究岩石材料在应变速率为 $10\sim10^4\,s^{-1}$ 的动力特性与本构关系必不可少的手段。中国科技大学的直径为 37mm 的分离式 SHPB，空军工程大学的直径为 100mm 的分离式 SHPB，北京科技大学的三轴 SHPB 装置均具代表性。随着防护工程、采矿工程、爆破工程中理论研究与实践活动的不断深入，SHPB 试验技术在加载方式上由最初的单轴向三轴压缩、拉伸及扭转方向演化发展，在这些发展阶段中有许多技术进展[84]，如表1.1所示。

表 1.1　SHPB 试验技术发展的几个重要阶段

年份/年	主要进展
1949	研制了 SHPB 试验装置
1960	研制了拉伸 SHPB 试验装置
1971	研制了扭转 SHPB 试验装置
1973	研制了扭转-压缩双轴 SHPB 试验装置
1980	研制了微型 SHPB 试验装置
1980	计算机被首次引入 SHPB 试验装置
1985	研制了用于结构和混凝土试验的 SHPB
1986	加温装置首次被引入 SHPB 试验中
1991	单脉冲(拉伸、压缩)加载 SHPB 试验装置出现
1991—1993	采用 SHPB 试验装置测量润滑剂的滑动摩擦和剪切特性
1992—1998	研制了用于泡沫材料和树脂材料试验的聚合物 SHPB

续　　表

年份/年	主要进展
1998	研制了用于软体材料 SHPB 试验的镁质压杆
1998—2002	研究了非均质黏弹性 SHPB 中波的传播和散射
1999	单脉冲扭转加载 SHPB 试验装置出现
2003	用散斑测量技术得到试件变形

采用 SHPB 试验系统进行材料特性试验时，出现了许多典型的现象和在试验、数据处理时须考虑的问题，如弥散现象、摩擦效应、试件的最佳尺寸和试验数据的波动等。为了使试验顺利和正确地进行，这些现象和问题中有些在试验设计的初始阶段就需要考虑，有些在数据后处理阶段需要考虑，而另外一些需要在试验的具体操作过程中采取方式处理。下面对 SHPB 试验原理进行简单介绍，以便在试验过程中采取适当的措施使它们对试验结果的影响最小，以得到正确和满意的试验结果。

1. SHPB 试验原理简介

SHPB 试验系统简图及应力波波形图如图 1.1 所示。子弹以某一速度撞击入射杆时，在入射杆内产生一个入射脉冲 ε_i，并在入射杆中产生一个返回的反射脉冲 ε_r，在透射杆中产生一个向前的透射脉冲 ε_t。

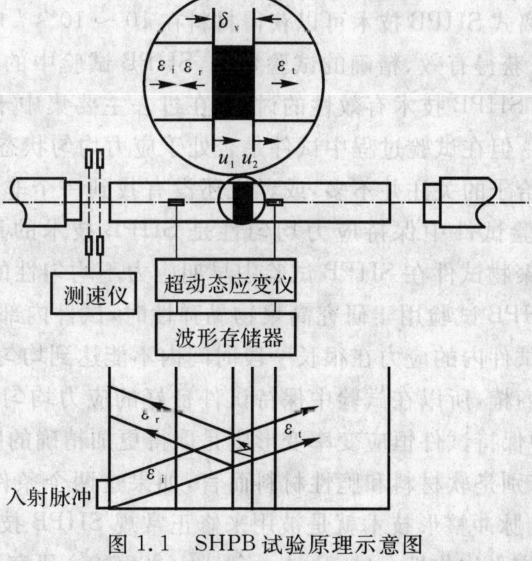

图 1.1　SHPB 试验原理示意图

SHPB 试验系统在进行材料动态力学性能试验时，要求压杆（包括入射杆与透射杆）在试验过程中为弹性，主要假设是“杆中一维应力波”和“应力/应变沿短试件长度均匀分布”。由“一维应力波”假定可得[85]

$$\left.\begin{aligned} u_1 &= C_0\int_0^t \varepsilon_i \mathrm{d}\tau + (-C_0)\int_0^t \varepsilon_r \mathrm{d}\tau = C_0\int_0^t (\varepsilon_i - \varepsilon_r)\mathrm{d}\tau \\ u_2 &= C_0\int_0^t \varepsilon_t \mathrm{d}\tau \\ P_1 &= EA(\varepsilon_i + \varepsilon_r) \\ P_2 &= EA\varepsilon_t \end{aligned}\right\} \tag{1.1}$$

式中，u_1，u_2 分别是入射杆、透射杆与试件相接触的端面的位移；C_0 为压杆的弹性纵波波速；P_1，P_2 分别为作用在试件两端的力；E 是压杆的弹性模量；A 是压杆的横截面面积。

由式(1.1)可以计算出试件的应力 σ_s、应变率 $\dot{\varepsilon}_s$ 及应变 ε_s，即

$$\left.\begin{aligned} \sigma_s &= \frac{P_1+P_2}{2A_s} = \frac{E(\varepsilon_i+\varepsilon_r+\varepsilon_t)A}{2A_s} \\ \dot{\varepsilon}_s &= \frac{(\varepsilon_i-\varepsilon_r-\varepsilon_t)C_0}{l_s} \\ \varepsilon_s(t) &= \frac{u_1-u_2}{l_s} = \int_0^t \dot{\varepsilon}_s(\tau)\mathrm{d}\tau \end{aligned}\right\} \tag{1.2}$$

式中，A，A_s 分别为压杆、试件的截面积；l_s 为试件的初始厚度。

2. SHPB 试验的波形整形技术研究

自发明分离式 SHPB 以来，它已被普遍认为是测试多种材料，例如金属[86]、陶瓷[87]、岩石[88]、混凝土[89]、复合材料[90]、聚合物[91] 和泡沫材料[92] 等在高应变率下力学响应的一种行之有效的试验手段。分离式 SHPB 技术可以获得材料在 $10\sim10^4\,\mathrm{s}^{-1}$ 应变率范围内的应力-应变曲线[93-94]。然而，为了获得有效、精确的试验数据，SHPB 试验中的一些问题依然需要引起足够的重视[95-103]。关于 SHPB 技术有效性的讨论，在过去主要集中于试件的尺寸效应、波在杆中的二维弥散修正等。但在试验过程中试件是否处于应力均匀状态以及试件是否以恒应变率变形这两个问题上所给予的关注并不多，或者说还没有找到一个非常可行的方法来解决这两个问题。在 SHPB 试验试件中保持应力均匀性是 SHPB 技术的重要假设[104]，周风华等(1992 年)[105] 讨论了高聚物试件在 SHPB 试验中早期应力不均匀性的影响，他们的一维特征线数值模拟结果表明 SHPB 试验用于研究高聚物黏弹性时，试件内部存在一定程度的应力不均匀性。如果在试验中试件内的应力在很长一段时间内不能达到均匀状态，所得到的应力-应变曲线的有效性将值得商榷，所以在试验中保持试件良好的应力均匀性是取得正确试验结果的关键。同时，在试验中保持试件恒应变率变形则是取得更加精确的应力-应变曲线的关键。尤其是对于某些材料，特别是软材料和脆性材料而言，如果这两个条件不能满足，将会导致试验结果的明显误差[106]。脉冲整形技术就是被用来修正常规 SHPB 技术以保证试件以近似恒应变率变形和试件中的应力均匀性。O. S. Lee 等[107](2006 年)研究了相同直径、不同厚度的波形整形器对入射波上升沿的升时的影响，结果表明，整形器的厚度越小，入射脉冲的上升沿的升时越长，越有利于试件中的应力均匀，且强调指出，一个几何尺寸的波形整形器只能对应一个最优恒应变率。M. J. Forrestal 等[108](2007 年)研究了弹性试件 SHPB 试验的弥散效应，

指出数值分析可帮助修正 SHPB 的弥散效应，以获得更加准确的材料动态力学性能。如图 1.2 所示是许金余、翟毅等[109]（2009 年）针对混凝土试件所做的传统 SHPB 试验的结果，由图 1.2 给出的混凝土试件前、后端面的应变-时间图和位移-时间图可知，传统的 SHPB 试验装置测出的试件端面应变极不协调，只在 50 ～ 60 μs 时近似均匀，应力没有在试件破坏前达到均匀状态，而且试件前、后端面的位移差值也极不稳定；并采用黄铜作为波形整形器对 SHPB 试验进行了技术改进，克服了传统的 SHPB 试验中入射波加载时间短、过冲过大、波形震荡严重、应力不均匀等缺陷。

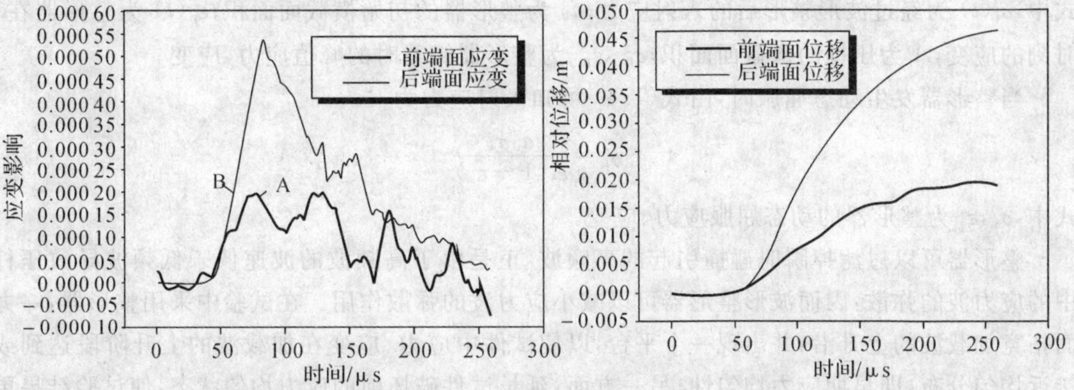

图 1.2　试件端面应变和位移对比

Christensen[110] 于 1972 年首次提出入射波整形技术，该技术最初用来过滤加载波中由于直接碰撞而引起的高频分量，从而减小波传播过程中的弥散效应。最近十几年，入射波整形技术引起了国内外学者的广泛关注[111-113]，它也被作为保证试验时试件中的应力平衡和变形均匀，以及实现常应变率加载的常用技术手段。迄今为止，使用脉冲整形技术的 SHPB 已被成功地用于获得包括金属[114]、合金[115]、陶瓷[116]、岩石[117-118]、复合材料[119]、聚合物[120] 和泡沫材料[121] 在高应变率下的应力-应变曲线。

D. J. Frew 等[122]（2002 年）讨论了脆性材料 SHPB 试验中整形器的设计，并选用铜材料作为整形器，可以很好地指导脆性材料的 SHPB 试验。卢芳云等[123] 研究了铜合金、铜合金加硅橡胶组合型的整形器，并将入射波整形技术成功地应用于软材料的 SHPB 试验，获得了较为理想的试验结果。胡金生等[124]（2003 年）用 1 ～ 3 层胶布来作为整形器对混凝土进行大直径 SHPB 试验，有效抑制了入射波的弥散振荡。陶俊林[125]（2005 年）、赵习金[126]（2003 年）、王艳[127]（2006 年）也对铜材料的波形整形技术进行了研究。对于脆性材料的 SHPB 试验，紫铜片已被认为是作为脉冲整形器的最佳材料之一[128-132]。最近一些研究者对紫铜片在 SHPB 试验中作为脉冲整形器的动态响应进行了一些理论分析。S. Nemat-Nasser 等[133]（1991 年）可能是分析无氧高纯度紫铜（简称 oxygen-free，high-purity copper，简称 OFHC）作为脉冲整形器的动态响应的第一批研究者。D. J. Frew 等[118] 对脉冲整形器的模型做了专门研究，建立了一套完整的入射波整形理论，其主要思想是：假设脉冲整形器的材料为不可压缩材料，在子

弹的撞击下发生均匀变形。脉冲整形器材料的一维应力-应变关系的形式可定义为

$$\sigma_p = \sigma_0 f(\varepsilon_p)$$

式中，σ_0 为整形器的材料常数；$f(\varepsilon_p)$ 为整形器轴向工程应变的函数，则有

$$\sigma_i(t) = \frac{\sigma_0 a_0}{A} \frac{f(\varepsilon_p)}{1-\varepsilon_p(t)} \quad \text{（加载时）} \tag{1.3}$$

$$\sigma_i(t) = \frac{a_0}{A(1-\varepsilon_p(t))}[\sigma_p^* - E_p(\varepsilon_p^* - \varepsilon_p(t))] \quad \text{（卸载时）} \tag{1.4}$$

式中，$\sigma_i(t)$ 为经过波形整形后的入射应力；a_0 为整形器的初始横截面面积；$\varepsilon_p(t)$ 为整形器在 t 时刻的应变；A 为压杆的横截面面积；σ_p^*，ε_p^* 为整形器卸载时的峰值应力、应变。

当整形器发生动态屈服时，由式(1.4) 可知入射应力为

$$\sigma_i = \frac{a_0 \sigma_s}{A(1-\varepsilon_s)} \tag{1.5}$$

式中，σ_s，ε_s 为整形器的动态屈服应力、应变。

整形器可以过滤掉瞬时碰撞引起的高频波，正是由于高频波的波速低于低频波导致压杆中的应力波的弥散，因而波形整形器可以减小应力波的弥散作用。在试验中采用整形器，一方面拓宽加载波的上升沿，并出现一个平台，以使试件中应力、应变在加载波的上升阶段达到或接近均匀分布，即早期应力均匀性；另一方面，延长试件破坏前的应力均匀状态，使试验结果更真实、更准确。在本书岩石 SHPB 试验过程中，采用紫铜片整形器对入射波进行整形，改善波传播过程中的弥散效应，保证试验时试件的应力平衡和变形均匀，从而更好地满足一维假定和应力均匀假定，以实现恒应变率加载。同时，针对岩石在围压条件下力学性能具有一定的塑性特征，即在试件破坏前表现为近似双线性的弹塑性硬化特性，设计具有较长上升沿时间的双线性硬化特性的入射波形以使试件能以恒应变率变形。

1.2.3 岩石损伤本构模型研究

1. 岩石本构关系的损伤力学研究方法

把损伤力学应用于岩石和混凝土的研究最早始于 Dougill 等[134]（1976 年）利用断裂面的概念对岩石和混凝土的连续损伤过程进行的分析。他考虑了材料内裂纹对力学性能的影响，用塑性力学的方法建立了弹脆性、弹塑性和脆弹塑性三种本构模型。以后，损伤力学在岩石力学中的应用越来越受到岩石力学工作者的重视。损伤力学研究的是含有微缺陷的材料的力学性能和损伤的演化规律，前者反映的是材料的宏观特征，后者反映的则是材料的微细观结构的变化，因此其研究方法也有宏观和细观之分。用损伤理论研究岩石本构关系主要有宏观唯象学方法、细观损伤力学方法、统计学方法。

岩石是一种含原始损伤和缺陷的非均质地质材料。岩石材料的宏观破坏现象可看做是许多微细观破坏的平均效应。损伤力学和统计分析方法是微细观力学研究的有效方法[135]。近年来，反映岩石在不同围压条件下变形破裂全过程的损伤本构模型受到人们的普遍关注，随着

损伤统计理论的引入,反映在不同围压下岩石的变形全过程的岩石本构模型研究已取得了长足的进步。唐春安[136](1993 年)选取加载模量或者卸载模量作为损伤变量,张玉卓[137](1994 年)将模糊统计方法引入岩石变形与破坏研究过程,并建立了岩石材料的模糊强度理论。Gao Feng 等[138](1996 年)选取轴向应力或者剪应力作为损伤变量,周维恒等[139](1997 年)以裂隙空间几何参数描述损伤变量,认为损伤变量为裂隙面面积、裂隙面层距、裂隙面中心距的函数。黄修云等[140](2000 年)将随机过程与模糊统计相结合,研究了隧道周围岩石的强度。曹文贵等[141](2005 年)选取各种形式的屈服准则作为损伤变量,然后利用其服从随机分布以及 Lemaitre 应变等价性假说[142] 建立了能反映岩石应变软化全过程的岩石损伤本构模型。通过对这些不同的损伤变量的选取所建立的岩石损伤统计本构模型,从不同的方面为岩石本构关系研究提供了有价值的参考意义。由于岩石存在初始空隙(即有初始损伤)和岩石在破裂后还存在残余强度,而基于假设的 Weibull 分布和正态分布是不能反映岩石的剩余强度特征的。为此,徐卫亚[143](2002 年)、杨圣奇[144](2004 年)、李树春等[145](2007 年)在上述研究的基础上,引入损伤修正参数,建立了岩石损伤统计本构模型。

2. 岩石动态本构模型的研究现状

岩石本构关系研究一直是岩石力学研究的重点与关键点之一。目前对于大多数岩石力学问题,通常采用静力本构模型,而众多研究表明,岩石在动态荷载作用下将表现出与在静力荷载下不同的变形特性,即便同一试件在不同加载速率下亦将得到不同的应力-应变曲线[146-147]。实际工程中由地震、工程爆破、武器攻击等形成的动荷载与静力荷载更存在着本质差别,此时若仍采用静力本构模型研究岩石的变形特性,显然是不合适的。因此,开展岩石动态本构模型的研究,具有重要的理论价值与工程意义。

岩石动态本构模型反映了分析岩体结构对动载荷作用响应的基本参数,岩土类材料的变形不但与所受应力状态有关,而且与加载速率有关。考虑应变率效应的本构方程的研究大致可以分为四大类:

(1) 经验和半经验方法[148-149]。在试验结果数据的基础上,或在由试验得出的规律与某种理论分析的基础上,建立表达岩石材料动态响应的本构关系式。由于岩石性质的复杂性以及动态载荷的短暂性,因而实际测试的岩石动态应力-应变曲线的形态多种多样,公认的经验公式还较少。

(2) 机械模型方法[150]。在单轴动应力下岩石材料的性质类似于由弹性元件和黏性元件按一定规则构成的模型所具有的性质,因此可以根据这样的一些模型来描述受动荷载作用的岩石材料,建立岩石材料受动荷载的微分型本构方程,其系数由试验确定。代表性的有过应力模型,这种模型虽能反映岩石变形的应变率效应,但对强度的应变率效应无法解释,至于峰值应力以后的应力-应变关系常常无法体现。

(3) 损伤模型方法。损伤模型方法又包括唯象学法[151-152] 和细观力学方法[153]。基于连续损伤力学方法的唯象学模型是采用一个矢量、标量或张量的方法定义损伤变量,然后通过损伤变量建立材料的宏观本构模型。唯象学方法建立的模型虽能反映全程应力-应变曲线,但岩石变形的应变率效应无法体现。此外,究竟用多少参数来描述一点的损伤状态这一问题仍然没有解决，如何确定损伤参数的演化规律还存在很大问题。细观力学方法是利用损伤断裂力学、细观力学、分形等相关理论方法描述微裂纹的成核、扩展和汇合，并通过微裂纹的成核、扩展和汇合反映材料宏观力学性能的变化。

(4) 组合模型方法[154-156]。根据岩石的变形特性，将上述方法进行组合，从而达到描述岩石变形规律的目的。该方法能较真实地反映岩石的变形特性，所以应用较多。

对于岩石的动态模型，基本上各种方法都有大量研究。综观20世纪70年代之前考虑应变率效应的本构方程，基本上可以分为两类，即对数方程类($\sigma \propto \lg \dot{\varepsilon}$)和指数方程类($\sigma \propto \dot{\varepsilon}^n$)。目前比较成熟而且应用较多的岩石动态本构模型有以下几种：

(1) 过应力模型。根据文献[155]，过应力模型最早在1951年就已经提出，其中应力σ由应变ε和应变率$\dot{\varepsilon}$决定，但模型中有关参量的物理意义不够明确。为此，Lindholm等[157](1974年)又提出了如下所示的过应力模型：

$$\sigma = f(\varepsilon) + A\ln\left(\frac{\dot{\varepsilon}}{B}\right) \tag{1.6}$$

式中，A，B为常数，其物理意义仍不明确。

20世纪80年代日本木下重教、佐藤一彦、川北捻以及我国的于亚伦等[158](1992年)根据石灰岩、凝灰岩、砂岩、磁铁矿和花岗岩等的试验结果，认为岩石的冲击本构特性可以用宾厄(E. C. Bingham)模型来描述，该模型通常又称为过应力模型，如图1.3所示。过应力模型的本构方程为

$$\frac{\mathrm{d}\varepsilon}{\mathrm{d}t} = \frac{1}{E}\frac{\mathrm{d}\sigma}{\mathrm{d}t} + \frac{1}{\tau}\left(\frac{\sigma - S}{S}\right)^n \tag{1.7}$$

原始的过应力模型认为式(1.7)中参数E，S分别为静态压缩破坏强度后的弹性模量和应力，经过修正的过应力模型认为它们对应于动载应力-应变曲线的线弹性部分的斜率和弹性极限；n，τ为不同岩石的固有常数。过应力模型的明显缺陷就是不能反映弹性模量随加载速率而变化的特征。

(2) 黏弹性连续损伤本构模型。郑永来等[159](1997年)建议的黏弹性连续损伤本构模型，首先将岩石看成某种黏弹性体，再假设整个黏弹性体在变形过程中受到了连续损伤，也就是将黏弹性模型推得的应力$\sigma(t)$用$\sigma(t)/(1-D)$取代，$\sigma(t)$由黏弹性模型确定，D为损伤参量，$D=1-[(\varepsilon/\varepsilon_0)^m+1]\exp[-(\varepsilon/\varepsilon_0)^m]$，$\varepsilon$为应变，$\varepsilon_0$和$m$是与材料性质和形状相关的Weibull分布参数。如果选择如图1.4所示的标准线性黏弹性模型，则它的本构方程为

$$\sigma(t) = E_0\varepsilon + E_1\int_0^t \varepsilon\exp\left(-\frac{t-\tau}{\theta_1}\right)\mathrm{d}\tau \tag{1.8}$$

式中，$\theta_1 = \eta/E_1$。

再考虑损伤后，本构方程变为

$$\sigma(t) = (1-D)E_0\varepsilon + E_1\int_0^t \varepsilon\exp\left(-\frac{t-\tau}{\theta_1}\right)\mathrm{d}\tau \tag{1.9}$$

在恒应变率条件下，$\varepsilon(t)=\dot{\varepsilon}t$，式(1.9)可以进一步变为

$$\sigma=\left[(\varepsilon/\varepsilon_0)^m+1\right]\exp\left[-(\varepsilon/\varepsilon_0)^m\right]\left\{E_0\varepsilon+\dot{\varepsilon}\eta\left[1-\exp\left(-\frac{E_1\varepsilon}{\mu\dot{\varepsilon}}\right)\right]\right\} \tag{1.10}$$

该式可以在一个比较窄的应变率范围内模拟本构曲线以及强度和弹性模量的应变率效应，但无法体现在应变率为 10^3/s 时强度和弹性模量的突然增加。为此，他们进一步建议采用广义流变模型，损伤的处理与上述方法相同，结果比较全面地反映了岩石变形的应变率效应。

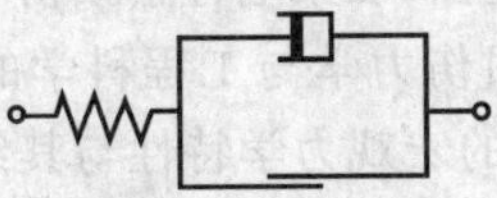

图 1.3　过应力模型

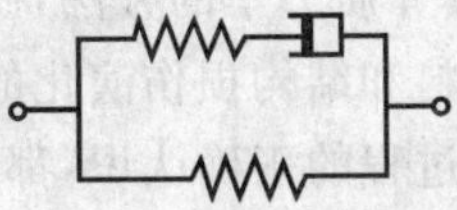

图 1.4　标准线性黏弹性模型

(3) 时效损伤模型。单仁亮等[155](2003 年)在上述研究基础上将统计损伤模型和黏弹性模型相结合，建立了岩石冲击破坏的时效损伤模型，认为岩石单元同时具有统计损伤特性和黏性液体的特性，把岩石试件看成损伤体 D_a 和黏缸 η_b 的并联体，且黏缸 η_b 没有损伤特性，其本构关系为

$$\sigma=E\varepsilon\exp\left(-\frac{\varepsilon^m}{\alpha}\right)+\eta\frac{\mathrm{d}\varepsilon}{\mathrm{d}t} \tag{1.11}$$

对时效损伤模型的本构关系进行数值计算需要确定 4 个参数：E,m,α,η。这 4 个参数的确定往往需要分析实测的应变波形，并且不可避免地需要一定的试算。利用时效损伤模型计算得到的本构曲线与试验数据具有较好的一致性，但是该模型不能反映岩石的初始受力状态的变化。

1.2.4　地下工程围岩的动态疲劳损伤累积效应研究

所谓疲劳损伤累积效应，是相对首次破坏而言的。累积损伤概念通常用在材料疲劳断裂破坏方面，是指损伤随荷载作用次数递增的过程[160]。因此，岩体在冲击荷载作用下的累积损伤效应是在多次冲击作用下损伤状态的动态叠加过程，同时关联其他性质与状态指标(岩体物理力学参数、岩体完整性、岩体稳定状态等)互动变化，是岩体冲击动力响应的动态体现。岩体动态疲劳损伤累积效应所指的“累积效应”不同于“累计总和”，并非简单的几何或算术累加。

岩石的动态损伤、动态疲劳损伤累积和破碎在国防、人防、矿业、交通等方面有着广泛的应用，其中的许多问题，诸如地下防护工程在武器侵彻和爆炸冲击单次和多次打击作用下的防护问题、爆破开挖地下洞室、矿山的岩石破碎以及地震、岩爆等灾害性自然现象，已成为岩石力学与工程界的热门课题。岩石在冲击荷载作用下的损伤特性是研究爆炸荷载对岩石损伤理论的基础。岩石在三维应力状态下的破坏现象，早就受到了岩石力学学者的关注[161-163]。而岩石在高应变率下的动态力学性能及损伤规律已成为探讨岩石爆炸和破坏机理、应力波传播和衰减规律、地下结构的破坏效应分析等必不可少的资料。在冲击荷载作用下，岩体累积损伤效应直接关系着岩体的稳定程度。因此，开展岩石在冲击荷载下的动态疲劳损伤累积和破坏规律的研究具有重要的理论意义和工程价值。

损伤力学作为断裂力学的必然发展和重要补充，它是近20年发展起来的一门新的学科。它是材料结构的变形与破坏理论的重要组成部分，是在外荷载和环境的作用下，由于细观结构的缺陷（如裂纹、微孔洞等）引起的材料或结构的劣化过程。然而，实际情况是：材料和结构从开始变形直至破坏，是一个逐渐劣化的过程。随着外荷载的增加或环境的作用，其损伤存在一个量变直至破坏的过程。损伤力学已发展成为固体力学的一个新的分支，并在诸如复合材料力学、岩石力学与工程等领域得到广泛应用。损伤力学的发展及其在岩石力学领域的应用，使我们可以利用连续介质力学的方法，研究损伤的力学过程，唯象地考察损伤对岩石宏观力学性质的影响，以及材料和结构损伤演化的过程和规律。损伤力学与工程科学的结合以及人们对材料的损伤、破坏过程的正确认识，都要求真正将材料的宏观力学特性与其细观结构分析结合起来，“从材料微观结构和损伤断裂过程所反映的复杂现象中寻找某些特征参量，建立起与之相应的宏观力学现象的联系”，并易为工程实践所应用。近20年来许多学者根据理论分析和试验研究提出各种脆性材料动态损伤模型。特别是近年来关于冲击荷载下岩石损伤过程的波速衰减规律，使细观破坏、宏观测量与损伤演化过程联系起来，开辟了用声学参量表达损伤程度的研究途径，为拓广岩石动态损伤模型研究提供了新的研究思路。

岩石爆炸冲击损伤历来是国内外学者关注的热点和难点问题之一。在过去的几十年间，经过各国学者的不懈努力，这方面的研究取得了很大进展。

美国Sandia国家实验室从20世纪80年代初就开展了岩石损伤效应的研究。Taylor，Chen和Kuszmaul[164]引入O'connell，Budianshy[165]推导的有效体积模量和泊松比与裂纹密度的关系表达式和碎块尺寸表达式，建立了损伤变量与裂纹密度之间的关系式。Rickett[166]（1988年），Forsyth[167]（1993年），Persson[168]（1996年），Raina[169]（2000年）等详细论述了地下岩体冲击损伤评价的必要性和重要意义。Mark[170]和Martyn[171]等（1995年）对孔隙砂岩在三轴状态下微裂纹开展对岩石力学性能的影响展开研究，初始静水围压的加载会导致压缩波（P波）波速和剪切波（S波）波速增加，而随着岩石内部裂纹的开展和膨胀，两种波速又随之降低。Sayers等[172]（1995年）研究了脆性岩石压缩微裂纹与弹性波速之间的关系，指出微裂纹扩展、张开会导致弹性波速降低，可利用弹性波速监测岩体损伤发展；同时，由于微裂纹分布的随机性，将导致弹性波传播的各向异性。Beatriz[173]（1996年）利用光镜和电镜扫描技术对砂岩在三轴压缩下的脆性开裂和破碎流动的微观力学以及损伤演化进行了试验研究。Martin[174]等（1997年）研究了内聚力损失和应力路径对脆性岩石强度的影响。加拿大Karami A.等[175]（2000年）研究了爆破振动反复加载下岩体的疲劳寿命问题，为预报围岩稳定性、选择适当支护方法提供了帮助。Wu和Baud等[176]（2000年）对砂岩压缩破坏的微观力学和各向异性损伤演化的研究表明，塑性体积应变是与最大主压应力平行的微裂纹发育的结果，这导致了岩石力学性能的降低。Otto schulze[177]（2001年）应用超声波监测技术研究了某地下储库岩盐在变形过程中的损伤发展演化规律。N. Gatelier等[178]（2002年）对多孔砂岩进行了准静态单轴和三轴状态的循环加载试验，研究了各向异性对材料的峰前损伤的影响，定量分析了不可逆应变和模量的变化随累积损伤的关系。Meglis等人[179]（2005年）基于超声速度和振幅对裂纹的敏感性，应用超声层析成像现场测试方法研究了加拿大原子能地下实验室隧道开挖诱发的围岩损伤问题，得到了围岩损伤程度和损伤分布规律。

国内开展岩石动态损伤机制的研究比较晚。刘殿书[180]（1992 年）在 Kusmaul 损伤模型基础上，认为岩石材料的损伤只影响单元的抗拉和抗剪能力，损伤发生后的岩石介质仍能有效地传递压应力。根据该损伤模型，采用二维有限元差分计算程序，模拟了柱状装药的爆破破碎过程。凌建明[181]（1993 年）认为岩体动力损伤研究，必须与动力断裂、动力强度及应力波的损伤效应等联系在一起，并以动载作用下岩体的物理力学特性参数定义损伤变量。王家来[182]（1995 年）给出了应力波作用下岩体累积损伤计算方法。张奇[183]（1997 年）认为岩体中的各种结构面可视为岩石初始损伤的一种表现，并由此导出了结构面对应力波峰值衰减的影响。杨军等[184]（1999 年）通过岩石冲击损伤试验并对回收样品进行超声波测试，得出应力波衰减系数与损伤变量以及冲击损伤耗散能具有线性关系的规律，在此基础上构造了以应力波衰减系数为主要参量的岩石损伤模型。杨小林等[185]（2001 年）在大理岩中进行了模拟爆破试验，得到了不同爆心距和爆破条件下，爆破对岩石损伤破坏作用的一些规律。朱传云[186]（2001 年）依据弹性波理论，在假定爆破前后岩体密度、泊松比近似相等的条件下，建立了声波波降率、岩体完整性系数以及弹性模量损失系数三者之间的关系，探讨了岩体爆破损伤的判别标准。李夕兵、胡柳青等[187]（2002 年）根据冲击荷载作用下岩石中的能量耗散规律与脆性动态断裂准则，把应力波作用下的疲劳损伤迭代关系式应用到岩石的破坏后阶段，得出冲击能量、岩石损伤、块度分布之间的关系。尹光志等[188]（2002 年）根据脆性煤岩的试验研究结果，采用损伤力学的原理和方法，建立了脆性煤岩的损伤本构模型，对脆性煤岩的损伤力学特性进行了研究；并从煤岩损伤力学角度出发，研究了煤岩内部能量转化机制，导出了脆性煤岩损伤能量释放率，分析了煤层发生冲击地压过程中的能量变化，确定了冲击地压发生的必要条件。高文学等[189]（2003 年）用一级轻气炮对岩石在冲击荷载作用下的破裂损伤耗能规律进行了研究。阳生权[190]（2002 年）结合爆破地震效应现场测试，初步研究了爆破地震累积效应。赫建明等[191]（2003 年）采用预制水泥砂浆试块模型爆炸加载的方式进行试验，取芯后对爆破损伤岩体进行了抗压强度检测以及超声波检测，研究了爆炸冲击载荷对预留岩体的不同位置造成的损伤程度。马建军[192]（2004 年）研究了软岩巷道在周边爆破反复作用下的疲劳损伤破坏，探讨了围岩松动圈扩展量和损伤累积计算方法。李建军[193]（2005 年）利用超声波探测法对节理裂隙岩体进行了声波测试，通过对节理裂隙岩体进行爆破漏斗试验，分析了节理裂隙对岩体中爆炸应力波传播、岩石破碎及爆破漏斗形成的影响，得出了一些有益的结论。林大能等[194]（2005 年）为研究岩石在循环冲击荷载作用下损伤的围压效应，对大理岩试件在压力试验机上进行模拟冲击加载，测试受冲击后试件轴向超声波波速。用超声波波速变化量描述了试件的损伤度，分析了围压、荷载冲量大小、冲击次数对岩石损伤演化的影响，得出了大理岩在不同围压下冲击损伤与冲击次数的函数关系；分析了大理岩岩样循环冲击损伤的围压效应。结果表明，岩石循环冲击损伤具有明显的围压效应，围压的存在提高了岩石抗冲击破坏的能力。王泽云等[195]（2005 年）通过对冲击荷载作用下岩石的损伤研究，提出用 P 波波速来定义损伤变量，并通过大量的试验数据和回归分析，建立了辉长岩的有效弹性模量与初始损伤变量之间的函数关系式。林大能、陈寿如等[196]（2005 年）通过对大理石试件在压力试验机上的模拟冲击加载，得出了大理石试件的冲击损伤度与围压大小、荷载冲量大小和冲击次数的相关性。结果表明，在围压相同的情况下，岩石的循环冲击损伤与冲击次数和荷载冲量有关；当荷载冲量相同时，岩石的循环冲击损伤与冲击次数和围压有关；围压的存在提高了岩石的冲击强度，降低了岩石的损伤演化速率；围压效应的显现与冲击荷载的等级有关。尤明庆等[197]（2008 年）对损伤大理岩试样的力学特性与纵波速度关系进行了研究，得出损伤大理岩试样的纵波速度和单轴强度、杨氏模量之间具有相关性。闫长斌[198]（2008 年）采用现场试验、理论推导与数值模拟相结合的方法，从细观和宏观两个层面出发，对爆破作用下岩体累积损伤效应及其稳定性问题进行了深入系统的应用基础研究。朱泽奇等[199]（2008 年）对三峡花岗岩进行了常规三轴压缩、保持轴向应变和保持轴向应力的卸围压试验，研究了脆性岩石侧向变形特征及损伤机理。李夕兵等[200]（2008 年）利用多载荷凿岩机、INSTRON 系统、SHPB 装置对岩石在不同动静组合加载下的强度特性、破碎规律及吸能效率进行了试验研究。张爱辉、苏承东等[201-202]（2008 年）分别运用 RMT 伺服试验机和 MTS 试验机对岩石三轴压缩的塑性变形与能量特征以及损伤岩石试样的力学特性与纵波速度关系进行了研究。樊秀峰等[203]（2009 年）利用电液伺服疲劳试验机系统研究了砂岩在单轴受压循环荷载作用下的疲劳损伤特性。李祥龙等[204]（2009 年）采用直径 75 mm 的 SHPB 实验装置以不同子弹长度和不同冲击速度对岩石试件加载，研究了应力波参数对岩石材料损伤与破坏的作用规律。

从国内外岩石损伤的相关研究成果不难发现，其主要结论大多是在单次冲击荷载作用、准静态单轴和三轴状态的循环加载试验下建立的，而在围压（地应力）状态下，岩体受冲击荷载循环作用的动态疲劳损伤累积效应的研究明显不足。岩体在多次爆炸冲击荷载作用下的累积损伤扩展规律研究是岩石动力学领域的难点之一，其内在机制与演化规律异常复杂，许多问题尚有待深入探索和进一步研究。例如，如何反映冲击损伤对岩体力学参数的弱化效应，如何定量描述在冲击荷载作用下岩体的累积损伤扩展规律，如何建立冲击荷载循环作用次数、岩体累积损伤过程、损伤状态与围压或地应力之间的关系，这些都需要根据所研究问题的特点，从多因素、多角度、多层面开展研究，系统地揭示在冲击荷载作用下岩体的损伤累积扩展过程与发展规律，寻求有效的、合理的指标以建立累积损伤、岩体力学参数弱化与岩体所处地质环境之间的内在联系。为此，本书在查阅大量国内外相关文献资料和汲取前人最新研究成果的基础上，以岩体力学、损伤力学、断裂力学等理论为依据，根据围压状态下岩石试件在冲击荷载循环作用下的 SHPB 试验结果，以损伤弱化的岩体力学参数为纽带，对岩石在冲击荷载作用下的动态疲劳损伤累积效应展开了深入研究。

综上所述，尽管国内外有不少关于岩石动态力学性能以及地冲击波作用效应等方面的研究，但是，关于在围压条件（地应力环境）下岩石的动态变形和破坏特征的研究、岩石在冲击荷载循环作用下的力学性能变化、岩石的疲劳损伤累积效应、在围压条件下岩石破碎过程的能量耗散规律和分形特征以及地应力对爆炸地冲击传播规律的影响研究等方面均有待进一步发展和探索。

1.3　本书的主要内容

目前对岩石类材料动态力学性能的研究主要集中于一维应力状态下动态压缩行为。在实际中，地壳中的岩体处于三向应力状态下，即有围压的影响，因而研究三向应力状态下岩石的强度和变形特性，对于地下工程的建设、使用和防护具有重要意义。在室内岩石试验中，材料所处的三轴应力状态可分为真三轴和常规三轴。在真三轴试验中，岩石的三个主应力不等，且可能是有拉有压。常规三轴是指 $\sigma_1>\sigma_2=\sigma_3$ 或 $\sigma_1=\sigma_2>\sigma_3$ 的受力情况，较真三轴受力试验容易实现，它可以归结为一种在横向约束下材料的受力情况。横向约束以一种围压的形式给出，是由外界施加的作用力。

采用带主动围压装置的大直径 SHPB 系统对在围压条件下岩石在冲击荷载作用下的动态力学性能展开研究，具体研究思路如图 1.5 所示。

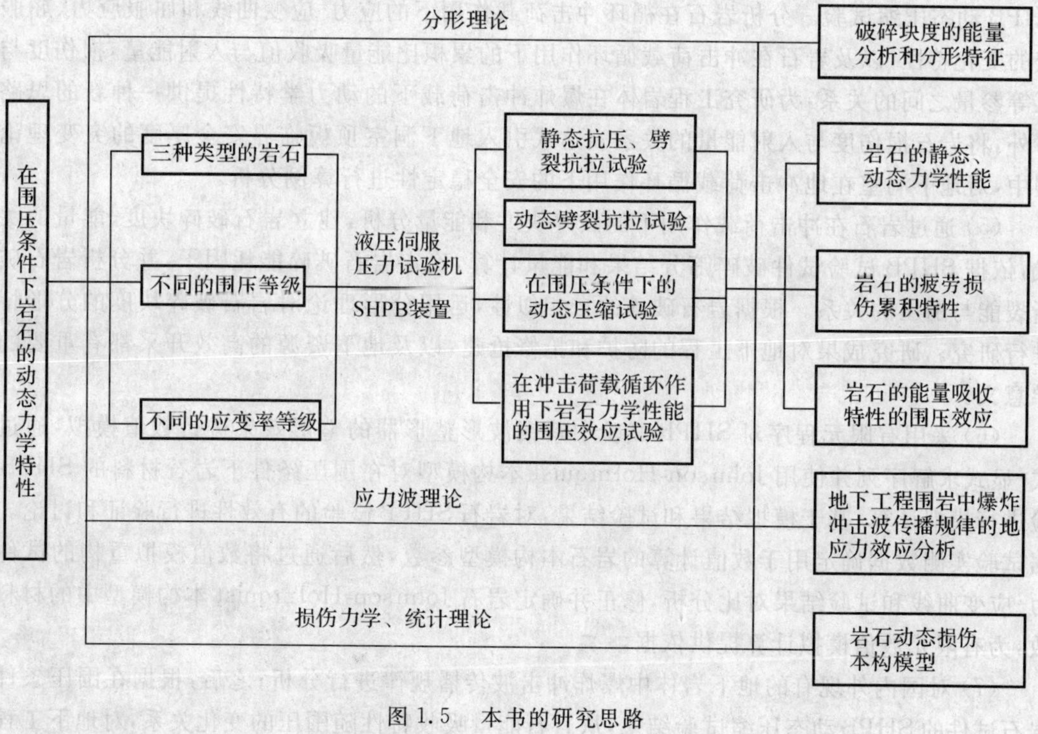

图 1.5　本书的研究思路

本书研究内容和主要工作概括如下：

(1) 依托某重点工程确定试验选用的岩石种类，采用先进的钻芯取样机和切割打磨机对岩石试件进行加工，保证其不平行度和不垂直度能够满足试验要求。对传统的 SHPB 系统进行围压装置改造，并选用 T2 紫铜作为波形整形器，根据在单轴状态和围压状态下岩石不同的力学性能特征，通过试验确定相应的理想入射波形，以保证试验过程中试件的恒应变率加载；并对 SHPB 试验系统的稳定性和试件的应力均匀性等进行分析，以确保试验结果的有效性。

(2) 采用电液伺服压力试验机和带围压装置的 SHPB 系统进行三种岩石在准静态下的单轴压缩试验、劈裂抗拉试验，在单轴状态和围压状态下岩石的动态 SHPB 压缩试验以及动态劈裂抗拉试验，分析其应力-应变曲线的力学特性，并从材料微观结构的角度对岩石动态抗压强度、破坏形态和能量耗散随应变率的变化规律进行分析。另外，为了减少 SHPB 试验过程中试件的惯性效应和界面摩擦效应对试验结果的影响，对 SHPB 动态压缩试验中岩石试件的最佳尺寸进行试验研究。

(3) 将统计损伤模型和黏弹性模型相结合，以损伤力学与统计理论为基础，并考虑围压和应变速率对岩石力学特性的影响，建立基于 Weibull 分布的岩石动态损伤统计本构模型，并确定所构建的损伤统计本构模型参数。

(4) 对 0 ～ 20MPa 围压条件下三种岩石在冲击荷载循环作用下的动态力学性能进行 SHPB 动态压缩试验。分析岩石在循环冲击荷载作用下的应力-应变曲线和屈服应力、屈服应变的变化特性，以及岩石在冲击荷载循环作用下的累积比能量吸收值与入射能量，损伤度与围压等参量之间的关系，为研究工程岩体在爆炸冲击荷载下的动力学特性提供一种新的思路。另外，将岩石损伤度与入射能量的关系表达式引入地下洞室顶板临界安全厚度的突变理论模型中，对地下洞室在地冲击荷载循环作用下的安全稳定性进行算例分析。

(5) 通过岩石在冲击荷载作用下的破碎块度和能量分析，建立岩石破碎块度-能量的关系式，依据 SHPB 试验试件破碎筛分结果和能量计算，确定岩石破碎能耗因子，并分析岩石破碎断裂能与围压的关系。根据岩石破碎的自相似性，运用分形理论对岩石破碎块度的分形特征进行研究。研究成果对地下工程的防护和抢修抢建，以及地下资源的高效开采都有重要的指导意义。

(6) 采用有限元程序对 SHPB 试验中紫铜波形整形器的整形效果进行数值模拟，通过隐式-显式求解序列并使用 Johnson-Holmquist 本构模型对在围压条件下岩石材料的 SHPB 试验进行模拟计算；基于模拟结果和试验结果，对岩石 SHPB 试验的有效性进行验证和讨论。根据试验实测数据确定用于数值计算的岩石本构模型参数，然后通过将数值模拟重构的试件应力-应变曲线和试验结果对比分析，修正并确定岩石 Johnson-Holmquist 本构模型中的材料参数，为有限元数值模拟计算提供依据。

(7) 对国内外现有的地下岩体中爆炸冲击波传播规律进行分析；之后，根据在围压条件下岩石试件的 SHPB 动态压缩试验结果，从岩石能量吸收特性随围压的变化关系，对地下工程围岩中爆炸冲击波传播规律的地应力效应进行分析。

第 2 章　分离式 SHPB 试验技术

2.1　引　言

自 1914 年霍普金森(Hopkinson) 用弹性长杆测试应力波传播[205]、1949 年发展成为 SHPB 装置以来[206],基于 SHPB 原理的材料动态测试技术得到了不断的研究和改进。欧美等发达国家从 20 世纪 80 年代开始陆续开发出横截面直径在 50mm 以上的大尺寸 SHPB 装置[207-209]。国内也有单位建造了 Φ74mm 直锥变截面 SHPB 装置[210-211],总参工程兵科研三所和空军工程大学相继建造了 Φ100mmSHPB 装置[212-213]。为了开展在围压条件下岩石动态力学特性的研究,对空军工程大学的 Φ100mmSHPB 系统进行了围压装置改造。

虽然大直径杆的 SHPB 系统满足了岩石等非均质脆性材料动态力学性能的研究需求,但是,在大直径 SHPB 试验过程中,试件的变形速率很高,其质点存在着轴向运动和横向运动,直径的增大使得应力状态不满足"一维应力波"的假定[85];同时,为了减小端面摩擦效应对试验结果的影响,需要增加试件的厚度,这又影响到试验过程中试件的应力均匀性要求。因此,本章在依托某重点工程确定试验选用的岩石种类后,选用 T2 紫铜作为波形整形器,根据在单轴状态和围压状态下岩石不同的力学性能特征,通过试验确定相应的理想入射波形,以保证试验过程中试件的恒应变率加载;并对 SHPB 试验系统的稳定性和试件的应力均匀性等进行分析,以确保试验结果的有效性。

2.2　岩石类型的选取与试件制备

1. 岩石类型的选取

试验所用的岩石材料取自某重点工程,该工程位于陕西太白山地区秦岭岩群,其最大埋深达数百米。秦岭岩群是一套经历多期变质变形的中深变质杂岩系。根据岩石的构造和矿物组特征,可划分为片岩、石英片岩、片麻岩、变粒岩、斜长角闪岩、大理岩和钙硅粒岩等类型。本次试验选用斜长角闪岩和绢云母石英片岩,还有常见的砂岩这三种岩石类型作为研究对象。斜长角闪岩属于基性变质岩,绢云母石英片岩属于长英质变质岩,砂岩属于沉积岩。经国土资源部西安矿产资源监督检测中心检验,三种岩石的矿物成分如表 2.1 所示。

表 2.1　岩石试件的矿物组成

矿物组成	斜长角闪岩	绢云母石英片岩	砂岩
绢云母	3%	12%	
方解石			26%
绿泥石	7%	3%	2%
斜长石	26%	19%	17%
钾长石		5%	9%
板钛矿		3%	
闪石			
角闪石	53%		
石英	9%	56%	41%
滑石			1%
伊利石			2%
赤铁矿			1%
未检出	2%	2%	1%

2. 岩石试件的制备

岩石试样采用 ZS—100 型立式取芯机、DQ—1 型岩石切割机和 SHM—200 型双端面磨石机(见图 2.1)进行钻取、切割并打磨成圆柱形试件。试件两端面研磨抛光,以保证其不平行度和不垂直度均小于 0.02mm,达到国际标准的技术要求。如图 2.2 所示是部分制备好的岩石试件。

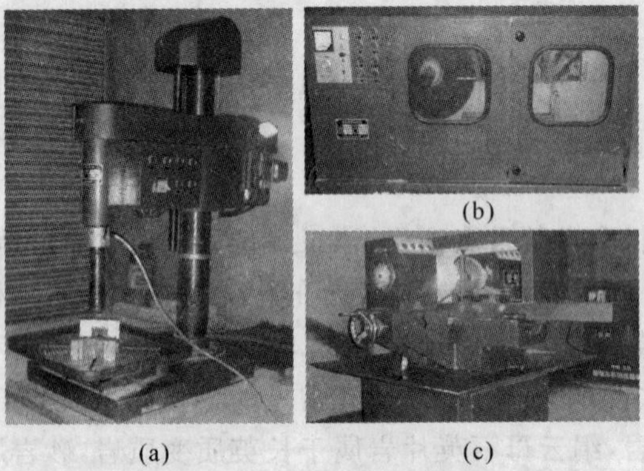

(a)　(b)　(c)

图 2.1　岩石采样设备

(a)ZS—100 型立式取芯机；(b) DQ—1 型岩石切割机；(c) SHM—200 型双端面磨石机

图 2.2　岩石试件

由于岩石是一种特殊的天然材料，受成因和地质构造的影响，岩石的组织结构极为不均匀，内部存在各种大量的天然缺陷，而且这些缺陷的分布完全是随机的，是一种非均质的多相复合结构。因此，为了尽量排除岩样非均质特性对试验结果的影响，在试验研究之前，通过岩样的干燥密度对其进行筛选，选用密度偏差在 5% 以内的试件进行试验。

2.3　传统 SHPB 系统的围压装置改造

原始 SHPB 试验装置主要由主体设备、能源系统、测试系统三大部分组成。主体设备包括发射装置、发射炮管、射弹、吸能装置、杆件及其调整支架、操纵台等；能源系统包括空气压缩机、高压容器及管道；测试系统包括弹速测试系统及动态应变测试系统。入射、反射、透射杆与射弹均由同种材料制成。压杆材料为 48CrMoA，直径为 100mm，入射杆长 4 500mm，透射杆长 2 500mm，打击杆长 500mm，弹性模量为 210GPa，泊松比为 0.25 ～ 0.3，密度为 7 850 kg/m^3，理论波速为 5 172m/s，实测波速为 5 200m/s。利用空气加压给打击杆加速，并使用灯距为 100mm 的激光测速仪测量打击杆撞击的速度。如图 2.3 所示为整个装置的示意图，如图 2.4 所示是 SHPB 装置的实物图。

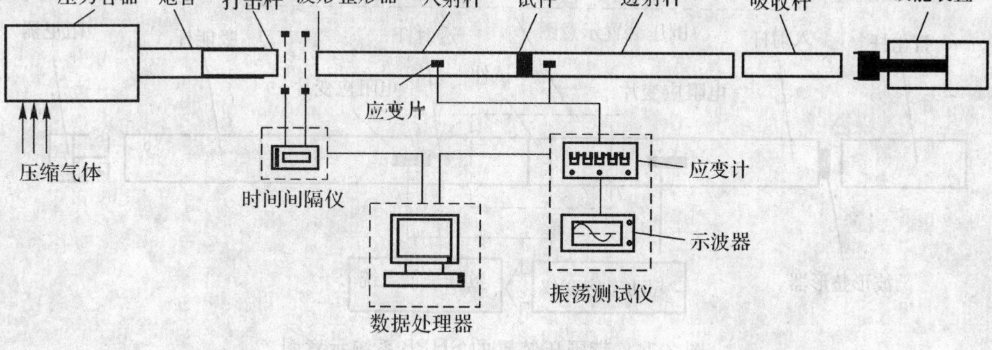

图 2.3　传统的 SHPB 装置示意图

笔者与洛阳立特公司合作，对原始 SHPB 系统进行了围压装置改造，带围压装置的 SHPB 系统示意图如图 2.5 所示。该围压装置系统主要由围压装置主体、支撑调整定位装置、测量系统和高压施压泵等部分组成，如图 2.6 所示。高压施压泵使用国家标准的 YB—N32 号液压机械油，从高压施压泵流出的压力油通过相应的管道，流经油压测量装置测得压力油的压力，再流入围压装置主体的密封套内给被密封套包起来的试件施加均匀的围压，在试件受到均匀的围压后，再进行试件的动态冲击力学性能试验。测量台正面的三个仪表和相应的阀门是测压系统测试不同压力量程的压力表和相应的控制阀门。为了提高测试精度和读数精度，围压测压系统选用了仪表盘为 Φ150mm，测试精度为 0.4mm 的低、中、高三个不同量程的仪表和相应阀门，试验时可根据试验的量程选用相应的仪表。

图 2.4　SHPB 装置实物图

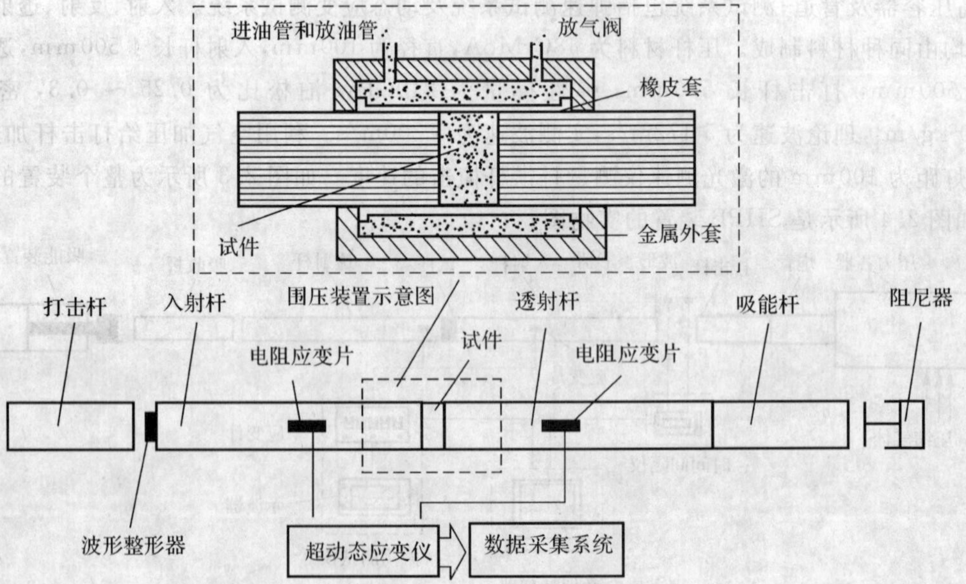

图 2.5　带围压装置的 SHPB 系统示意图

图 2.6　围压装置

2.4　SHPB 系统的稳定性

如果 SHPB 试验装置稳定可靠，对于同一气压，试验所得的弹速应该与理论计算的弹速相近。因此，可以通过下式对试验设备的稳定性进行检验：

$$PV^r = P_0 V_0^r \tag{2.1}$$

式中，P_0 和 P 分别为初始压力和容积变化后的压力；V_0 和 V 分别为初始体积和容积变化后的体积；r 为气体绝热指数，空气的绝热指数为 1.4。

SHPB 试验装置气压与弹速计算简图如图 2.7 所示，其中 X 表示打击杆在炮管内的加速段长度，即打击杆末端至卸载孔的距离；X_L 表示打击杆末端至发射压力腔的距离；发射炮管横截面积为 A_0。

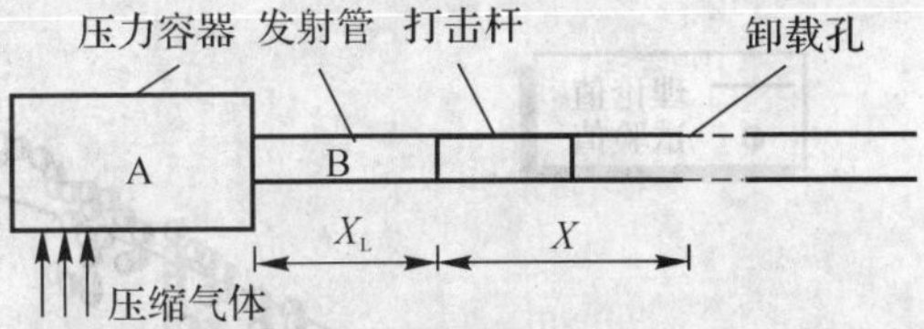

图 2.7　SHPB 试验装置气压与弹速计算简图

假定发射腔（压力容器 A）内的压强为 P_1，体积为 V_1，则当发射装置内的气动快速阀突然高速打开时，发射腔内的高压气体迅速充满如图 2.7 所示的 B 空间，达到平衡时的压强 P_2，可由气体绝热方程求得

$$P_1 V_1^r = P_2 V_2 \tag{2.2}$$

$$V_2 = V_1 + X_L A_0 \tag{2.3}$$

即

$$P_2 = \frac{P_1}{\left(1 + \frac{A_0}{V_1} X_L\right)^r} \tag{2.4}$$

之后，高压气体迅速推动模拟弹从发射炮管左端向右端运动，模拟弹尾端运行至发射炮管卸载孔时，推动模拟弹运动的高压气体从卸载孔卸跑。模拟弹继续向炮口运动，撞击输入杆，在输入杆内即产生一维平面波向试件方向运动。记打击杆在高压气体作用下前进位移 x 时对应的高压气体的压强为 P_3，则

$$P_3=\frac{P_2}{\left(1+\frac{A_0}{V_1+A_0X_L}x\right)^r} \tag{2.5}$$

$$U=\frac{dx}{dt} \tag{2.6}$$

由牛顿第二定律得

$$P_3A_0=M\frac{dU}{dt} \tag{2.7}$$

将式(2.5) 至式(2.7) 联立求解，可得理论弹速为

$$U^2=\frac{2P_2V_2}{M(r-1)}\left[1-\left(1+\frac{A_0}{V_2}X\right)^{1-r}\right] \tag{2.8}$$

将式(2.3) 和式(2.4) 代入式(2.8)，得到由初始条件表示的理论弹速计算式为

$$U=\sqrt{\frac{2}{M(r-1)}\frac{P_1(V_1+X_LA_0)}{(1+A_0X_L/V_1)^r}\left[1-\left(1+\frac{A_0}{V_1+X_LA_0}X\right)^{1-r}\right]} \tag{2.9}$$

图 2.8 给出了弹速和气压的关系图，图中曲线为理论曲线，离散点为试验结果。可以看出，由于受到温度、湿度等环境因素的影响，实测的打击杆速度存在一定的离散性，但基本与理论曲线保持一致，说明 SHPB 装置系统具有良好的稳定性。

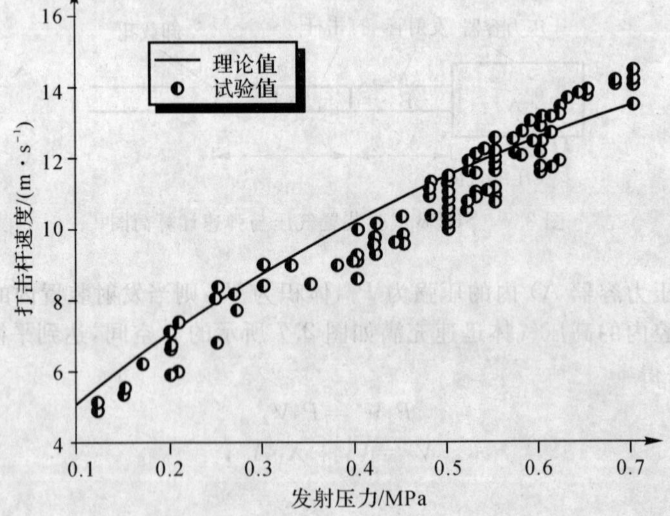

图 2.8　气压与打击杆的关系

2.5 SHPB 试验技术研究

2.5.1　试验数据的处理方法

SHPB 试验的基本原理是细长杆中弹性应力波传播理论，建立在两个基本假设的基础上：① 平面假设，即应力波在细长杆中传播的过程中，弹性杆中的每个横截面始终保持平面状态；② 应力均匀假设，即应力波在试件中传播的过程中，试件中的应力处处相等。

根据 1.2.2 节中式(1.2)可知，由入射信号 ε_i、反射信号 ε_r 和透射信号 ε_t 计算试件应力 σ_s、应变率 $\dot{\varepsilon}_s$ 及应变 ε_s 的公式为

$$\left.\begin{aligned}\sigma_s &= \frac{P_1+P_2}{2A_s}=\frac{E(\varepsilon_i+\varepsilon_r+\varepsilon_t)A}{2A_s}\\ \dot{\varepsilon}_s &= \frac{(\varepsilon_i-\varepsilon_r-\varepsilon_t)C_0}{l_s}\\ \varepsilon_s(t) &= \frac{u_1-u_2}{l_s}=\int_0^t \dot{\varepsilon}_s(\tau)\mathrm{d}\tau\end{aligned}\right\}\tag{2.10}$$

式中，A，A_s 分别为压杆、试件的截面积；l_s 为试件的初始厚度；C_0 为压杆的弹性纵波波速；P_1，P_2 分别为作用在试件两端的力；E 是压杆的弹性模量；A 是压杆的横截面面积。

式(2.10)就是计算试件应力、应变和应变率的三波处理法。如果试件两端面的受力相等，即 $P_1=P_2$，则可以认为试件内部各处的应力、应变处于均匀状态，可以得到 $\varepsilon_i+\varepsilon_r=\varepsilon_t$，这样三波处理法就可以简化为二波处理法(选择透射波和反射波进行计算)：

$$\left.\begin{aligned}\sigma_s &= \frac{EA}{A_s}\varepsilon_t\\ \dot{\varepsilon}_s &= -\frac{2C_0}{l_s}\varepsilon_r\\ \varepsilon_s(t) &= -\frac{2C_0}{l_s}\int_0^t \varepsilon_r\mathrm{d}\tau\end{aligned}\right\}\tag{2.11}$$

由文献[109]可知，二波处理法的数据结果不够精确，三波处理法所得结果曲线较为平滑，应变率变化突兀性小。考虑波在试件内的传播和入射波起点位置的应力不均匀状态，三波处理法的结果更符合试件的实际受力情况。因此，本书的试验数据处理均采用三波处理法。

2.5.2　入射波整形技术的试验研究

1. 无围压条件下的入射波整形技术

岩石类脆性材料在 Φ100 mm SHPB试验中的问题主要有：岩石类脆性材料其内部结构不均匀，小试件测量结果一般不能反映其宏观统计规律，为了更加准确地反映岩石材料真实的冲击力学性能，试件的尺寸在不断增大，压杆的直径也随之增大；由压杆中质点的横向惯性运动

引起的弥散效应引起了应力波波形的高频振荡，经数据处理所得的应力-应变曲线的高频振荡常常掩盖了材料的真实特性；岩石材料的破坏应变非常小，想从根本上解决应力均匀性问题，尤其是恒应变率加载问题并非易事；岩石试件在高速变形的情况下，质点的横向惯性运动导致的惯性效应对应力测试的影响较大。

针对上述诸多问题，本次试验采用波形整形技术，该技术已被成功地应用于多种材料的SHPB试验，整形器的材料也多种多样，有纸[214]、铜[215-216]、树脂玻璃[217]、聚合物[218]等。

在岩石试件的SHPB试验研究过程中，综合分析国内外已有的关于波形整形器的研究成果，试验选用不同直径、厚度为1mm的屈服强度较低的T2紫铜作为波形整形器，如图2.9所示。

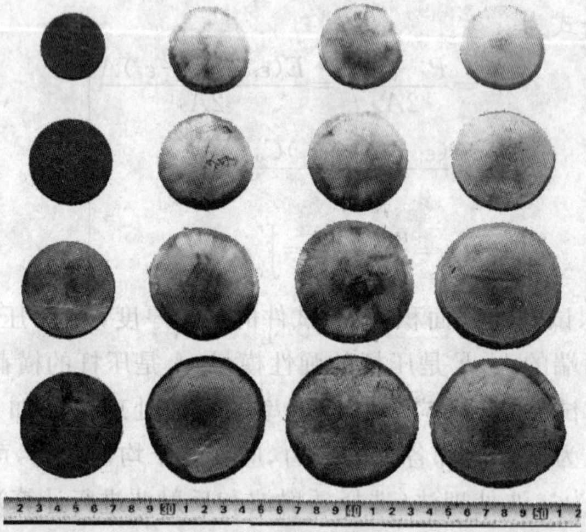

图2.9　T2紫铜波形整形器

用真空脂将波形整形器粘贴于入射杆受打击杆冲击端面的中心位置，以便当受到打击杆强烈冲击时，紫铜发生较大变形，吸收一部分能量，将原来陡峭上升的脉冲方形波修正成上升过程较为平缓的波形，增加入射波的上升时间，保证试件内部在破坏前有足够长的时间达到应力平衡；同时减少入射波的高频振荡，使应变率的波动性明显减小，这对于应变率敏感材料的动态特性研究是十分必要的。

如图2.10所示是打击杆速度为9.5m/s左右时，直径D_p为30mm，35mm，40mm，45mm的波形整形器对入射波的整形结果。从图中可以看出，未加波形整形器时，入射波为梯形波，其上升沿时间仅为70μs，历时260μs，而且有严重的过冲振荡现象。而经T2紫铜整形器对入射波进行波形整形后，上升沿时间达到190～210μs，历时达到400μs左右，入射波变为半正弦波，上升沿升时延长了近3倍。由于岩石等准脆性材料的破坏应变很小，入射波上升沿时间的增加有利于岩石试件在破坏之前达到应力均匀性的要求，并实现恒应变率加载。由图2.10可知，经波形整形器整形后的半正弦入射波的上升沿段会出现一小平台，且平台电压和半正弦波的波峰电压随打击杆速度的提高而增加。此外，整形器的直径越小，入射脉冲上升沿升时的延长量就越大，试件的应力均匀性就越好；然而，应变率却越来越低，这是以牺牲应变率为代价的。另外，波形整形器将原始波形中的高频波滤掉，使入射波变得光滑，避免了入射波头的过冲现象，有助于解决弥散效应与惯性效应问题。图 2.11 给出了砂岩在无围压情况下整形后的典型应力波形。

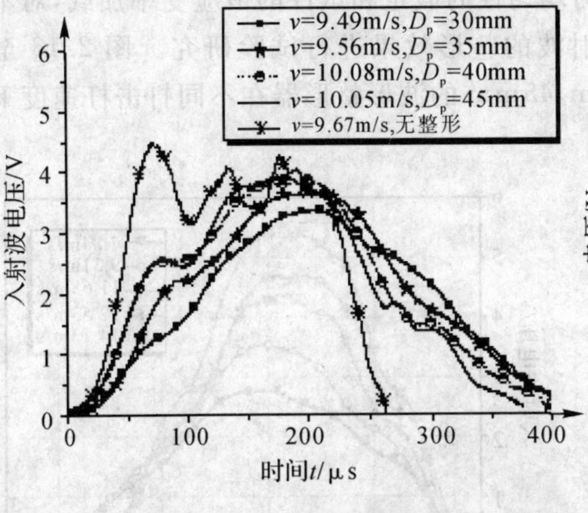

图 2.10　不同直径的波形整形器得到的入射波形

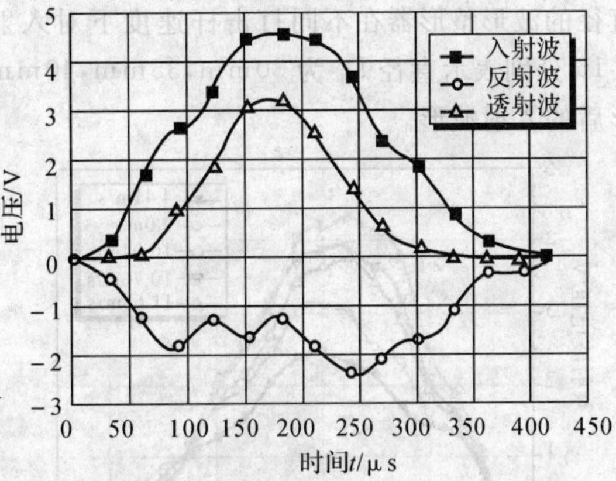

图 2.11　整形后典型的应力波形

2. 围压条件下的入射波整形技术

根据国内外关于岩石在围压状态下的力学性能研究可知，岩石在三向应力条件下的应力-应变曲线与单轴状态时有明显的区别。图 2.12 表示试验得到的砂岩在两种情况下的动态应力-应变曲线的比较，可以看出，在围压状态下，砂岩呈现一定的塑性特征，而且，据相关研究[201]，围压越高，塑性特征越明显。

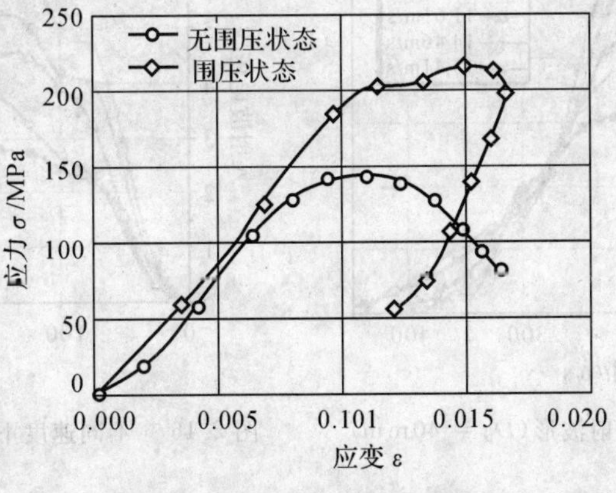

图 2.12　围压状态和无围压状态下的动态应力-应变曲线

由于在围压条件下力学性能具有一定的塑性特征，即在试件破坏前表现为近似双线性的弹塑性硬化特性(见图 2.12)，因此，在 SHPB 试验中理想的入射脉冲形状也应保持类似的双线性硬化特性以使试件能以恒应变率变形[106]。此外，还要求入射脉冲具有较长的上升时间以尽可能快地使试件内部的应力处于均匀状态，最理想情况是当试件仍处于弹性变性阶段时，试件中的应力就已达到平衡。

为了得到这样的理想波形，以保证满足应力均匀性的假定和试件的恒应变率加载，对不同直径的波形整形器在不同打击杆速度下对入射波的整形效果进行试验研究。图 2.13 至图 2.16 分别表示直径 D_p 为 30mm，35mm，40mm，45mm 的波形整形器在不同打击杆速度下整形后的入射波形。

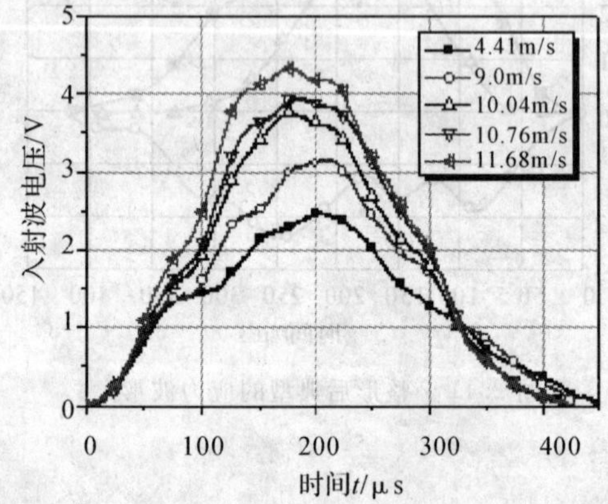

图 2.13　不同速度下的入射波形(D_p = 30mm)

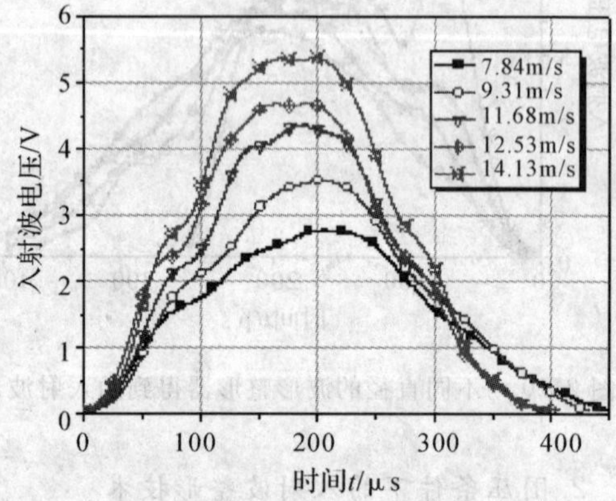

图 2.14　不同速度下的入射波形(D_p = 35mm)

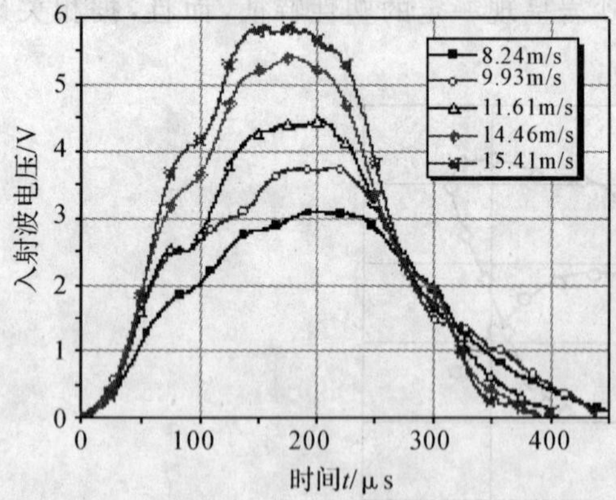

图 2.15　不同速度下的入射波形(D_p = 40mm)

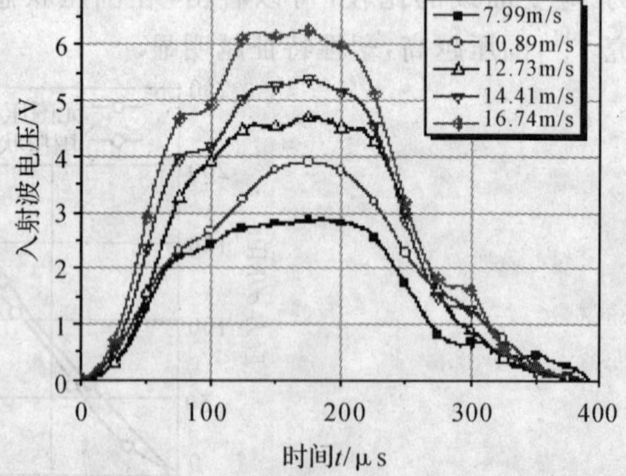

图 2.16　不同速度下的入射波形(D_p = 45mm)

从图 2.13 至图 2.16 可以看出，对于同一直径的波形整形器，当打击杆速度较低时，整形后的入射波形近似呈半正弦波；而当打击杆速度提高时，则变为具有一定峰值平台的近似双线性硬化特性的波形。将半正弦波和双线性硬化波相比，后者的上升沿时间有所减少，但也具有较长的上升沿时间，大约为 120μs，能够保证试件内部达到应力均匀（从下面的应力均匀性分析结果可知）；峰值平台的持续时间约为 100μs。因此，选择合适的波形整形器直径和较高的打击杆速度，就可以得到理想的具有较长的上升时间的近似双线性硬化特性的入射波形，从而实现在围压条件下岩石试件的恒应变率加载，并保证在试验过程中试件的应力均匀性的要求。

另外，无论是半正弦波还是近似的双线性硬化波，在其上升沿部分都出现一转折区域或转折平台，该区域对应于波形整形器的整体屈服，整形器在此之前以弹性变形为主，而在此之后则以塑性流动为主，且该转折处对应的电压随打击杆速度的提高而增加。但有一点须特别说明，将图 2.16 所示打击杆速度为 7.99m/s 对应的波形，结合无波形整形器时的具有过冲和振荡现象的梯形入射波形进行分析，波形整形器仅仅是将原始入射波中的高频成分过滤，将其变为平滑的梯形波，波的上升沿时间没有明显的延长。虽然此时的波形也具有近似的双线性特征，但是由于其上升沿时间短，难以保证试件的应力均匀性的要求，而且此时的入射波冲击荷载太小，在围压条件下的岩石试件在此作用下将处于弹性变形阶段，无法满足试验要求。

图 2.17 给出了围压为 10MPa 时，砂岩试件 SHPB 试验过程中整形后的典型应力波形。由反射波平台可知，实现了在围压条件下岩石试件的近似恒应变率加载。

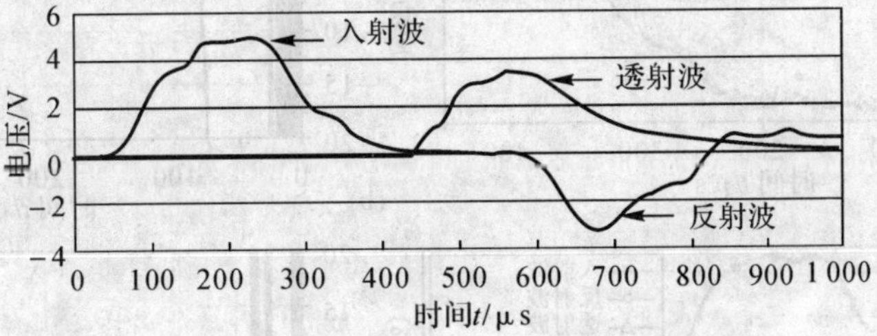

图 2.17　在围压状态下整形后典型的应力波形

2.5.3　应力均匀性分析

为了研究岩石试件在冲击荷载作用下的应力均匀性，定义无量纲应力均匀性因子 δ，即

$$\delta(t)=\frac{\sigma_1(t)-\sigma_2(t)}{[\sigma_1(t)+\sigma_2(t)]/2} \tag{2.12}$$

式中，$\sigma_1(t)$ 和 $\sigma_2(t)$ 分别为试件前、后端面的应力；t 为应力脉冲作用时间。同时，将应力均匀性因子 δ 小于 5% 的时刻定义为岩石试件达到应力均匀性的时间 t_δ。

以砂岩为例，图 2.18 所示在无围压状态下，砂岩试件在不同打击杆速度情况下的波形和应力均匀性因子时程曲线，图中标出了试件编号、波形整形器直径 D_p、打击杆速度 v 和试件开始破坏时刻 t_δ。不难看出，试件在开始破坏之前就已经达到应力均匀分布，且在整个应力脉冲作用过程中的绝大多数时间内保持应力均匀状态。

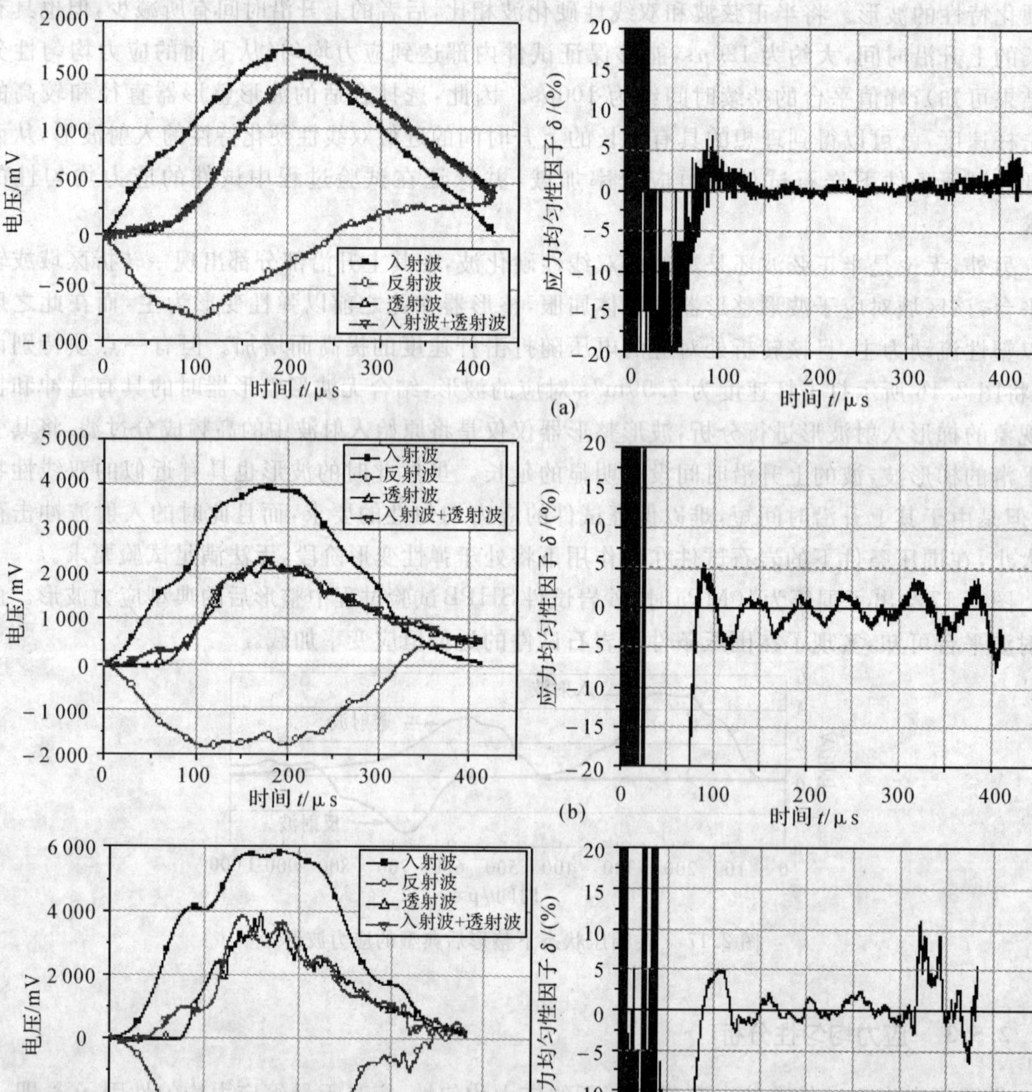

图 2.18　无围压条件下 SHPB 试验的波形和应力均匀性因子时程曲线

(a) SSDC 0 - D - 1, $D_p = 25\text{mm}, v = 5.55\text{m/s}, t_\delta = 72.2\mu\text{s}$;

(b) SSDC 0 - 1 - 1, $D_p = 30\text{mm}, v = 10.75\text{m/s}, t_\delta = 79.35\mu\text{s}$;

(c) SSDC 0 - 6 - 2, $D_p = 45\text{mm}, v = 15.56\text{m/s}, t_\delta = 84.0\mu\text{s}$

图 2.19 表示砂岩试件在围压为 10MPa 时，不同打击杆速度情况下的波形和应力均匀性因子时程曲线。可以看出，在试验设计的具有近似双线性的入射波作用过程中的绝大多数时间内，试件保持应力均匀状态。

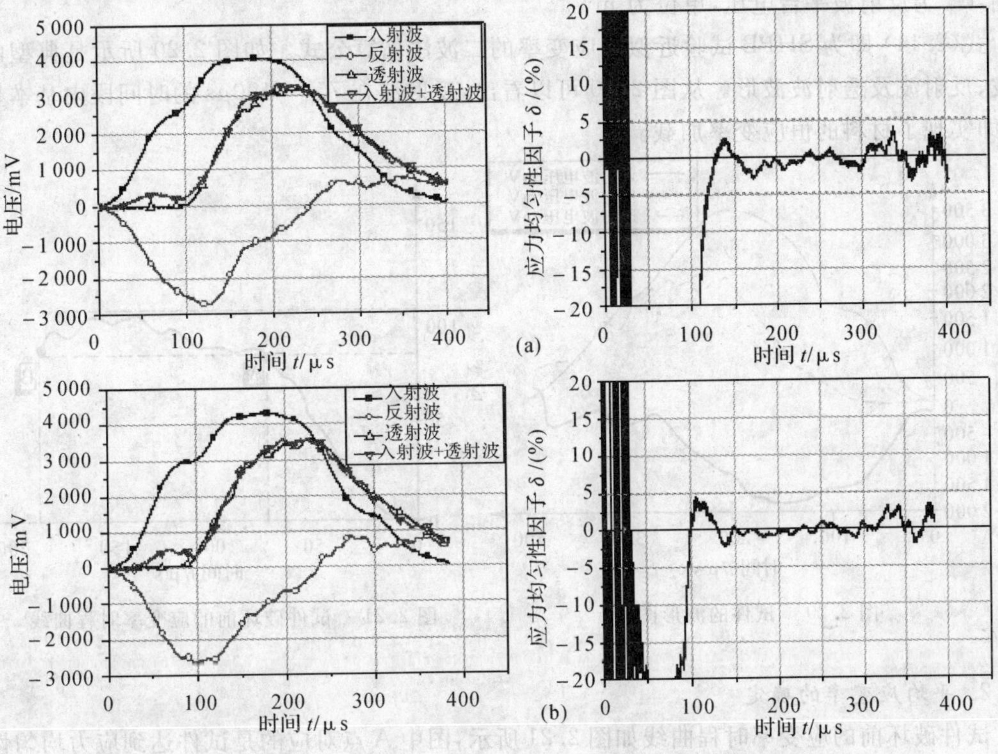

图 2.19　$C_p = 10$MPa 时，SHPB 试验中应力均匀性因子时程曲线

(a) SSDC 10-1-1, $D_p = 35$mm, $v = 10.94$m/s, $t_\delta = 119.1\mu$s;

(b) SSDC 10-2-1, $D_p = 40$mm, $v = 11.55$m/s, $t_\delta = 96.8\mu$s

2.5.4　恒应变率加载及平均应变率确定

1. 恒应变率加载的近似确定

由试验数据的二波处理法计算公式可知：

$$\dot{\varepsilon}_s = \frac{2C_0}{l_s}\varepsilon_r \tag{2.13}$$

式中，反射应变率 $\dot{\varepsilon}_s$ 的单位为 s^{-1}。

采用文献[219]的设计思想，根据反射波形的情况，通过调整打击杆速度和波形整形器尺寸，保证反射波为一平台波，从而实现试件的恒应变率加载。因此，由内标定结果 4mV 对应

1,可知近似恒应变率为

$$\bar{\dot{\varepsilon}}_s = -\frac{cU_p}{2\,000 l_s} \tag{2.14}$$

式中,U_p 为反射波平台电压,单位为 mV。

式(2.14) 即为 SHPB 试验近似恒应变率的二波法估算公式。如图 2.20 所示是典型的入射波、反射波及透射波波形。从图 2.20 可以看出,反射波在 75 ～ 190μs 的时间段内基本呈平台,即实现了材料的恒应变率加载。

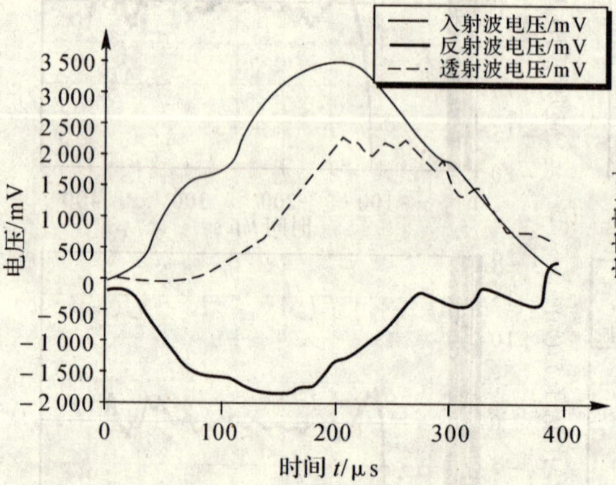

图 2.20　试件的波形图

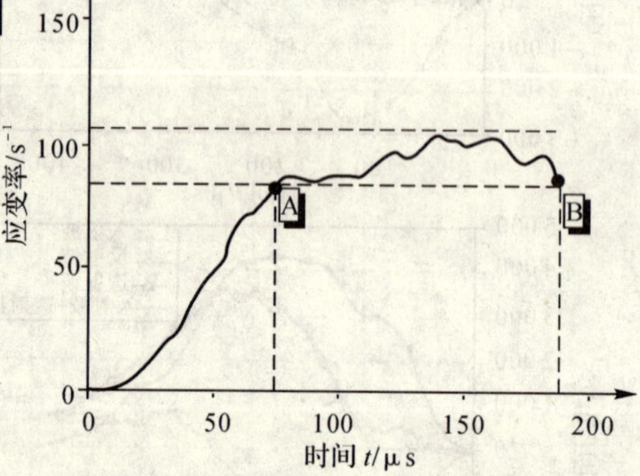

图 2.21　试件破坏前的应变率时程曲线

2. 平均应变率的确定

试件破坏前的应变率时程曲线如图 2.21 所示,图中 A 点对应的是试件达到应力均匀性的时刻,B 点对应的是试件破坏(或应力峰值)的时刻,在 AB 段内,应变率值处于较为稳定的阶段。将应变率时程曲线中 AB 段内的应变率的均值作为试件的平均应变率,即

$$\bar{\dot{\varepsilon}}_s = \frac{1}{n}\sum_{i=1}^{n}\dot{\varepsilon}(i) \tag{2.15}$$

式中,n 为 AB 段内数据点总数;$\dot{\varepsilon}(i)$ 为 AB 段内与数据点对应的应变率值。

按式(2.15) 计算,图 2.21 中所示近似平均应变率 $\bar{\dot{\varepsilon}} = 101.4\text{s}^{-1}$。

2.6　小　结

本章运用岩石试件制作设备和 Φ100mm SHPB 系统进行了材料的试样制备和动态力学性能试验。为了研究岩石试件在地应力状态下的动态力学性能,对 Φ100mm SHPB 试验装置进行了围压装置改造,并对试验装置的稳定性和可靠性进行了分析。主要得出以下结论:

(1) 通过气体绝热方程对试验设备的稳定性进行检验,推导了由初始条件表示的打击杆理论速度的计算式。

(2) T2 紫铜波形整形器将原来陡峭上升的脉冲方形波修正成上升过程较为平缓的波形，增加了入射波的上升时间，从而保证了试件内部在破坏之前有足够长的时间达到应力平衡；同时减少了入射波的高频振荡，使得应变率的波动性明显减小。针对岩石在单轴状态和围压状态下力学性能的不同，通过波形整形技术的试验研究，得到具有较长上升沿时间的半正弦入射波和近似双线性硬化特性的入射波形，从而实现了在单轴状态和围压状态下岩石试件的恒应变率加载，并保证了在试验过程中试件的应力均匀性的要求。

(3) 整形器的直径越小，入射脉冲上升沿升时的延长量就越大，试件的应力均匀性就越好，然而，应变率却越来越低，即这是以牺牲应变率为代价的。

(4) 无量纲应力均匀性因子能够定量描述材料 SHPB 试验过程中试件的应力均匀性问题。结果表明，无论是在单轴状态还是围压状态，试件在开始破坏之前就已经达到应力均匀分布，且在整个应力脉冲作用过程中的绝大多数时间内保持应力均匀状态。

第3章　岩石力学性能的试验研究

3.1　引　言

地震、工程爆破、钻地武器的侵彻、爆炸及其防护等诸多工程问题的研究都涉及在爆炸和冲击荷载下岩石材料的动态力学性能[220]。作为一种特殊的天然材料，受成因和地质构造的影响，岩石的组织结构极不均匀，内部存在各种大量的天然缺陷，而且这些缺陷的分布完全是随机的。因此，岩石材料可视为一种由矿物颗粒和孔隙构成的多孔介质的非均质多相复合结构，这种非均质性对岩石的物理力学性质、强度等有很大影响[221]。为了深入研究斜长角闪岩、绢云母石英片岩和砂岩的力学性能，本章分别进行三种岩石在准静态下的单轴压缩试验和劈裂抗拉试验，在单轴状态和围压状态下岩石的动态SHPB压缩试验以及动态劈裂抗拉试验，分析其应力应变曲线的力学特性，并从材料微观结构的角度对岩石动态抗压强度、破坏形态和能量耗散随应变率的变化规律进行分析。

另外，为了减少SHPB试验过程中试件的惯性效应和界面摩擦效应对试验结果的影响，对SHPB动态压缩试验中岩石试件的最佳尺寸进行了试验研究。

3.2　准静态单轴压缩试验

采用电液伺服压力试验机对斜长角闪岩、绢云母石英片岩和砂岩进行准静态单轴抗压强度试验以及岩石软化系数的测定。根据国际岩石力学学会(ISRM)标准和《公路工程岩石试验规范》，单轴抗压强度试验采用Φ 50mm×100mm的圆柱体试件。如图3.1所示是三种岩石在单轴压缩下的破坏形态，表3.1至表3.3分别是斜长角闪岩、绢云母石英片岩和砂岩的静态抗压强度试验记录。

(a)　　(b)　　(c)

图3.1　单轴压缩破坏形态

(a) 斜长角闪岩；(b) 绢云母石英片岩；(c) 砂岩

表 3.1　斜长角闪岩准静态抗压强度试验

试件编号	试件尺寸 $\Phi\times L$ mm×mm	横截面积 mm^2	压力值 kN	抗压强度 MPa	抗压强度平均值 MPa
PH SC-S-1	50.6×100.1	2 010.9	247.83	123.24	129.27
PH SC-S-2	50.6×99.1	2 010.9	251.95	125.29	
PH SC-S-3	50.6×99.8	2 010.9	264.45	131.51	
PH SC-S-4	50.6×101.3	2 010.9	268.64	133.59	
PH SC-S-5	50.6×99.1	2 010.9	258.92	128.76	
PH SC-S-6	50.6×100.2	2 010.9	267.88	133.21	
PH SC-D-1	50.6×99.8	2 010.9	271.45	134.99	140.18
PH SC-D-2	50.6×99.1	2 010.9	281.59	140.03	
PH SC-D-3	50.4×99.9	1 995.0	288.52	144.62	
PH SC-D-4	50.6×100.0	2 010.9	272.94	135.73	
PH SC-D-5	0.6×99.8	2 010.9	290.14	144.28	
PH SC-D-6	50.4×100.3	1 995.0	282.17	141.44	
软化系数 K_p	0.922				

注：PH SC-S-i：饱和状态斜长角闪岩的第 i 个准静态抗压试件；PH SC-D-i：烘干状态斜长角闪岩的第 i 个准静态抗压试件。

表 3.2 绢云母石英片岩准静态抗压强度试验

试件编号	试件尺寸 $\Phi\times L$ mm×mm	横截面积 mm^2	压力值 kN	抗压强度 MPa	抗压强度平均值 MPa
SP SC-S-1	50.7×97.4	2 018.9	139.46	69.08	67.22
SP SC-S-2	50.8×99.7	2 026.8	143.88	70.99	
SP SC-S-3	50.8×99.8	2 026.8	136.22	67.21	
SP SC-S-4	50.8×100.0	2 026.8	135.94	67.07	
SP SC-S-5	50.6×99.4	2 010.9	129.14	64.22	
SP SC-S-6	50.6×100.2	2 010.9	130.17	64.73	
SP SC-D-1	50.7×99.8	2 018.9	170.71	84.56	79.59
SP SC-D-2	50.8×99.1	2 026.8	154.97	76.46	
SP SC-D-3	50.8×99.9	2 026.8	149.82	73.92	
SP SC-D-4	50.6×100.0	2 010.9	167.54	83.32	
SP SC-D-5	50.8×99.8	2 026.8	159.74	79.81	
SP SC-D-6	50.6×100.3	2 010.9	161.81	80.46	
软化系数 K_p	0.845				

注：SP SC-S-i：饱和状态绢云母石英片岩的第 i 个准静态抗压试件；SP SC-D-i：烘干状态绢云母石英片岩的第 i 个准静态抗压试件。

表 3.3　砂岩准静态抗压强度试验

试件编号	试件尺寸 $\Phi\times L$ mm×mm	横截面积 mm^2	压力值 kN	抗压强度 MPa	抗压强度平均值 MPa
SS SC－S－1	49.9×101.8	1 955.65	114.29	58.440 95	52.82
SS SC－S－2	50.0×100.4	1 963.50	108.63	55.324 81	
SS SC－S－3	50.1×98.6	1 971.36	92.07	46.703 86	
SS SC－S－4	49.8×98.6	1 947.82	97.23	49.917 37	
SS SC－S－5	49.8×98.0	1 947.82	112.25	57.628 56	
SS SC－S－6	50.2×100.2	1 979.24	96.75	48.882 53	
SS SC－D－1	49.6×100.8	1 932.21	117.25	60.681 96	61.40
SS SC－D－2	49.7×100.2	1 940.00	121.55	62.654 51	
SS SC－D－3	49.8×100.4	1 947.82	118.07	60.616 52	
SS SC－D－4	50.0×100.8	1 963.50	123.60	62.948 96	
SS SC－D－5	49.9×100.4	1 955.65	111.09	56.804 66	
SS SC－D－6	50.1×98.3	1 971.36	127.53	64.691 47	
软化系数 K_p	0.860				

注：SS SC－S－i：饱和状态砂岩的第 i 个准静态抗压试件；SS SC－D－i：烘干状态砂岩的第 i 个准静态抗压试件。

3.3 准静态劈裂抗拉强度试验

准静态劈裂抗拉强度试验采用 Φ50mm×25mm 的巴西圆盘试样。试验时，通过试件直径的两端，沿轴线方向划两条相互平行的加载基线，将两根垫条沿加载基线固定在试件两端。对于较坚硬的斜长角闪岩和绢云母石英片岩，选用直径为 1mm 的钢丝为垫条，对于较软弱的砂岩选用宽度与试件直径之比为 0.1 的胶木板为垫条。试件最终破坏应通过两垫条决定的平面，否则视为无效试验。准静态劈裂强度为

$$\sigma_t = \frac{2P}{\pi D_d B} \tag{3.1}$$

式中，σ_t 为岩石的劈裂强度(MPa)；P 为试件破坏时的极限荷载(N)；D_d 为圆柱体试件的直径(mm)；B 为圆柱体试件的厚度(mm)。

如图 3.2 所示是三种岩石准静态劈裂抗拉的破坏形态。表 3.4 至表 3.6 分别是三种岩石的准静态劈裂抗拉强度试验记录，表 3.7 列出了三种岩石的性能参数。

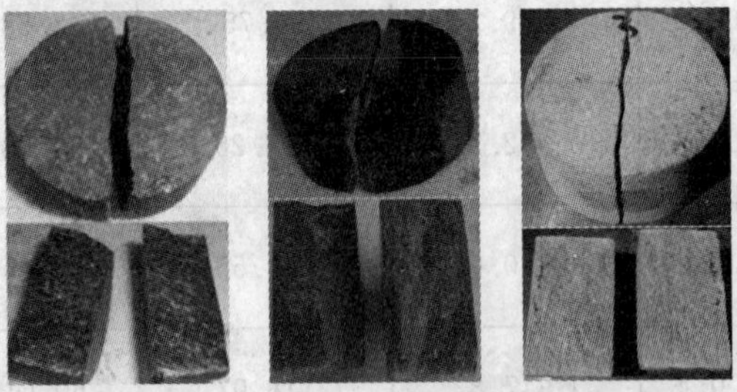

(a)　　(b)　　(c)

图 3.2　准静态劈裂抗拉试验破坏形态

(a) 斜长角闪岩；(b) 绢云母石英片岩；(c) 砂岩

表 3.4　斜长角闪岩准静态劈裂抗拉试验

试件编号	试件尺寸 Φ×L mm×mm	压力值 kN	劈裂抗拉强度 MPa	劈裂抗拉强度平均值 /MPa
PH ST-1	50.6×25.0	28.18	14.19	13.56
PH ST-2	50.6×25.0	无效		
PH ST-3	50.6×24.7	25.23	12.86	
PH ST-4	50.0×25.1	无效		
PH ST-5	50.6×24.9	26.94	13.62	

注：PH ST-i：斜长角闪岩的第 i 个准静态劈裂抗拉试件。

表 3.5　绢云母石英片岩准静态劈裂抗拉试验

试件编号	试件尺寸 $\Phi\times L$ mm×mm	压力值 kN	劈裂抗拉强度 MPa	劈裂抗拉强度 平均值 /MPa
SP ST－1	50.8×25.5	22.43	11.03	10.53
SP ST－2	50.6×25.2	无效		
SP ST－3	50.6×25.0	23.06	11.61	
SP ST－4	50.8×25.4	无效		
SP ST－5	50.6×24.9	17.69	8.94	

注：SP ST－i：绢云母石英片岩的第 i 个准静态劈裂抗拉试件。

表 3.6　砂岩准静态劈裂抗拉试验

试件编号	试件尺寸 $\Phi\times L$ mm×mm	压力值 kN	劈裂抗拉强度 MPa	劈裂抗拉强度 平均值 /MPa
SS ST－1	49.6×25.0	无效		8.10
SS ST－2	49.9×26.1	18.77	9.18	
SS ST－3	49.9×25.7	14.18	7.04	
SS ST－4	49.6×24.7	无效		
SS ST－5	49.9×25.2	15.92	8.06	

注：SS ST－i：砂岩的第 i 个准静态劈裂抗拉试件。

表 3.7　三种岩石的性能参数

岩石种类	密度 $kg\cdot m^{-3}$	单轴抗压强度 MPa	劈裂抗拉强度 MPa	软化系数
斜长角闪岩	2 806	140.18	13.56	0.922
绢云母石英片岩	2 603	79.59	10.53	0.845
砂岩	2 578	61.40	8.10	0.860

3.4 岩石试件的动态压缩试验

3.4.1 动态压缩试验设计

采用 T2 紫铜作为波形整形器,用直径为 100mm 的 SHPB 装置对大直径角闪岩试件的动态压缩性能进行试验研究。为了更好地满足试件应力状态均匀性的假定,并减少由试件厚度引起的惯性效应和端面摩擦效应,首先对不同尺寸的岩石试件进行 SHPB 动态压缩试验,确定试件的最佳尺寸。

1. *岩石试件最佳尺寸的确定*

当应力波从弹性杆传到试样中时,试样在应力作用下开始轴向压缩和径向膨胀,当惯性力与驱使试样变形的瞬态应力可比拟时,测试结果将出现一定误差,而且误差随着应力脉冲长度和脉冲幅值的增加而增大,这就是所谓的惯性效应。

(1)Davies 等的惯性效应分析[222]。Davies 和 Hunter 曾对试样的惯性效应进行了分析,发现由试样的惯性效应引起的测量误差可以表达为

$$\sigma_s-\sigma_m=\rho_s\left(\frac{1}{6}L_0^2-\frac{1}{8}\mu_s^2 d^2\right)\frac{d^2\varepsilon}{dt^2} \tag{3.2}$$

式中,σ_s,σ_m 分别为试样的理论应力与测量应力;L_0,d,μ_s 分别为试样的长度、直径与泊松比。

根据式(3.2),可以得到消除试样惯性效应所需的长径比(即试样的长度与直径的比)为

$$L_0/d=\sqrt{3/4}\,\mu_s=0.866\mu_s \tag{3.3}$$

一般材料的泊松比为 0.2 ~ 0.5,则所得的长径比为 0.17 ~ 0.433。

(2)Samanta 的惯性效应分析[223]。Samanta 在试样不可压缩的假设下,对试样的惯性效应进行了理论分析,得出由试样的惯性效应引起的测量误差可表达为

$$\sigma_s-\sigma_m=\rho_s\left(\frac{1}{6}L_0^2-\frac{1}{32}d^2\right)\frac{d^2\varepsilon}{dt^2}+\rho_s\left(\frac{1}{64}d^2-\frac{1}{3}L_0^2\right)\left(\frac{d\varepsilon}{dt}\right)^2 \tag{3.4}$$

式(3.4)等号右边两项不可能同时为 0,不过在实际试验中,$d^2\varepsilon/dt^2$ 与 $d\varepsilon/dt$ 的比值往往在 10^3 量级甚至更多,因此第一项对测量误差起决定作用。要有效地消除试样惯性效应所导致的误差,就应保证第一项趋于 0,即试样长径比为 0.433。

(3)Malinowski 等的惯性效应分析[224]。Malinowski 等人对试样的最优几何参数进行研究,在综合理论分析、试验研究与数值计算的基础上,得出试样的最优长径比为

$$\lambda_{opt}=\begin{cases}\left[\dfrac{2\mu\sigma_m}{\rho_s d^2(\dot{\varepsilon}^2+\ddot{\varepsilon})}\right]^{1/3} & \dot{\varepsilon}^2+\ddot{\varepsilon}>0\\ -\left[\dfrac{2\mu\sigma_m}{\rho_s d^2(\dot{\varepsilon}^2+\ddot{\varepsilon})}\right]^{1/3}\left[(1-\sqrt{1+\beta})^{1/3}+(1+\sqrt{1+\beta})^{1/3}\right] & \dot{\varepsilon}^2+\ddot{\varepsilon}<0\end{cases} \tag{3.5}$$

式中，$\beta=\left(\frac{\rho_s d^2}{16\mu\sigma_b}\right)^2\frac{(\ddot{\varepsilon}-0.5\dot{\varepsilon})^3}{8(\dot{\varepsilon}^2+\ddot{\varepsilon})}$；$\mu$ 为库仑摩擦因数。

由于式(3.5)中未知参数太多，常常无法直接应用。

(4) 陶俊林等的惯性效应分析。陶俊林等人在文献[225]中对SHPB系统圆柱形试件的惯性效应进行了研究，提出了试件最佳原始尺寸比的计算公式为

$$n_B=h_0/a_0=0.875+0.540\varepsilon_{end} \tag{3.6}$$

式中，ε_{end} 为试件最终应变；n_B 为最佳原始尺寸比；h_0 为圆柱形试件厚度；a_0 为试件半径。

(5) 其他研究结果。Love对长径比为0.2～2.0的试样进行了大量研究[226]，发现惯性效应的影响只在小应变范围内起作用。Dioh对高应变率下不同长径比聚脂试样的惯性效应进行了研究[227]，发现试样长径比对高应变率下试样的力学性质有较大影响，厚试样有较高的强度。Zhao用数值模拟方法对聚合物试样的惯性效应进行了分析[228]，认为试样厚度效应主要是由径向惯性效应及摩擦作用引起的。

目前，大部分惯性效应方面的文献都是关于金属或聚合物的研究，对于岩石试样长径比问题的研究相对缺乏。李夕兵等对大量花岗岩、大理岩及混凝土等脆性材料进行研究[229-231]，发现长径比为0.5的试样可较好地消除试样惯性效应所引起的误差。这一长径比与式(3.3)和式(3.6)所得值基本接近。

综合分析上述国内外关于试件SHPB试验惯性效应的研究成果，对于圆柱形岩石试件，合适的长径比为0.4～0.5。在本书的Φ100mm SHPB试验中，为了确定岩石试件的最佳尺寸，减少试件惯性效应与界面摩擦效应对试验结果的影响，在前人研究成果的基础上，选定四种尺寸的斜长角闪岩试件进行尺寸效应的试验研究。试件尺寸：直径为97mm，厚度分别为40mm，43mm，47mm，50mm。

为了便于确定SHPB试验中岩石试件的最佳尺寸，基于第2章定义的无量纲应力均匀性因子δ，定义应力均匀性指数为

$$\xi=\frac{1}{n}\sum_{1}^{n}\delta^2 \tag{3.7}$$

式中，n 为数据采集点数。

各类岩石材料均可视为一种由矿物颗粒和孔隙构成的多孔介质的非均质多相复合结构，且这种组织结构极为不均匀，内部存在各种大量的随机分布的天然缺陷，当确定SHPB试验中岩石的最佳尺寸时，忽略各类岩石组织结构差异的影响。

将试验数据的应力均匀性分析结果列于表3.8中。岩石试样达到应力均匀性的时间集中在90～120μs。如图3.3所示是应力均匀性指数与试样厚度的关系，由该曲线可知，试样的厚度对试验过程中试件的应力均匀性影响较大，厚度太大会导致惯性效应的增加，厚度太小导致端面摩擦效应的增加，从而使得试样不能很好地满足应力均匀性的要求，不能得到真实可靠的岩石材料的动态力学性能。当试样厚度为43mm时，试样的应力均匀性指数最小，表明试样内部的应力能更好地满足均匀性的要求。因此，最终确定SHPB试验中岩石试样的最佳尺寸

为 Φ97 mm × 43 mm。

表 3.8　试验结果

试件编号	$\Phi \times L$/(mm × mm)	v/(m·s^{-1})	D_p /mm	t_δ/μs	ξ	ξ 均值
PHCC40 - 1	96.32 × 40.06	9.53	30/46.5	120.1	0.022 1	
PHCC40 - 2	97.38 × 39.14	9.56	35/47.5	90.0	0.018 9	0.022 9
PHCC40 - 3	97.36 × 39.78	9.93	40/53.5	131.0	0.027 7	
PHCC43 - 1	97.49 × 43.42	4.41	30/38.5	107.8	0.017 7	
PHCC43 - 2	97.46 × 42.80	9.62	35/48.4	111.0	0.016 1	0.018 6
PHCC43 - 3	97.26 × 43.66	8.97	30/43.5	107.1	0.022 1	
PHCC47 - 1	97.24 × 47.04	9.65	35/48.2	130.2	0.022 8	
PHCC47 - 2	97.42 × 47.10	9.31	35/47.7	120.9	0.020 2	0.020 8
PHCC47 - 3	97.14 × 46.90	10.08	40/52.1	109.1	0.019 4	
PHCC50 - 1	96.48 × 49.98	9.39	35/47.4	113.1	0.019 2	
PHCC50 - 2	97.40 × 49.56	8.21	30/41.1	143.7	0.027 1	0.021 4
PHCC50 - 3	97.44 × 50.00	10.09	40/51.8	125.6	0.017 9	

注：$\Phi \times L$ 表示试件直径×厚度；v 为打击杆速度；波形整形器直径 D_p 的表示方法：冲击前直径 / 冲击后直径；t_δ 为试件达到应力均匀性所需的时间；ξ 为应力均匀性指数。

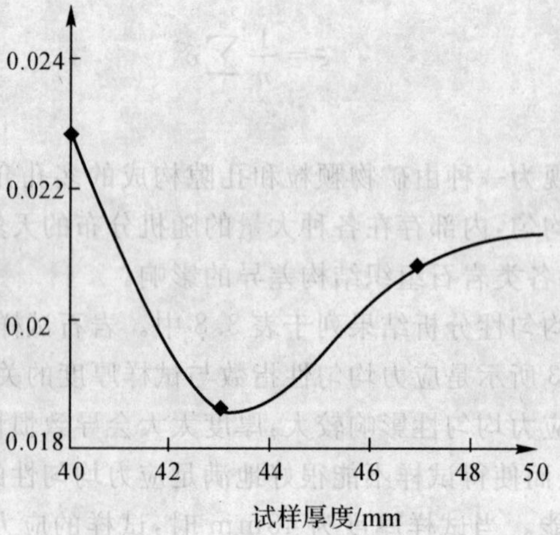

图 3.3　应力均匀性指数与试样厚度的关系

2. 动态压缩试验方案的确定

在实际岩石工程中，地壳中的岩体处于三向应力状态下，即有围压的影响。室内常规三轴是指 $\sigma_1 > \sigma_2 = \sigma_3$ 或 $\sigma_1 = \sigma_2 > \sigma_3$ 的受力情况，较真三轴受力试验容易实现，它可以归结为一种在横向约束下材料的受力情况。横向约束以一种围压的形式给出，是由外界施加的作用力。本节通过采用带主动围压装置的SHPB系统对岩石在围压下受冲击荷载作用的动态力学性能展开试验研究；分四个围压水平(0 ，2 MPa，4 MPa 和 6 MPa)、五种应变率等级共 20 组试验，每组试验有 3 ～ 5 个试件，离散性大的剔除。

3.4.2　单轴状态下岩石试件的动态压缩试验

1. 单轴状态下斜长角闪岩动态压缩试验分析

如图3.4所示是在单轴状态下斜长角闪岩在准静态情况和5种不同应变率下的应力-应变曲线。如图3.5所示是与这5种应变率相对应的破坏形态，表3.9列出了相应的试验参数和动态力学性能参数。

(1) 应力-应变曲线的力学分析。由于岩石的应力-应变曲线是非线性的，且随应力(应变)的增加而加剧，因此弹性模量的大小与所选择的参考点有关。描述方法有初始模量 E_I、割线模量 E_s、切线模量 E_t 和混合模量 E 等多种[109]。本书采用混合模量，即曲线上升段上对应压缩强度为峰值强度的 20% 和 80% 的两点连线的斜率。

由表 3.9 中不同应变率下的杨氏模量可知，材料的动态弹性模量与静态弹性模量相比明显增加，两者比值达 1.37 ～ 1.65；但是，当应变率为 30 ～ 150s^{-1} 时，动态弹性模量变化不大，稳定在 30 ～ 40GPa。与图 3.4 对照分析，角闪岩的动态应力-应变曲线在峰前上升段能够较好地重叠，说明在这一阶段具有较好的线弹性变形特性。

从材料的微结构特征，对角闪岩试件的应力-应变曲线和破坏形态进行对比分析可知，角闪岩试件起初由于岩石中的原有裂隙受压闭合，使得应力-应变曲线是上弯的。随后曲线基本上为直线，继续上升到峰值应力的 85% 左右时，曲线开始下弯，即曲线的斜率随着应力的增大逐渐减小，试样内部的局部破坏逐渐发展，直至峰值点。在峰值点后，应力-应变曲线将与应变率(冲击速度)及试件的破坏程度密切相关，其形态会发生很大差异。当应变率(冲击速度)较低，试件被撞击后仍然保持完整时，应力-应变曲线在峰值点后能够立即出现回弹，如图 3.4 所示的 2 号曲线；当应变率(冲击速度)很高时，应力-应变曲线在峰值点后随着变形的持续增加，应力(岩石试件抵抗峰值后荷载的能力)不断降低，如图 3.4 所示的 4 ～ 6 号曲线；当应变率(冲击速度)中等，试件虽然已经破坏但并没有被严重破碎时，峰值点后应变一般是先增加后减小，说明试件在变形后期仍然具有一定的反弹，如图 3.4 所示的 3 号曲线。

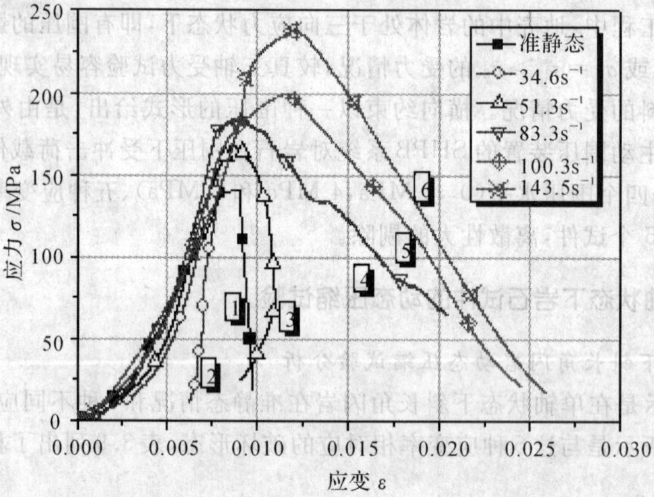

图 3.4　角闪岩在不同应变率下的应力-应变曲线

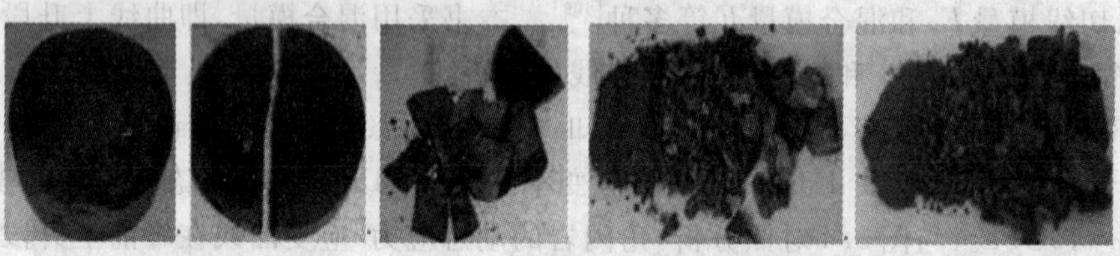

(a)　(b)　(c)　(d)　(e)

图 3.5　角闪岩在不同应变率下的破坏形态

(a) 34.6 s^{-1}；(b) 51.3 s^{-1}；(c) 83.3 s^{-1}；(d) 100.3 s^{-1}；(e) 143.5 s^{-1}

(2) 动态断裂破坏形态分析。从断裂破坏形态来看，随着应变率的增加，试件破坏的碎块尺度显著减小而碎块数量明显增加，表现出较强的应变率相关性。当试件受到单向压缩荷载作用时，产生的裂纹是从已有缺陷尖端起裂，并沿着平行于压应力的方向扩展，具有明显的方向性，最终相互贯通与兼并，导致轴向劈裂破坏。如图 3.5(b) 所示，在较低应变率下角闪岩试件的动态压缩破坏呈显著的轴向劈裂破坏模式，其断面犹如拉伸破坏时的断面；但在较高应变率下，由于破碎程度严重，呈现压碎破坏形式，如图 3.5(e) 所示。

(3) 能量吸收及动态抗压强度分析。为了建立岩石破坏损伤过程的能量耗散与应变率之间的关系，定义比能量吸收值 SEA 为单位体积的岩石试件在冲击压缩过程中所吸收的能量，并对冲击压缩过程进行能量分析，因此有

$$W_{I}=(A_{0}C_{0}/E_{0})\int\sigma_{I}^{2}dt \tag{3.8}$$

$$W_{R}=(A_{0}C_{0}/E_{0})\int\sigma_{R}^{2}dt \tag{3.9}$$

$$W_{T}=(A_{0}C_{0}/E_{0})\int\sigma_{T}^{2}dt \tag{3.10}$$

式中，W_I，W_R 和 W_T 分别是入射应力波能量、反射应力波能量和透射应力波能量；A_0，C_0 和 E_0 分别是输入杆的横截面积、杆中的声波传播速度以及输入杆的弹性模量；σ_I，σ_R 和 σ_T 分别为入射应力波、反射应力波和透射应力波的应力时程。

假设试件与输入杆和透射杆截面处的能量损耗忽略不计，可以得到岩石试件吸收的能量 W_L 以及比能量吸收值 SEA 为

$$W_{L}=W_{I}-(W_{R}+W_{T}) \tag{3.11}$$

$$\mathrm{SEA}=W_{L}/V_{s} \tag{3.12}$$

式中，V_s 是岩石试件的体积。

在不同应变率下岩石试件的比能量吸收值列于表 3.9 中。图 3.6 所示是比能量吸收值与应变率的关系，两者呈线性关系，对数据点拟合可得

$$\mathrm{SEA}=0.021\,98\dot{\varepsilon}+0.525\qquad(R=0.985\,46,\dot{\varepsilon}\in[51.3,143.5]\mathrm{s}^{-1}) \tag{3.13}$$

表 3.9　斜长角闪岩试验参数和动力性能参数

试件编号	$\frac{\Phi\times L}{\mathrm{mm}\times\mathrm{mm}}$	$\frac{v}{\mathrm{m\cdot s^{-1}}}$	$\frac{D_p}{\mathrm{mm}}$	$\frac{\dot{\varepsilon}}{\mathrm{s^{-1}}}$	$\frac{\sigma_p}{\mathrm{MPa}}$	ε_p	$\frac{E}{\mathrm{GPa}}$	η	$\frac{\mathrm{SEA}}{\mathrm{J\cdot cm^{-3}}}$
PHDC0-1-1	97.4×43.1	8.21	30/41.1	34.6	150.9	0.007 9	37.02		0.28
PHDC0-1-2	97.5×43.1	9.95	30/45.1	51.3	166.4	0.008 9	36.76	1.33	1.35
PHDC0-5-2	96.9×43.2	13.15	35/51.0	83.3	182.1	0.008 2	37.95	1.47	2.42
PHDC0-3-2	97.5×42.9	14.42	40/54.3	100.3	199.1	0.010 3	36.08	1.71	2.96
PHDC0-5-1	97.5×42.9	16.26	45/65.5	143.5	234.2	0.012 0	31.55	1.99	3.59

注：(1) $\Phi\times L$ 表示试件直径×厚度；v 为打击杆速度；波形整形器直径 D_p 的表示方法：冲击前直径/冲击后直径；$\dot{\varepsilon}$ 为应变率；σ_p 为峰值应力；ε_p 为峰值应变；E 为弹性模量；动态抗压强度增长因子 η 为动态抗压强度与静态抗压强度的比值；比能量吸收值 SEA 为单位体积的试件所吸收的能量。

(2) 编号为 PHDC 0-1-1 的试件由于没有破坏，其峰值应力不反映试件的动态抗压强度，故其动态抗压强度增长因子 η 未进行计算。

结合试件的破坏形态和图 3.6 分析，应变率越高，试件的比能量吸收值越大，试件的破碎越严重。从材料的细观裂纹和能量吸收的角度分析，岩石中的细观裂纹是由于原始微裂纹处应力集中而起裂的，但起裂后因能量转化而使相应部位原有的集中应力消弛，结构调整，并使

裂纹止裂。在变形早期和中期主要形成分布细观裂纹，每条裂纹也不会过多发展生长。但当岩石变形达到临界状态时，细观裂纹网络会发生根本变化而形成细观主裂纹，并可能发展为宏观主裂纹，最终引起断裂破坏[181]。细观裂纹的损伤效应在各个变形阶段的表现不同。在变形初期，伴随少量细观裂纹的形成促使原有空隙密合，组分间嵌合加强，岩石强度有所提高；在变形中、后期，随细观裂纹密度逐渐加大，岩石中的自由表面不断增加，从而降低了岩石组构传递荷载的能力和比例，使得材料强度急剧下降。

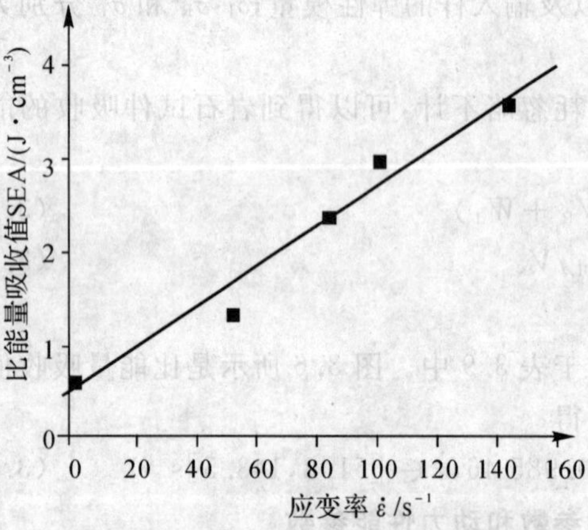

图 3.6　比能量吸收值与应变率的关系

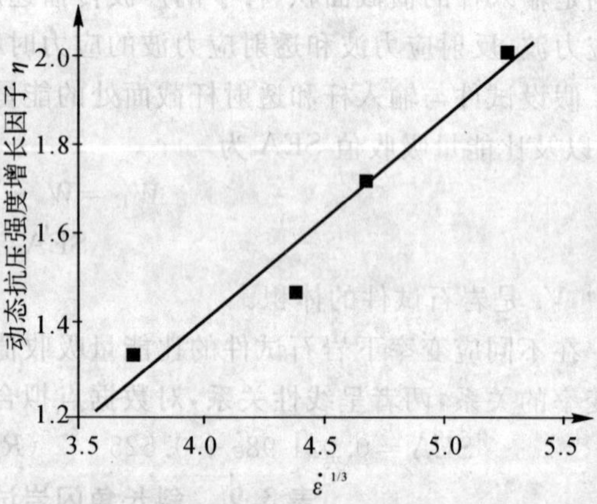

图 3.7　动态抗压强度增长因子 η 与应变率的关系

当应变率（冲击速度）较低时，只有那些扩展时消耗能量较小的细观裂纹对材料的破碎有实际作用，因为在吸收能量增加到能使其他细观裂纹开裂并形成主裂纹之前，这些细观裂纹的扩展与贯通就已经使材料劈裂破坏了。此时起作用的细观裂纹数目较少，破碎块度比较大，达到破碎的临界应力值较低，也就是抗压强度较低。随着应变率的增加，在细观裂纹贯通之前，材料吸收的能量达到较高水平，使得更多的细观裂纹能够扩展进而参加破碎过程，导致材料的破碎块度更小，材料达到破碎的临界应力值更高，因此高应变率下材料的强度也随之增大。由图 3.5 展示的角闪岩在不同应变率下的破坏形态即可说明此断裂破坏机理。图 3.7 显示了角闪岩动态抗压强度的增长与应变率的关系，可以看出，动态抗压强度增长因子 η（即动态抗压强度）与 $\dot{\varepsilon}^{1/3}$ 成线性关系，这与文献[232]中 $\sigma_{\text{dynamic}} \propto \dot{\varepsilon}^{1/3}$ 的结论一致，即

$$\eta = 0.445\ 98\dot{\varepsilon}^{1/3} - 0.377\ 98 \qquad (R = 0.972, \dot{\varepsilon} \in [51.3, 143.5]\text{s}^{-1}) \tag{3.14}$$

2. 单轴状态下绢云母石英片岩动态压缩试验分析

如图 3.8 所示是在单轴状态下绢云母石英片岩在准静态情况和 5 种不同应变率下的应力-应变曲线，如图 3.9 所示是与这 5 种应变率相对应的破坏形态，表 3.10 列出了相应的试验参数和动态力学性能参数。

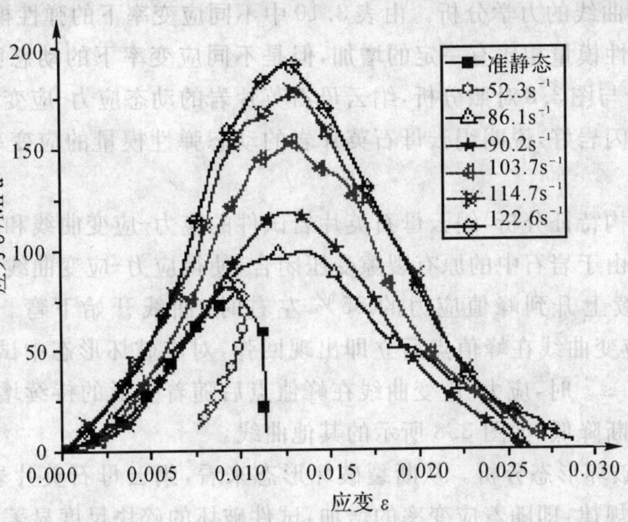

图 3.8　石英片岩在不同应变率下的应力-应变曲线($C_p=0$)

(a)　(b)　(c)　(d)　(e)　(f)

图 3.9　绢云母石英片岩在不同应变率下的破坏形态($C_p=0$)

(a) 52.3 s^{-1}；(b) 86.1 s^{-1}；(c) 90.2 s^{-1}；(d) 103.7 s^{-1}；(e) 114.7 s^{-1}；(f) 122.5 s^{-1}

表 3.10　绢云母石英片岩试验参数和动力性能参数

试件编号	$\frac{\Phi\times L}{mm\times mm}$	$\frac{v}{m\cdot s^{-1}}$	$\frac{D_p}{mm}$	$\frac{\dot{\varepsilon}}{s^{-1}}$	$\frac{\sigma_p}{MPa}$	ε_p	$\frac{E}{GPa}$	η	$\frac{SEA}{J\cdot cm^{-3}}$
SPSC-D-5	50.8×99.8			准静态	79.8	0.008 3	9.57	1.00	0.435 7
SPDC 0-D-1	97.6×43.4	8.27	30/37.4	52.3	82.5	0.009 1	9.76		0.380 6
SPDC 0-1-3	97.6×43.0	10.04	30/46.6	86.1	97.2	0.012 0	9.81	1.23	1.323 3
SPDC 0-1-2	97.1×43.2	12.13	35/49.5	90.2	118.1	0.012 5	9.85	1.48	1.487 0
SPDC 0-5-1	97.6×42.9	13.87	40/59.3	103.7	152.7	0.012 8	13.00	1.91	1.743 8
SPDC 0-3-3	97.6×43.0	15.16	40/62.7	114.7	177.0	0.012 9	15.47	2.23	2.089 3
SPDC 0-2-2	97.6×43.1	16.62	45/65.5	122.5	192.0	0.012 8	15.90	2.41	2.394 4

(1) 应力-应变曲线的力学分析。由表 3.10 中不同应变率下的弹性模量可知，材料的动态弹性模量与静态弹性模量相比有一定的增加，但是不同应变率下的动态弹性模量变化基本稳定在 10～16GPa。与图 3.8 对照分析，绢云母石英片岩的动态应力-应变曲线在峰前上升段的重叠性没有斜长角闪岩好，说明绢云母石英片岩的动态弹性模量的应变率效应比斜长角闪岩显著。

从材料的微结构特征分析，绢云母石英片岩试件的应力-应变曲线和破坏形态与斜长角闪岩类似。试件起初由于岩石中的原有裂隙受压闭合，使得应力-应变曲线是上弯的。随后曲线基本上为直线，继续上升到峰值应力的 85% 左右时，曲线开始下弯。图 3.8 中应变率为 52.3 s^{-1} 的应力-应变曲线在峰值点后立即出现回弹，对应破坏形态中试件保持完整的情况；当应变率达到 86.1 s^{-1} 时，应力-应变曲线在峰值点后随着变形的持续增加，岩石试件抵抗峰值后荷载的能力不断降低，如图 3.8 所示的其他曲线。

(2) 动态断裂破坏形态分析。从断裂破坏形态来看，绢云母石英片岩与斜长角闪岩的破坏形态有着相似的规律，即随着应变率的增加，试件破坏的碎块尺度显著减小而碎块数量明显增加，表现出较强的应变率相关性。但是，由于斜长角闪岩的结构完整性较好，质地致密，而绢云母石英片岩由于其片岩特有的结构特性，内部的原始裂纹发育较充分，因此，在同等应变率情况下，绢云母石英片岩的碎块尺度比斜长角闪岩更小，即破碎更严重。其破坏形态均呈现压碎破坏，如图 3.9 所示。

(3) 能量吸收特性及动态抗压强度分析。如图 3.10 所示是绢云母石英片岩比能量吸收值与应变率的关系，两者呈线性关系，对数据点拟合得

$$\mathrm{SEA}=0.032\,61\dot{\varepsilon}-1.492\,68 \qquad (R=0.990\,36,\dot{\varepsilon}\in[86.1,122.5]\mathrm{s}^{-1}) \tag{3.15}$$

结合试件的破坏形态和图 3.10 分析，绢云母石英片岩的能量吸收特性与斜长角闪岩一致，应变率越高，试件的比能量吸收值越大，试件的破碎越严重。

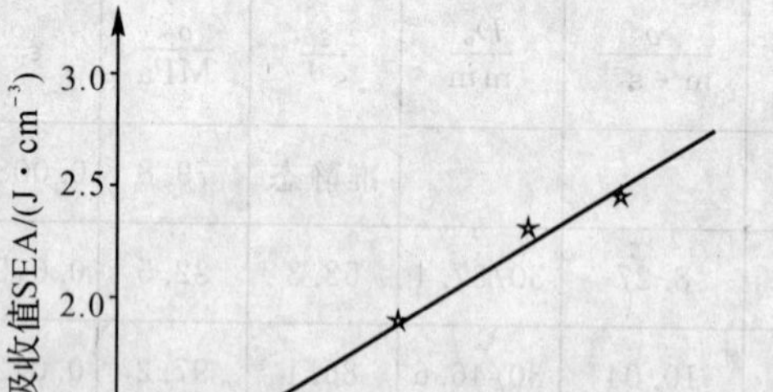

图 3.10　绢云母石英片岩 SEA 与应变率的关系

如图 3.11 所示是绢云母石英片岩动态抗压强度增长因子与应变率的关系。可以看出，动态抗压强度增长因子 η（即动态抗压强度）与 $\dot{\varepsilon}^{1/3}$ 成线性关系，即

$$\eta=2.094\ 03\dot{\varepsilon}^{1/3}-7.959\ 06 \qquad (R=0.991\ 34,\dot{\varepsilon}\in[86.1,122.5]\mathrm{s}^{-1}) \tag{3.16}$$

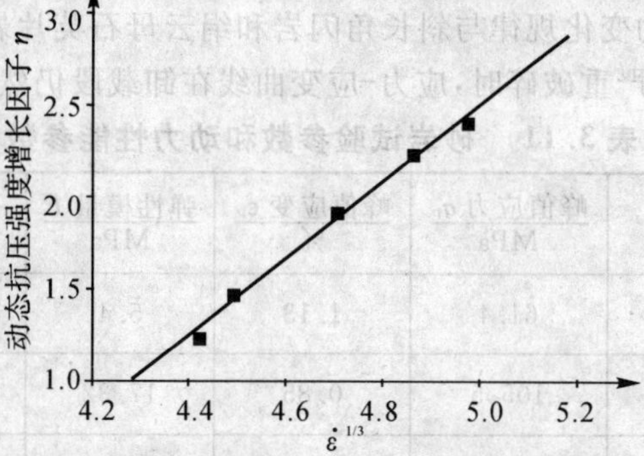

图 3.11　绢云母石英片岩 η 与应变率的关系

3. 单轴状态下砂岩动态压缩试验分析

如图 3.12 所示是在单轴状态下砂岩在不同应变率下的应力-应变曲线，如图 3.13 所示是与此相对应的破坏形态。

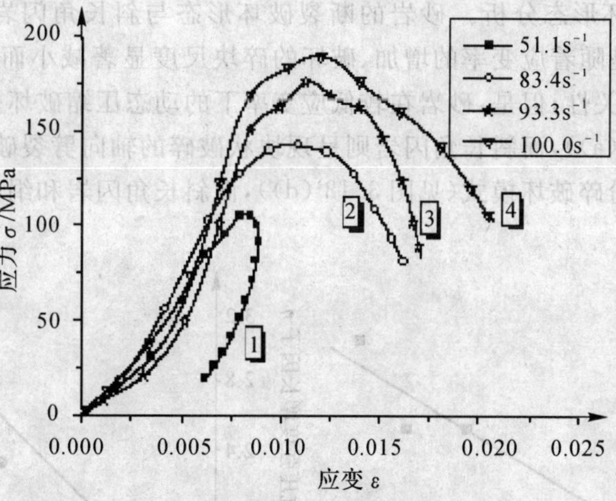

图 3.12　沙岩在不同应变率下的应力-应变曲线

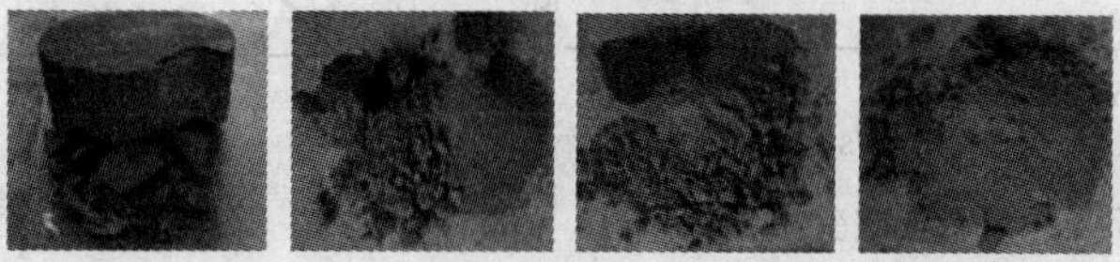

(a)　(b)　(c)　(d)

图 3.13　砂岩在不同应变率下的破坏形态

(a) $51.1\mathrm{s}^{-1}$；(b) $83.4\mathrm{s}^{-1}$；(c) $93.4\mathrm{s}^{-1}$；(d) $100.0\mathrm{s}^{-1}$

(1) 应力-应变曲线的力学分析。由表3.11中不同应变率下的弹性模量可知，砂岩的动态弹性模量与静态弹性模量相比明显增加，两者比值达3.21～3.81。这与文献[233]对高应变率下砂岩的动态力学特性进行研究得到砂岩的动态弹性模量为16.8GPa，即为静态弹性模量的3.8倍的结论相一致。在不同应变率下，动态弹性模量随应变率有所增加，但变化不大。砂岩试件的应力-应变曲线的变化规律与斜长角闪岩和绢云母石英片岩相同。当应变率较低，试件虽然已经破坏但并没有严重破碎时，应力-应变曲线在卸载段仍然具有一定的反弹。

表3.11　砂岩试验参数和动力性能参数

试件编号	应变率 $\dot{\varepsilon}$/s^{-1}	峰值应力 σ_p/MPa	峰值应变 ε_p/%	弹性模量 E/MPa	η	SEA/$J\cdot cm^{-3}$
SSSC-D-1	准静态	61.4	1.13	5.4		
SSDC0-6-1	51.1	105.5	0.85	17.32	1.718	0.395 1
SSDC0-1-3	83.4	142.9	1.07	18.99	2.327	1.634 4
SSDC0-2-1	93.3	176.3	1.13	20.14	2.871	1.663 8
SSDC0-3-1	100.0	189.8	1.17	20.56	3.091	2.591 7

(2) 动态断裂破坏形态分析。砂岩的断裂破坏形态与斜长角闪岩和绢云母石英片岩不同，虽然砂岩试件也是随着应变率的增加、破坏的碎块尺度显著减小而碎块数量明显增加，表现出较强的应变率相关性；但是，砂岩在较低应变率下的动态压缩破坏呈外围剥落式径向拉伸破坏模式(见图3.13(a))，而斜长角闪岩则呈现块状破碎的轴向劈裂破坏模式，在较高应变率下，砂岩呈现颗粒状粉碎破坏模式(见图3.13(d))，而斜长角闪岩和绢云母石英片岩则呈现块状压碎破坏形式。

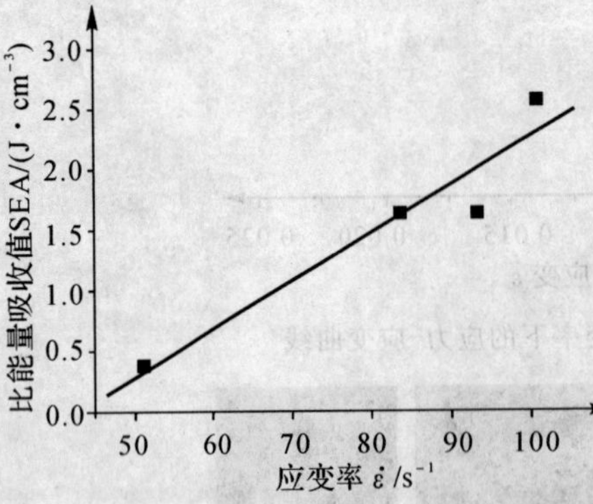

图3.14　砂岩SEA与应变率的关系

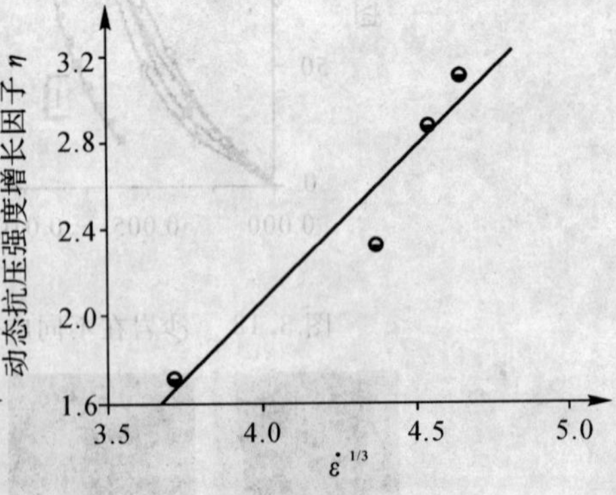

图3.15　砂岩 η 与应变率的关系

(3) 能量吸收及动态抗压强度分析。如图3.14所示是比能量吸收值与应变率的关系，两者近似成线性关系，对数据点拟合得

$$SEA=0.039\ 65\dot{\varepsilon}-1.678\ 09 \quad (R=0.908\ 53, \dot{\varepsilon}\in[51.1,100.0]s^{-1}) \tag{3.17}$$

图 3.15 显示了砂岩动态抗压强度的增长与应变率的关系，可以看出，砂岩单轴动态抗压强度增长因子 η(即动态抗压强度)也与 $\dot{\varepsilon}^{1/3}$ 成较好的线性关系，即

$$\eta = 1.410\,42\dot{\varepsilon}^{1/3} - 3.582\,87 \qquad (R = 0.972\,75, \dot{\varepsilon} \in [51.1, 100.0]\mathrm{s}^{-1}) \qquad (3.18)$$

4. 单轴状态下三种岩石的能量吸收特性及动态抗压强度对比分析

如图 3.16 所示是斜长角闪岩、绢云母石英片岩和砂岩的比能量吸收值与应变率关系的对比曲线。从图中可知，砂岩的比能量吸收值随应变率增加的速度最快，其增加率为 0.039 65；绢云母石英片岩次之，为 0.032 61；斜长角闪岩最小，为 0.021 98。在较低应变率下，斜长角闪岩的比能量吸收值最大，绢云母石英片岩的比能量吸收值最小；在较高应变率下，砂岩的比能量吸收值最大，绢云母石英片岩的比能量吸收值最小，但有超过斜长角闪岩的趋势。如图3.17 所示是三种岩石的动态抗压强度增长因子与应变率关系的对比曲线。绢云母石英片岩的动态抗压强度增长因子随 $\dot{\varepsilon}^{1/3}$ 增加的速度最快，其增加率为 2.094 03；砂岩次之，为 1.410 42；斜长角闪岩最小，为 0.445 98。在较低应变率下，砂岩的动态强度增长因子最大，绢云母石英片岩的强度增长因子最小；而在较高应变率下，斜长角闪岩的强度增长因子最小，绢云母石英片岩的强度增长因子有超过砂岩的趋势。

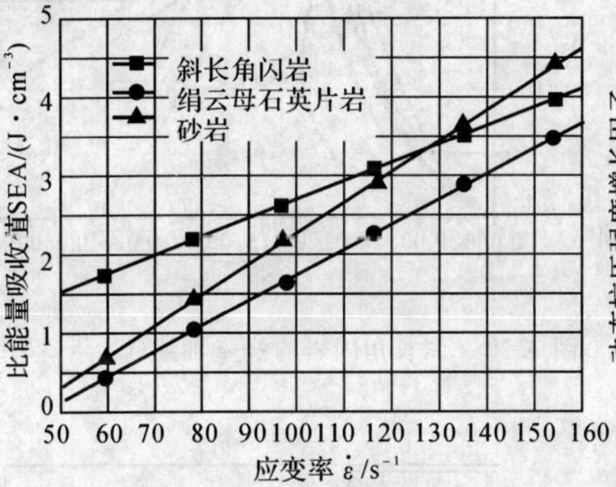

图 3.16　SEA 与 $\dot{\varepsilon}$ 关系的对比曲线

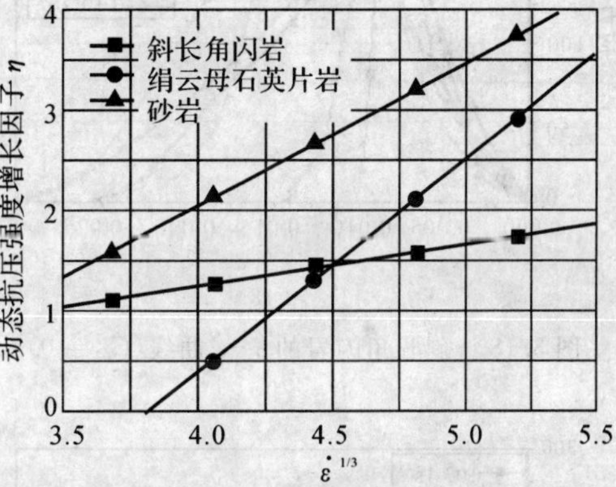

图 3.17　η 与 $\dot{\varepsilon}$ 关系的对比曲线

究其原因，作为长英质变质岩的绢云母石英片岩，与基性变质岩的斜长角闪岩相比，两者的材料本身都很致密，但由于片岩所固有的结构层理特性使绢云母石英片岩试件内部的裂纹发育得比较充分，在较低应变率下，绢云母石英片岩的破坏主要是由于原有的裂纹滑移发生破坏，新生的细观裂纹来不及充分扩展贯通，因此其强度增长因子和比能量吸收值小；而随着应变率的增加，在主裂纹贯通之前，材料吸收的能量达到较高水平，使得更多的细观裂纹能够扩展进而参加破碎过程，导致材料的破碎块度更小，材料达到破碎的临界应力值更高，因此在高应变率下绢云母石英片岩的动态抗压强度增长因子随 $\dot{\varepsilon}^{1/3}$ 增加的速度最快，比能量吸收值随应变率增加的速度也随之加快。

综合三种岩石的能量吸收特性及单轴动态抗压强度的对比分析结果可知，砂岩和绢云母石英片岩对应变率的变化较敏感，斜长角闪岩的应变率敏感性最弱。

3.4.3 围压条件下岩石试件的动态压缩试验

1. 围压条件下斜长角闪岩动态压缩试验分析

（1）不同围压下的动态应力-应变曲线。图 3.18 至图 3.21 所示分别是斜长角闪岩在围压为 0，2MPa，4MPa 和 6MPa 时的动态压缩应力-应变全曲线。可以看到，在不同围压条件下应力-应变曲线的上升段特征基本一致。但是在应力峰值点后，曲线的下降段随着围压的增加逐渐呈现塑性变形特征，即应力-应变曲线在峰值点后随着变形的持续增加，岩石试件抵抗峰值后荷载的能力随着围压的增加而提高。

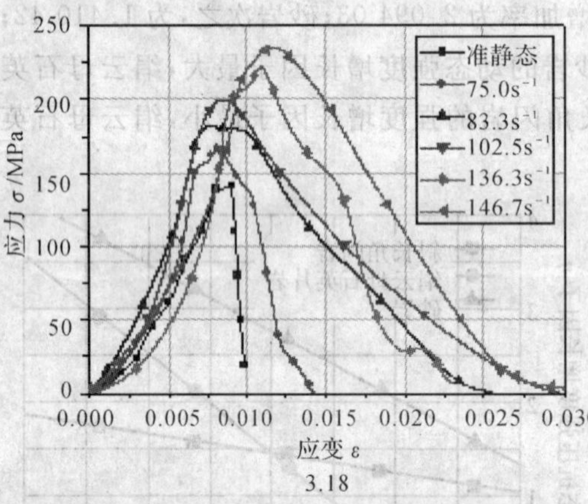

图 3.18 斜长角闪岩的 $\sigma-\varepsilon$ 曲线（$C_p = 0$）

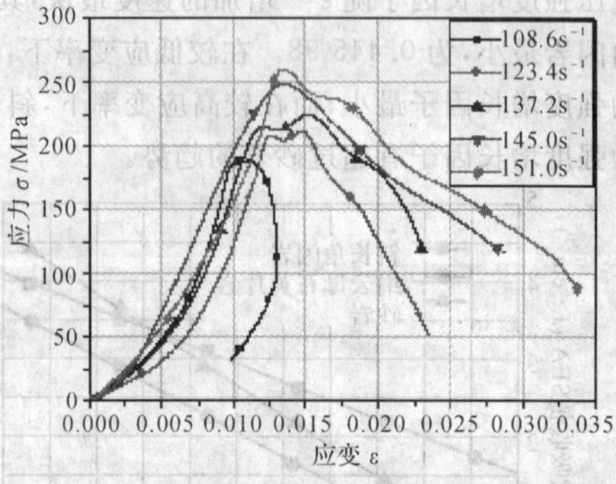

图 3.19 斜长角闪岩的 $\sigma-\varepsilon$ 曲线（$C_p = 2$ MPa）

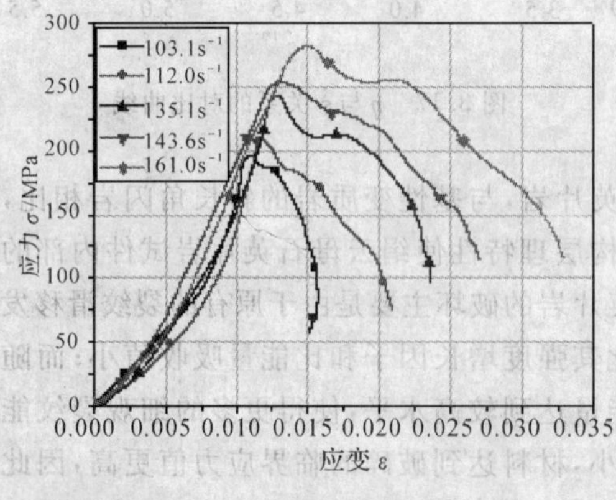

图 3.20 斜长角闪岩的 $\sigma-\varepsilon$ 曲线

（$C_p = 4$ MPa）

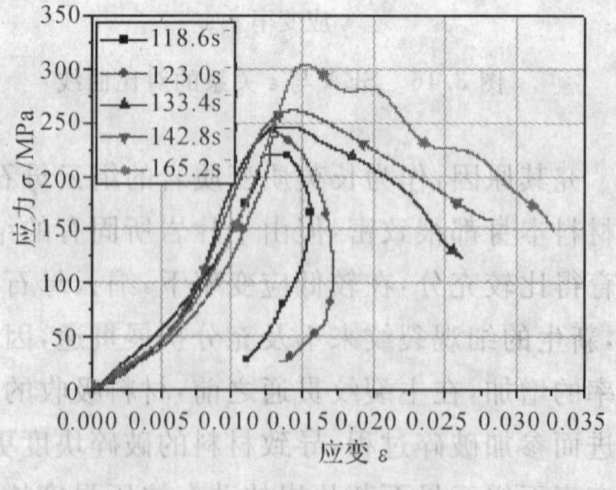

图 3.21 斜长角闪岩的 $\sigma-\varepsilon$ 曲线

（$C_p = 6$ MPa）

(2) 围压条件下斜长角闪岩的破坏形态分析。图 3.22 至图 3.24 所示分别是围压为 2MPa,4MPa 和 6MPa 时,斜长角闪岩的破坏形态。与单轴 SHPB 压缩试验的轴向劈裂破坏和压碎破坏模式不同(见图 3.5)。在围压条件下,由于围压的作用,破坏面上的正应力相应地增加,裂隙摩擦承载能力超过材料的黏聚力,并抑制裂隙的滑移,其破坏形态呈现压剪破坏模式。

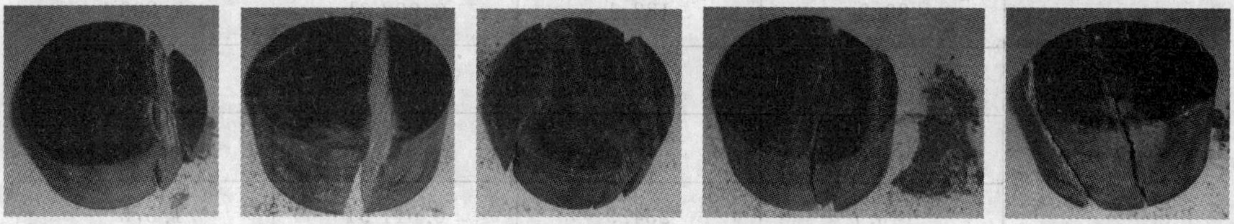

图 3.22 斜长角闪岩在不同应变率下的破坏形态($C_p = 2\text{MPa}$)

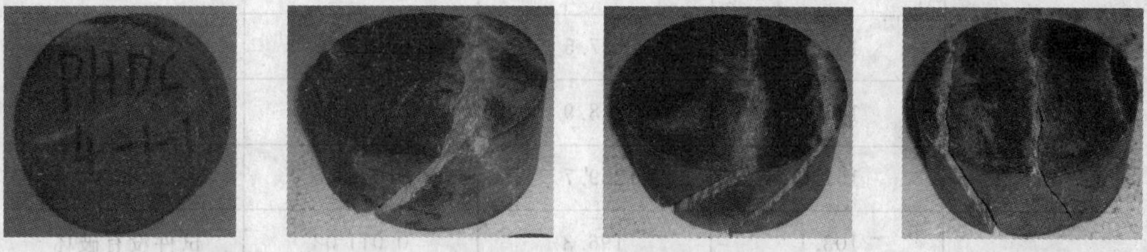

图 3.23 斜长角闪岩在不同应变率下的破坏形态($C_p = 4\text{MPa}$)

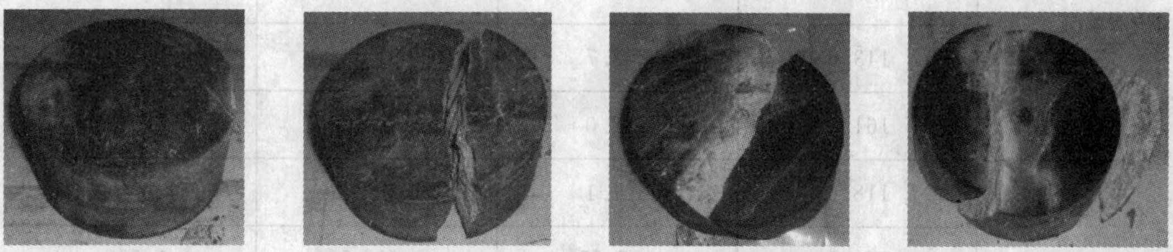

图 3.24 斜长角闪岩在不同应变率下的破坏形态($C_p = 6\text{MPa}$)

(3) 围压条件下斜长角闪岩的强度特征。表 3.12 所示是在围压条件下斜长角闪岩的动态抗压参数及强度增长因子。图 3.25 和图 3.26 所示是在不同围压条件下动态抗压强度增长因子和峰值应变随应变率的变化关系。可以看出,围压对于动态抗压强度增强作用明显,且峰值应变随应变率的提高有一定程度的增加。

表 3.12 围压条件下斜长角闪岩的动态抗压参数

围压 C_p / MPa	应变率 $\dot{\varepsilon}$ / s^{-1}	峰值强度 σ_p / MPa	峰值应变 ε_p	抗压强度增长因子 η
0	75.0	169.5	0.007 99	1.209
	83.3	182.1	0.008 01	1.299
	102.5	199.5	0.008 42	1.423
	136.3	221.8	0.010 97	1.582
	146.7	234.9	0.011 91	1.676
2	108.6	188.5	0.011 07	1.345
	123.4	208.0	0.012 68	1.484
	137.2	227.5	0.013 10	1.623
	145.0	248.9	0.012 87	1.776
	151.0	259.7	0.013 56	1.853
4	103.1	196.3	0.011 02	试件没有破坏
	112.0	209.0	0.011 83	1.491
	135.1	242.3	0.012 93	1.728
	143.6	253.7	0.013 54	1.81
	161.0	282.0	0.014 20	2.012
6	118.6	221.1	0.012 7	试件没有破坏
	123.0	237.85	0.013 53	1.697
	133.4	246.2	0.013 84	1.756
	142.8	261.2	0.014 31	1.863
	165.5	304.6	0.015 16	2.173

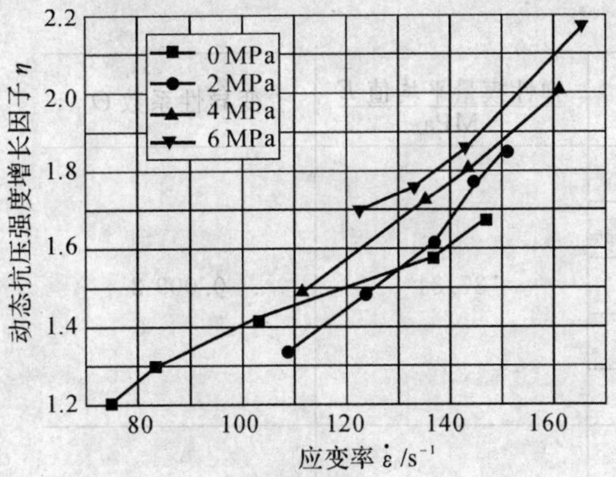

图 3.25　不同围压条件下 η 随 $\dot{\varepsilon}$ 的变化

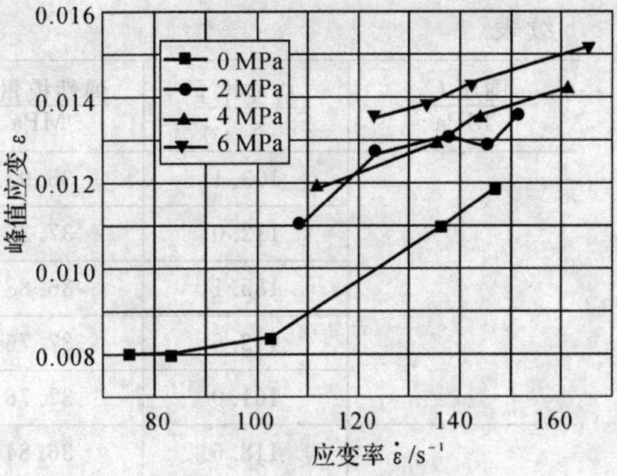

图 3.26　不同围压条件下峰值应变随 $\dot{\varepsilon}$ 的变化

(4)围压条件下斜长角闪岩的变形特征。从应力-应变曲线可知，当围压为0时，在不同应变率下的斜长角闪岩试件的弹性模量存在一定的波动，随着围压的增加，在不同应变率下的弹性模量的离散性变小。如表3.13所示，当$C_p=0$时，弹性模量的波动范围为31～36GPa，平均值为33.95 GPa，变异性系数为0.035 8；而当围压增加至2MPa，4MPa和6MPa时，弹性模量平均值分别为36.57 GPa，37.34 GPa和36.93 GPa，变异性系数分别为0.021，0.009 2和0.010 3。这主要是由于岩石试件内或多或少存在空隙或微裂纹，在围压作用下，微裂纹闭合，且围压越高，微裂纹被加压得越紧密，不同试件之间由微裂纹造成的缺陷差异越小，因而试件的弹性模量变异性系数减小，同时导致弹性模量增大。

表 3.13　不同围压条件下的弹性模量

围压 C_p / MPa	应变率 $\dot{\varepsilon}$ / s^{-1}	弹性模量 E / MPa	弹性模量平均值 $\bar{E}$ / MPa	变异性系数 Θ
0	75.0	34.29	33.95	0.035 8
	83.3	35.30		
	102.5	35.30		
	136.3	32.99		
	146.7	31.87		
2	108.6	37.80	36.57	0.021 0
	123.4	36.91		
	137.2	36.91		
	145.0	35.64		
	151.0	35.58		

续表

围压 C_p MPa	应变率 $\dot{\varepsilon}$ s^{-1}	弹性模量 E MPa	弹性模量平均值 $\bar{E}$ MPa	变异性系数 Θ
4	103.1	36.93	37.34	0.009 2
	112.0	37.35		
	135.1	36.88		
	143.6	37.76		
	161.0	37.76		
6	118.6	36.84	36.93	0.010 3
	123.0	36.53		
	133.4	36.48		
	142.8	37.26		
	165.5	37.56		

注：$\Theta=\dfrac{\sum_{i=1}^{n}|E(i)-\bar{E}|}{\bar{E}}$。

2. 围压条件下绢云母石英片岩动态压缩试验分析

(1) 不同围压下的动态应力-应变曲线。图 3.27 至图 3.29 所示是绢云母石英片岩在不同围压下的动态压缩应力-应变全曲线。与斜长角闪岩一样，应力-应变曲线在应力峰值点后随着变形的持续增加，岩石试件抵抗峰值后荷载的能力随着围压的增加而提高。

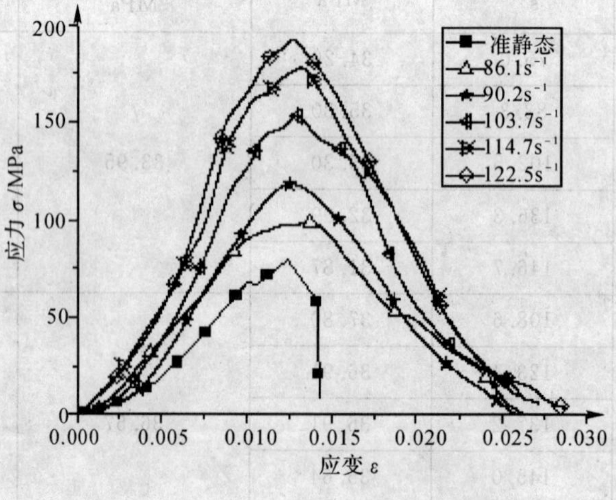

图 3.27 不同应变率下的 $\sigma-\varepsilon$ 应变曲线($C_p=0$)

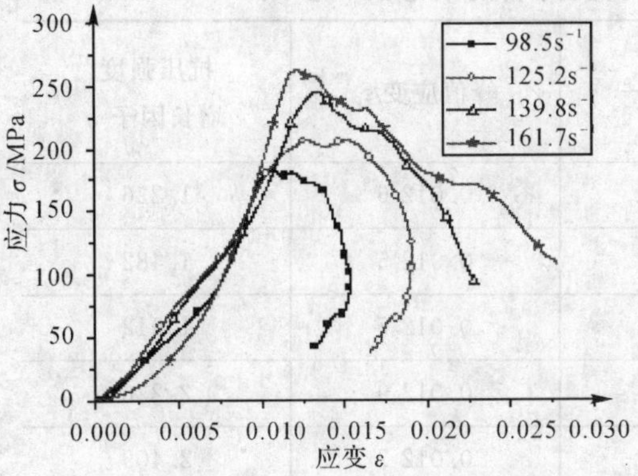

图 3.28　不同应变率下的 $\sigma-\varepsilon$ 曲线($C_p = 2$MPa)

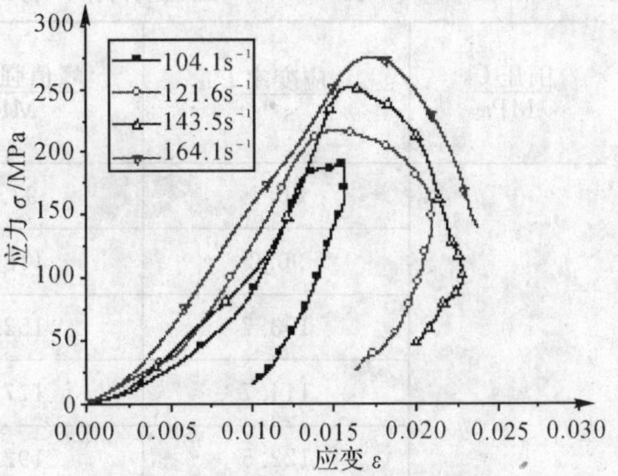

图 3.29　不同应变率下的 $\sigma-\varepsilon$ 曲线($C_p = 4$MPa)

(2) 围压条件下绢云母石英片岩的破坏形态分析。图 3.30 和图 3.31 所示是绢云母石英片岩的破坏形态。当应变率较低时，绢云母石英片岩破坏形态呈现压剪破坏模式，这与斜长角闪岩相同。但是绢云母石英片岩由于其片岩特有的结构特性，内部的原始裂纹发育较充分，当围压相同时，绢云母石英片岩在高应变率下的碎块尺度比斜长角闪岩的小。

(a)　(b)　(c)　(d)

图 3.30　绢云母石英片岩在不同应变率下的破坏形态($C_p = 2$MPa)

(a) 98.5 s^{-1}；(b) 125.2 s^{-1}；(c) 139.8 s^{-1}；(d) 161.7 s^{-1}

(a)　(b)　(c)　(d)

图 3.31　绢云母石英片岩在不同应变率下的破坏形态($C_p = 4$MPa)

(a) 104.1 s^{-1}；(b) 121.6 s^{-1}；(c) 143.5 s^{-1}；(d) 164.1 s^{-1}

(3) 围压条件下绢云母石英片岩的强度特征。表 3.14 所示是在围压条件下绢云母石英片岩的动态抗压参数及强度增长因子。图 3.32 和图 3.33 所示是不同围压条件下动态抗压强度增长因子和峰值应变随应变率的变化关系。与斜长角闪岩一样，绢云母石英片岩的动态抗压强度随围压明显增加。在相同围压情况下，峰值应变随应变率的变化较小。

表 3.14 围压条件下绢云母石英片岩的动态抗压参数

围压 C_p MPa	应变率 $\dot{\varepsilon}$ s^{-1}	峰值强度 σ_p MPa	峰值应变 ε_p	抗压强度增长因子 η
0	86.1	97.7	0.012 6	1.226
	90.2	118.1	0.012 5	1.482
	103.7	152.4	0.012 7	1.912
	114.7	177.4	0.012 9	2.226
	122.5	192.0	0.012 7	2.409
2	98.5	177.9	0.011 4	2.232
	125.2	206.0	0.012 7	2.585
	139.8	244.0	0.013 2	3.061
	161.7	261.3	0.012 2	3.279
4	104.1	试件没有破坏		
	121.6	216.6	0.0152	2.718
	143.5	250.9	0.0158	3.148
	164.1	270.2	0.0167	3.390

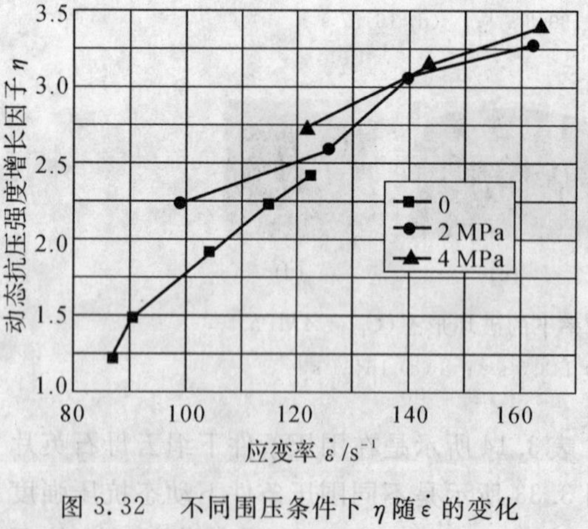

图 3.32 不同围压条件下 η 随 $\dot{\varepsilon}$ 的变化

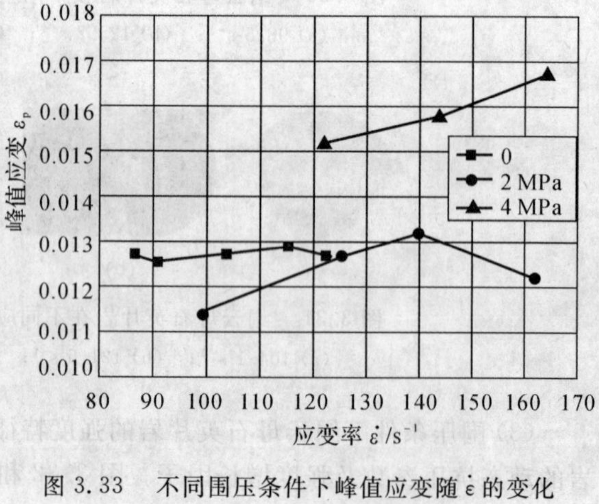

图 3.33 不同围压条件下峰值应变随 $\dot{\varepsilon}$ 的变化

3. 围压条件下砂岩动态压缩试验分析

由于受到本 SHPB 试验系统极限性能的限制，无法得到砂岩在围压条件下的压缩应力-应变全曲线，本小节仅对围压为 4MPa 的砂岩在不同应变率下的应力-应变回弹曲线进行定性分析。关于砂岩在围压条件下更多的研究将在第 4 章中与斜长角闪岩和绢云母石英片岩一起进行冲击荷载循环加载作用下的力学性能分析。如图 3.34 所示是 $C_p = 4$MPa 时砂岩在不同应变率下的动态压缩应力-应变曲线。

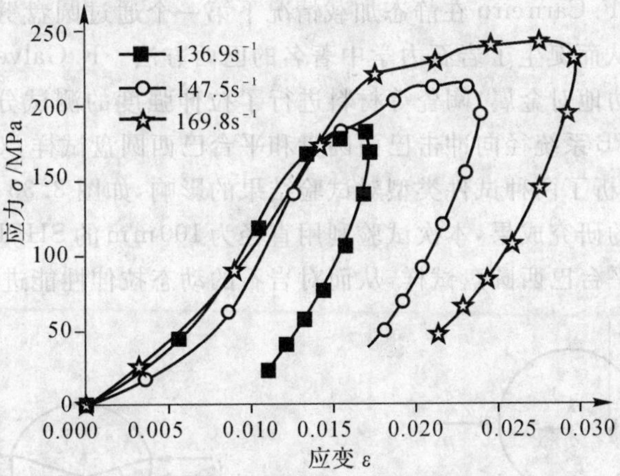

图 3.34　砂岩在不同应变率下的动态压缩应力-应变曲线（$C_p = 4$MPa）

与 $C_p = 0$ 的情况相比，砂岩在围压作用下的应力-应变曲线出现一定的塑性变形，具有较明显的屈服平台，砂岩的塑性变形特征比斜长角闪岩和绢云母石英片岩表现得更明显。在围压条件下，砂岩具有明显的脆性-延性转化特征。

3.5　动态劈裂抗拉试验

鉴于岩石的拉伸强度远比压缩强度弱，其主要的破坏方式为拉伸破坏，岩石中裂隙的发生与发展是其破坏的主要原因。同时由于在许多实际工程问题中，如地冲击波作用、工程爆破设计等，岩石都是在一定的加载率条件下发生破坏的，因此当测试岩石材料力学特征时，应该考虑加载率对岩石拉伸强度的影响。进行岩石拉伸试验的方法主要有[234-237]：

(1) 直接单向拉伸试验。由于岩石为脆性材料，将其加工成细长圆柱体比较费工，加工成品率很低，且难于保持试样轴线与夹具拉力重合，故目前使用不多。

(2) 对轴压模拉伸试验。该方法是 20 世纪 40 年代末苏联采用的一种间接拉伸试验法。它以中厚壁圆筒的弹性理论为基础，用带中心圆孔的圆盘试样进行试验。孔径等于盘厚，孔内填充松香及石蜡的混合物，并用刚性压模对填料施压而对孔壁产生径向压力。

(3) 圆盘劈裂试验，亦称巴西试验。它是将圆盘状试样置于压力机的承压板间径向加载，并在试样的上、下承压板之间各放置一根硬质钢丝作为垫条，其作用是将施加的压力变为线荷载，然后加载使试样受压，并沿径向产生张拉破坏。

(4) 另外还有基于圆盘试样的多种测试拉伸强度的试验方法，诸如圆盘弯曲拉伸试验、正方体压裂试验、条状岩梁弯曲拉伸试验等。

综合分析以上各种试验方法后可以看出，岩石直接拉伸试验比较困难，而圆盘试样则易于加工。其中巴西劈裂试验简单易行，其在静态加载下的理论分析已非常成熟，应用也较为广泛。1953 年巴西学者 F. Carneiro 在静态加载情况下第一个通过圆盘劈裂拉伸试验研究了混凝土的拉伸强度[238]，从而诞生了岩石力学中著名的巴西方法。F. Galvez 等[239,240] 在高应变率下利用巴西试验已成功地对金属、陶瓷等材料进行了拉伸强度的测试分析。李伟、谢和平、王启智等人[66] 利用 SHPB 系统径向冲击巴西圆盘和平台巴西圆盘试样，对岩石的动态拉伸性能进行了研究，并对比分析了两种试件类型对试验结果的影响，如图 3.35 和图 3.36 所示。

借鉴国内外相关的研究成果，本次试验利用直径为 100 mm 的 SHPB 和紫铜波形整形器以不同打击杆速度冲击平台巴西圆盘试样，从而对岩石的动态拉伸性能进行研究。

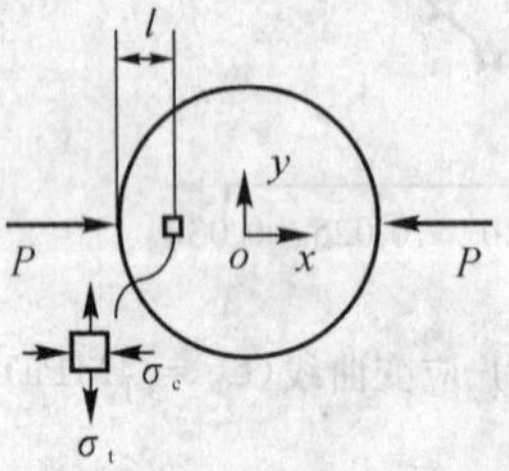

图 3.35 巴西圆盘试样对径压缩

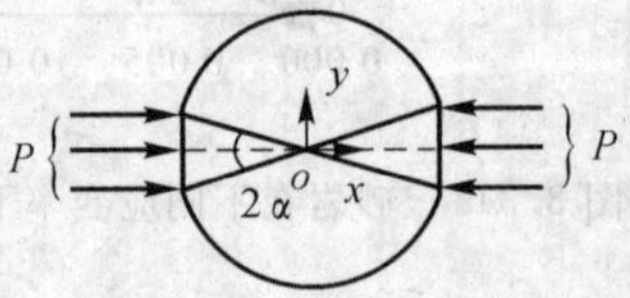

图 3.36 平台巴西圆盘试样对径压缩

3.5.1 动态劈裂拉伸试验设计

1. 巴西圆盘受力分析

由弹性理论可以知道，巴西圆盘试样在准静态对径压缩下，试样加载直径上(施力点附近除外) 的应力状态为[241]

$$\sigma_c = \frac{2P}{\pi D_d B}\frac{D_d^{\,2}}{r(D_d - r)} \tag{3.19}$$

$$\sigma_t = -\frac{2P}{\pi D_d B} \tag{3.20}$$

式中，σ_c 为压缩应力(MPa)；σ_t 为拉伸应力(MPa)；D_d 和 B 分别为圆盘的直径和厚度(mm)；r 为从加载点到微单元点的距离(mm)；P 为试件破坏时的极限荷载(N)。试样的拉伸强度可通过试验中所测得的最大荷载代入式(3.20) 进行计算。

2. 平台巴西圆盘受力分析

在巴西试验中，受试验加工精度的限制，压板和圆盘间不容易保持完全线接触，并且常规巴西圆盘施力点处的高度应力集中容易引起试样压碎、屈服甚至破坏。为使试验简单易行并避免在加载过程中出现施力点先破坏的不合理模式，王启智等人对巴西圆盘进行了改进，在圆盘上加工两个互相平行的平面作为加载面，试样变成平台巴西圆盘[242]。

平台上的面荷载可以有效地改善加载部位处的应力集中，并可选择合理的平台中心角来保证试样在中心起裂。考虑到岩石内部存在着许多微裂纹，在外力作用下，这些微裂纹会改变材料内部的应力状态，并且产生裂纹的扩展、连接、贯通并最终导致破坏。故文献[243]按照 A. A. Griffith 的强度准则进行分析，充分考虑了试验机平板与试样平台的接触条件，并利用文献[244]的研究结果得到了中心角 $2\alpha = 20°$ 的平台巴西圆盘试样的拉伸强度计算公式：

$$\sigma_t = -0.95\frac{2P}{\pi D_d B} \tag{3.21}$$

另外，根据文献[245]的研究，平台巴西圆盘试样比巴西圆盘试样内部应力达到平衡的时间少 1/6。

3. 动态劈裂抗拉试验方案的确定

本次 SHPB 动态劈裂抗拉试验中没有按常规方法采用垫条以降低巴西圆盘与压杆接触处的应力集中。这除了考虑到试验的加工、试样的约束等问题外，更重要的是如果采用了垫条，固然可以降低应力集中的程度并间接减缓试样与压杆之间波阻抗的差异，有利于减小试样左右端面载荷的不均匀性，但垫条的存在会使试验中对加载在试样两个端面的应力产生影响。因为此时压杆上记录的应变信号已经不能准确反映加载在试样端面的载荷信号，无法对结果进行准确分析。另外，根据文献[245]的研究可知，在相同条件下，平台巴西圆盘受到冲击所产生的应变率较巴西圆盘稳定，平台巴西圆盘所产生的时间不均匀性也小于巴西圆盘，这样可以减小试样左右端面受到载荷的差异，这对研究高应变率下岩石的拉伸强度是有利的。因此，本次岩石试件的 SHPB 动态劈裂抗拉试验采用直径为 97mm，厚度为 28mm，中心角为 20° 的平台巴西圆盘。试件仍然采用第 2 章介绍的切割机和打磨机进行加工。如图 3.37 所示为平台巴西圆盘试样的实物图，表 3.15 所示为平台巴西圆盘试样的几何尺寸数据。

图 3.37　部分平台巴西圆盘试样

表 3.15　平台巴西圆盘试样的几何尺寸

试件编号	直径 mm	厚度 mm	平台宽度 I mm	平台宽度 II mm	平台间距 mm	中心角
SPDT - 1	97.3	27.1	18.2	17.1	95.2	20.9°
SPDT - 2	97.5	27.9	16.8	17.0	95.0	20.0°
SPDT - 3	97.4	27.2	18.5	18.0	95.3	21.6°
SPDT - 4	97.5	28.1	18.0	18.0	95.6	21.3°
SPDT - 5	97.7	28.0	17.2	16.9	95.2	20.1°
SPDT - 6	97.3	27.6	18.0	17.1	95.2	20.8°
SPDT - 7	97.4	28.1	18.4	17.1	95.5	21.0°
SPDT - 8	97.7	26.3	17.0	17.0	95.8	20.0°
SSDT - 1	97.0	29.1	18.9	17.1	94.5	21.4°
SSDT - 2	96.2	31.0	16.5	17.0	94.6	20.1°
SSDT - 3	96.8	29.1	18.0	16.9	94.8	20.8°
SSDT - 4	97.0	28.9	17.0	19.0	94.7	21.4°
SSDT - 5	96.9	29.3	18.1	17.0	94.8	20.9°
SSDT - 6	96.9	28.6	16.7	16.8	92.9	19.9°
SSDT - 7	96.9	28.2	17.0	16.9	95.0	20.1°
SSDT - 8	97.0	27.9	16.8	17.0	94.5	20.1°
PHDT - 1	97.2	28.4	19.1	17.4	95.2	21.6°
PHDT - 2	97.4	27.2	18.5	18.0	95.3	21.6°
PHDT - 3	97.5	26.2	16.8	17.0	95.7	20.0°
PHDT - 4	97.0	27.6	17.0	15.9	95.3	19.5°
PHDT - 5	96.5	27.1	16.3	16.9	94.6	19.8°
PHDT - 6	96.9	28.1	17.0	16.9	95.0	20.1°
PHDT - 7	97.0	27.6	17.9	17.1	94.5	20.8°
PHDT - 8	96.2	27.2	17.1	17.0	94.3	20.4°

3.5.2　动态劈裂拉伸试验的有效性

1. 试样的破坏模式分析

动态劈裂拉伸试验中试样的典型破坏形态如图 3.38 所示。试件最终破坏是通过与两平台垂直的直径所决定的平面，从中心起裂。如图 3.38(a) 所示是试样在打击杆速度较小时的破坏形态，基本为完整的两半，其余均为在打击杆速度较大时的破坏形态。试样基本上沿撞击方向破坏为两半，并在试样两个平台端面处有类似三角形区域的粉碎现象出现。撞击速度越大，粉碎性区域的面积也越大，且试样与入射杆接触端面的粉碎区域要大于与透射杆接触端面的粉碎区域。这与文献[246 - 247]中对陶瓷和大理岩进行 SHPB 劈裂拉伸所产生的破坏模式一致。

由以上分析可以看出，利用 SHPB 对平台巴西圆盘试样进行径向劈裂拉伸试验，其弹性行为的假设是正确的。试样的破裂由中心引发，并且沿加载直径劈裂，满足巴西圆盘试验的有效性条件。

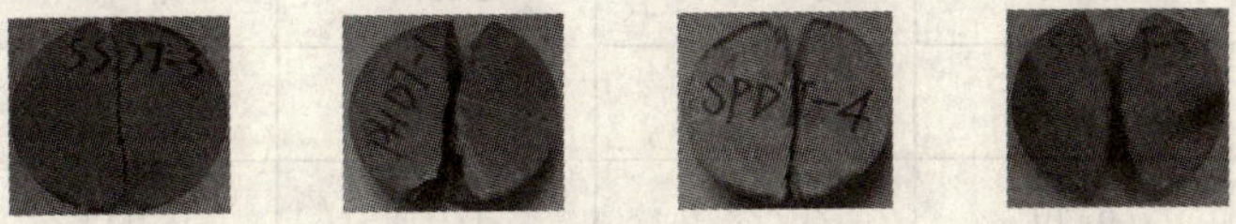

(a)　(b)　(c)　(d)

图 3.38　动态劈裂拉伸试验中试样的典型破坏形态

(a) 砂岩；(b) 斜长角闪岩；(c) 绢云母石英片岩；(d) 砂岩

2. 试样内部的应力均匀性分析

如图 3.39 所示是绢云母石英片岩动态劈裂拉伸试验的典型波形以及应力均匀性波形的比较，表 3.16 所示是有效试验的数据及相应的应力均匀性指数。由波形图和应力均匀性指数可知，在 SHPB 动态劈裂拉伸试验过程中，试件的应力均匀性能够得到很好的满足。与岩石试件 SHPB 动态压缩试验相比，动态劈裂拉伸试验的应力均匀性指数整体偏大，但能满足试验要求。由于平台巴西圆盘两平台间的有效距离较长，入射波从撞击端面到透射端面需要经历较长的传播距离和时间，这是造成动态劈裂拉伸试验应力均匀性指数 ξ 偏大的主要原因。

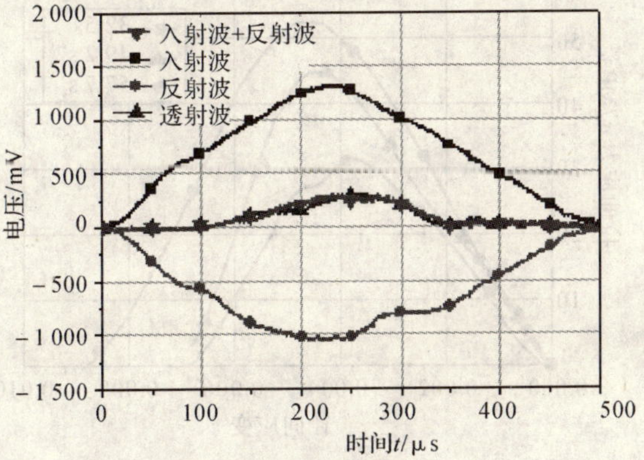

图 3.39　动态劈裂拉伸试验的典型波形和应力均匀性(SPDT - 4)

表 3.16　试验数据及应力均匀性

试件编号	$\frac{v}{m \cdot s^{-1}}$	$\frac{D_p}{mm}$	$\frac{t_\delta}{\mu s}$	ξ	ξ 均值
PHDT-1	7.78	20/28.5	117.1	0.042 1	0.037 1
PHDT-2	6.85	20/26.3	121.4	0.027 7	
PHDT-3	8.08	20/28.5	107.8	0.039 6	
PHDT-6	5.63	20/25.1	109.0	0.038 9	
SPDT-1	5.46	20/24.9	121.1	0.036 1	0.036 5
SPDT-4	6.89	20/26.3	116.7	0.040 7	
SPDT-7	7.91	20/29.1	130.2	0.032 8	
SSDT-3	5.40	20/25.0	120.9	0.039 2	0.039 3
SSDT-4	6.74	20/25.9	123.4	0.041 6	
SSDT-5	7.89	20/28.7	134.7	0.037 1	

注：表中没有列出编号的试件为无效试验。

3.5.3　动态劈裂拉伸应力-径向应变曲线及变形特征分析

图 3.40 至图 3.42 所示分别是斜长角闪岩、绢云母石英片岩和砂岩在不同应变率下的动态劈裂拉伸应力-径向应变曲线(此处的径向应变并不是拉伸应变，而是与试件两平台垂直的直径方向的压应变)，表 3.17 所示是与之对应的各参数列表。

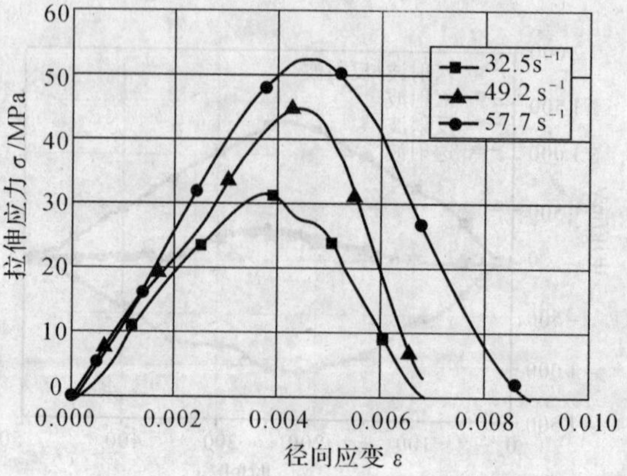

图 3.40　斜长角闪岩的动态劈裂拉伸应力-径向应变曲线

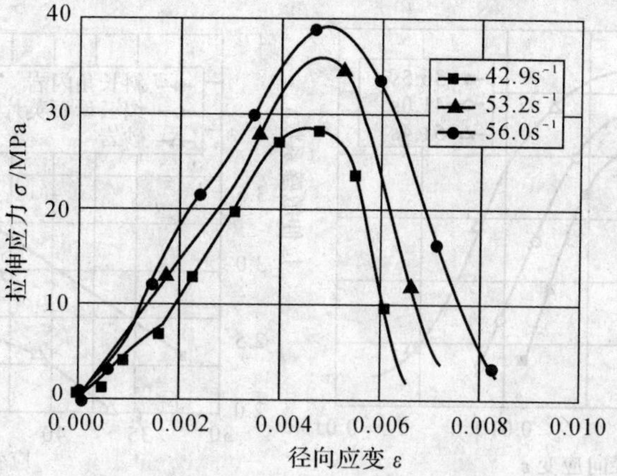

图 3.41　绢云母石英片岩的动态劈裂拉伸应力-径向应变曲线

表 3.17　强度和变形性能参数

岩石分类	应变率 $\dot{\varepsilon}/s^{-1}$	峰值应力 σ_{dmax}/MPa	径向峰值应变 ε_{dmax}	径向极限应变 ε_{dend}	弹性模量 E_d/GPa	卸载段模量 E_{dt}/GPa	拉伸敏感系数 S
斜长角闪岩	32.5	31.24	0.003 70	0.006 81	9.06	12.99	2.304
	49.2	44.78	0.004 39	0.006 84	11.00	19.74	3.302
	57.7	52.43	0.004 67	0.008 86	12.94	16.10	3.867
绢云母石英片岩	42.9	28.74	0.004 53	0.006 53	6.89	21.79	2.729
	53.2	36.30	0.004 82	0.007 24	7.97	17.99	3.447
	56.0	38.37	0.004 92	0.008 43	8.73	14.83	3.644
砂岩	36.5	16.47	0.005 66	0.009 48	3.82	6.30	2.033
	41.0	18.70	0.005 92	0.010 82	4.48	4.80	2.309
	51.4	21.50	0.006 18	0.012 59	4.84	5.41	2.654

注：拉伸敏感系数为动态拉伸强度与静态拉伸强度的比值，$S=\sigma_{dmax}/\sigma_{stat}$。

拉伸敏感系数随着应变率的提高而增加，三种岩石相比，斜长角闪岩的动态抗拉强度对应变率最敏感，绢云母石英片岩次之，砂岩的敏感性最弱，如图 3.43 所示。

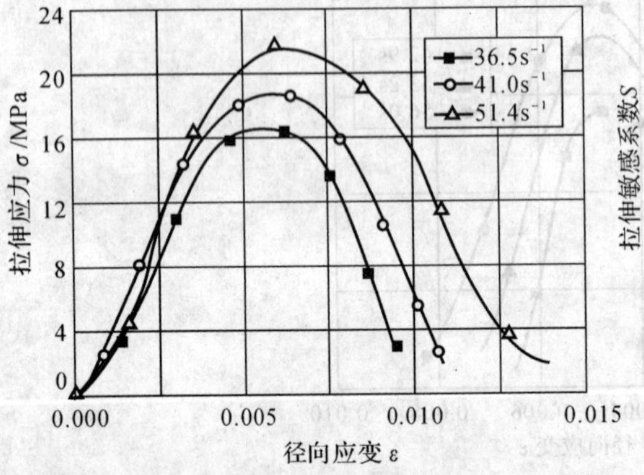

图 3.42　砂岩动态劈裂拉伸应力-径向应变曲线

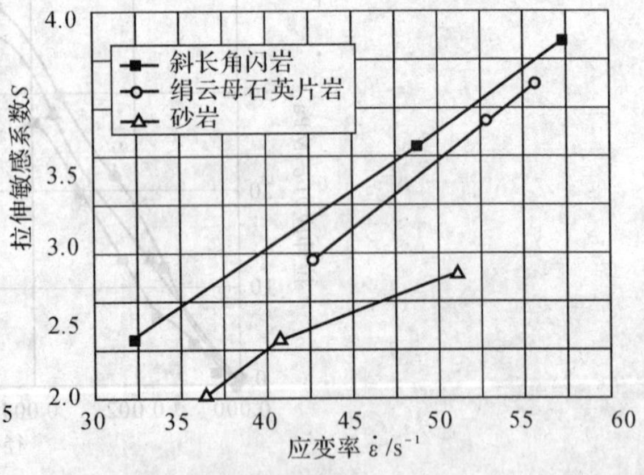

图 3.43　拉伸敏感系数随应变率的变化

岩石的径向峰值应变与应变率成正比，砂岩的径向峰值应变最大，绢云母石英片岩次之，斜长角闪岩最小；另外，绢云母石英片岩和斜长角闪岩的径向极限应变远小于砂岩的径向极限应变，说明斜长角闪岩的变形能力最差，如图 3.44 和图 3.45 所示。

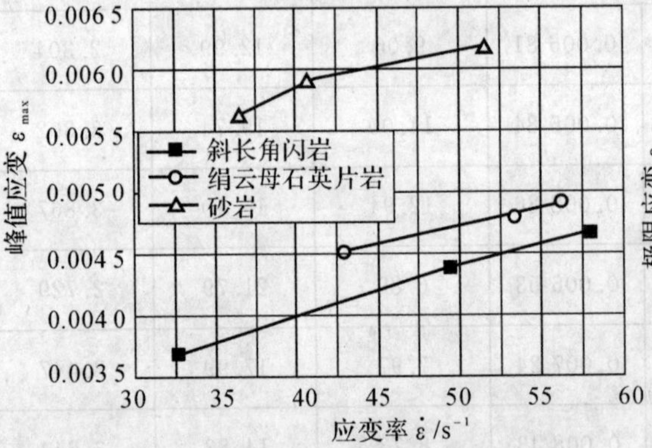

图 3.44　径向峰值应变随应变率的变化

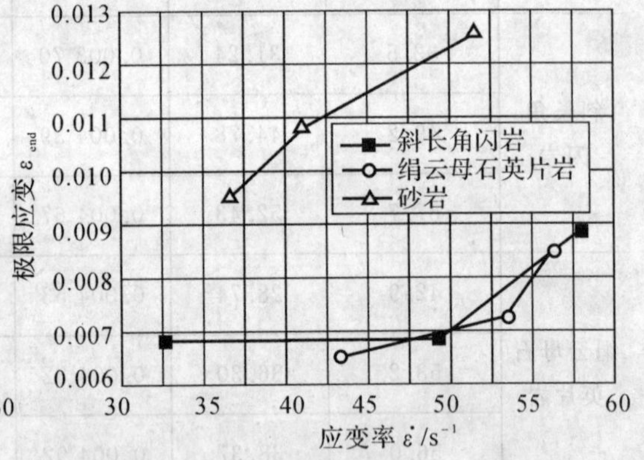

图 3.45　径向极限应变随应变率的变化

三种岩石的动态拉伸弹性模量均随应变率的提高有所增加，但增幅不大。斜长角闪岩的动态拉伸弹性模量最大，砂岩的最小，表明斜长角闪岩的刚度更大，更坚硬。三种岩石拉伸应力-径向应变曲线的卸载段模量都大于各自上升段的弹性模量，斜长角闪岩和绢云母石英片岩的卸载段模量远大于砂岩的卸载段模量，如图 3.46 和图 3.47 所示，说明刚度较大、较坚硬的斜长角闪岩和绢云母石英片岩在卸载时将具有更大的应力释放率或者破坏更具突然性。这也是硬岩中更容易发生岩爆的原因。

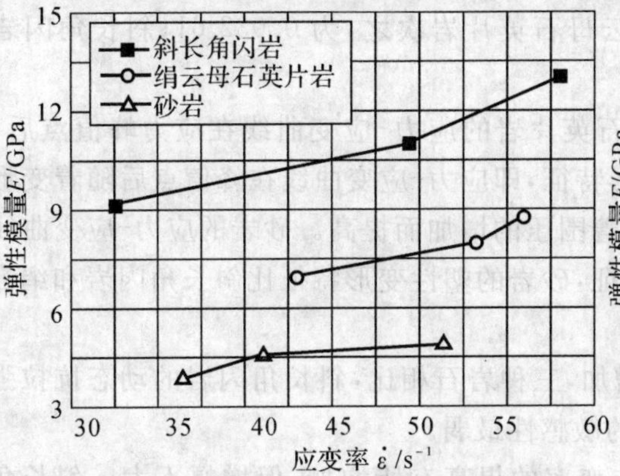

图 3.46　上升段的弹性模量随应变率的变化

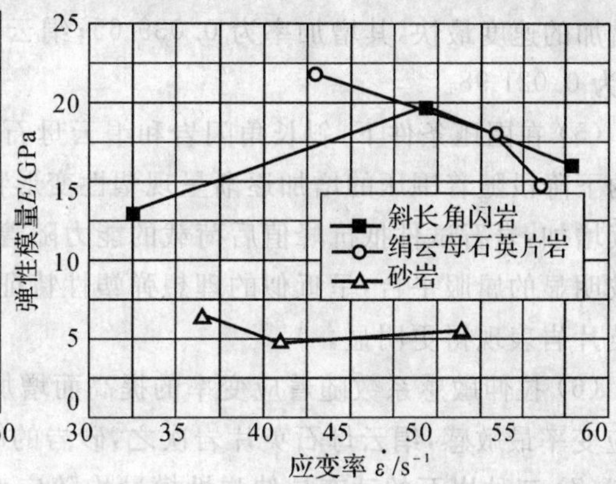

图 3.47　卸载段模量随应变率的变化

3.6　小　结

通过对三种岩石在准静态单轴压缩试验、劈裂抗拉试验、在单轴状态和围压状态下岩石的动态 SHPB 压缩试验、动态劈裂抗拉试验，以及在 SHPB 动态压缩试验中岩石试件最佳尺寸的试验等的研究，可知：

(1) 利用本书提出的应力均匀性因子 δ 和应力均匀性指数 ξ 进行分析，可以指导岩石试件的最佳尺寸设计。本书确定的岩石试件最佳尺寸为 Φ97 mm × 43 mm。

(2) 在 SHPB 冲击动力试验中，当应变率(冲击速度)较低、试件被撞击后仍然保持完整时，应力-应变曲线在峰值点后能够立即出现回弹；当应变率(冲击速度)很高时，应力-应变曲线在峰值点后随着变形的持续增加，应力不断降低；当应变率(冲击速度)中等，试件虽然已经破坏但并没有严重破碎时，峰值点后应变一般是先增加后减小，试件在变形后期仍然具有一定的回弹效应。

(3) 在单轴状态下，砂岩的断裂破坏形态与斜长角闪岩和绢云母石英片岩不同。虽然砂岩试件也是随着应变率的增加，破坏的碎块尺度显著减小而碎块数量明显增加，表现出较强的应变率相关性，但是，砂岩在较低应变率下的动态压缩破坏呈外围剥落式径向拉伸破坏模式，而斜长角闪岩则呈现轴向劈裂破坏模式。在较高应变率下，砂岩呈现颗粒状粉碎破坏模式，而斜长角闪岩和绢云母石英片岩则呈现块状压碎破坏形式。另外，相比于内部原始裂纹发育较充分的绢云母石英片岩，斜长角闪岩的结构完整性较好，质地致密，在同等应变率情况下，绢云母石英片岩的碎块尺度比斜长角闪岩更小，破碎更严重。

(4) 在单轴状态下，三种岩石的动态抗压强度增长因子和比能量吸收值都随应变率的增加而提高。绢云母石英片岩的动态抗压强度增长因子随 $\dot{\varepsilon}^{1/3}$ 增加的速度最快，其增加率为 2.094 03；砂岩次之，为 1.410 42；斜长角闪岩最小，为 0.445 98。砂岩的比能量吸收值随应变率增加的速度最快，其增加率为 0.039 65；绢云母石英片岩次之，为 0.032 61；斜长角闪岩最小，为 0.021 98。

(5) 在围压条件下，斜长角闪岩和绢云母石英片岩的应力-应变曲线在应力峰值点后，曲线的下降段随着围压的增加逐渐呈现塑性变形特征，即应力-应变曲线在峰值点后随着变形的持续增加，岩石试件抵抗峰值后荷载的能力随着围压的增加而提高。砂岩的应力-应变曲线具有较明显的屈服平台，呈近似的理想弹塑性特征，砂岩的塑性变形特征比斜长角闪岩和绢云母石英片岩表现得更明显。

(6) 拉伸敏感系数随着应变率的提高而增加，三种岩石相比，斜长角闪岩的动态抗拉强度对应变率最敏感，绢云母石英片岩次之，砂岩的敏感性最弱。

(7) 三种岩石的动态拉伸弹性模量均随应变率的提高有所增加，但增幅不大。斜长角闪岩的动态拉伸弹性模量最大，砂岩的最小，表明斜长角闪岩的刚度更大、更坚硬。三种岩石拉伸应力-径向应变曲线的卸载段模量都大于各自上升段的弹性模量。斜长角闪岩和绢云母石英片岩的卸载段模量远大于砂岩的卸载段模量，说明刚度较大、较坚硬的斜长角闪岩和绢云母石英片岩在卸载时将具有更大的应力释放率或者破坏更具突然性。这也是硬岩中更容易发生岩爆的原因。

第4章　基于统计分布的岩石动态损伤本构模型

4.1　引　言

目前，对岩石动态本构特性的研究主要有两条途径：一是从微观出发，从能量转换的角度建立动态本构模型[248]，虽较好地解释了岩石在动力荷载作用下的微观机制，却存在参数众多、难以测定、不便于工程应用的缺点；二是对试验数据进行拟合，虽得到经验公式[43,249]，但由于试验手段的局限性，难以模拟实际工程中受荷的复杂特点，且经验公式人为因素较大，更加大了模型推广的难度。基于此，本章以损伤力学与统计理论为基础，并考虑围压和应变速率对岩石受力特性的影响，对岩石在动、静组合荷载作用下的力学及变形特性进行研究，导出在单向动态荷载作用下、不同围压下岩石的应力-应变关系，采用组合建模方法，将统计损伤模型和黏弹性模型相结合，从而建立了一种合理而简洁的岩石动态损伤统计本构方程，并分析了模型参数的物理意义，为岩石动力分析提供了简明合理的思路。

4.2　损伤理论及基于宏观唯象损伤统计理论

相对于弹性理论、塑性理论数百年的发展历史而言，损伤理论"年轻"得多。连续介质的损伤力学是由Kachanov[250] 于1958年在研究金属蠕变断裂问题时提出的，之后损伤力学也被推广应用于模拟金属疲劳、蠕变及延展塑性变形的损伤，再后来也被用于岩石、混凝土等脆性材料。20世纪80年代，第一部系统地介绍损伤力学的专著出现了，大家普遍认为，该书的出现标志着损伤力学成为一门独立的学科。就损伤理论的研究方法而言，主要分为能量损伤理论和几何损伤理论。由J. Lemaitre等[251] 创立的能量损伤理论是以连续介质力学和不可逆热力学为基础，将损伤过程视为能量转换过程，而且这种转换是不可逆的，由自由能和耗能势导出损伤本构方程和损伤演化方程。能量损伤理论在金属和非金属材料的损伤、断裂研究中已得到广泛应用。由村上澄男等[252] 创立的几何损伤理论认为，材料的损伤也是由材料中的微裂纹所造成的，但损伤变量的大小和损伤的演变与材料中微裂纹的尺寸、形状、密度及其分布有关。损伤的几何描述（张量表示）和等价应力的概念相结合，构成几何损伤理论的核心。几何损伤理论已经广泛、有效地应用于岩石和混凝土类材料本构理论的研究和工程实际中。

4.2.1 几何损伤理论的基本概念

在研究岩石材料的损伤统计本构关系前，先介绍有关几何损伤理论的几个概念：损伤变量、有效应力、应变等价原理以及微元体。

1. 损伤变量

用损伤理论分析材料受力后的力学状态时，首先要选择恰当的损伤变量以描述材料的损伤状态。由于材料的损伤引起材料微观结构和某些宏观物理性能的变化，因此可以从微观和宏观两方面选择度量损伤的基准[253]。从微观方面，可以选用空隙的数目、长度、面积和体积；从宏观方面，可以选用弹性系数、屈服应力、拉伸强度、伸长率、密度、电阻、超声波速和声辐射等。根据这两类基准，可以采用直接和间接法测量材料的损伤。在不同的情况下，可将损伤变量定义为标量、矢量和张量。

2. 有效应力

现以直杆受单向拉伸的例子说明有效应力的概念，如图 4.1(a) 所示为一初始无损伤的杆，假设该杆受力 F 达到一定大小后产生均匀的损伤，如图 4.1(b) 所示。若杆的初始横截面积为 A，受损后损伤面积为 A''，则杆的净面积或有效面积为 $A'=A-A''$。在均匀损伤状态下，损伤变量为标量。Kachanov[250] 第一次提出用连续性变量 ψ 描述材料的损伤状态，定义 ψ 为

$$\psi=\frac{A'}{A} \tag{4.1}$$

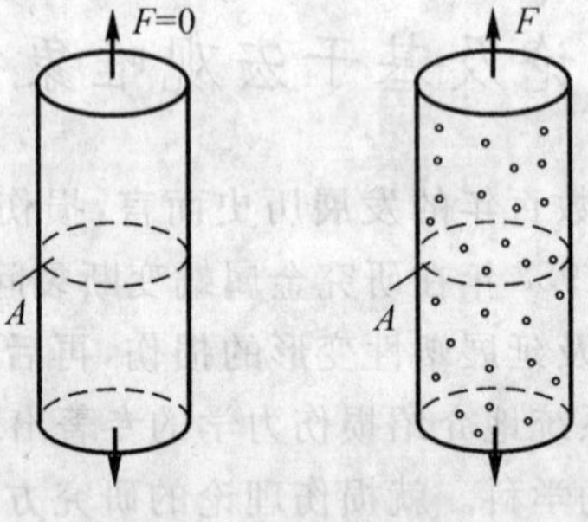

图 4.1 单轴受拉杆件

Rabotnov[254] 在研究金属蠕变时引入一个与连续变量相对应的变量 D，称为损伤变量，即

$$D=\frac{A''}{A}=\frac{A-A'}{A} \tag{4.2}$$

式中，当 $D=0$ 时，对应于无损伤状态；当 $D=1$ 时，对应于完全损伤状态；当 $0<D<1$ 时，对应于不同损伤状态。令 $\sigma=F/A$ 为截面上的名义应力，$\sigma'=F/A'$ 为有效截面上的应力，称为净应力或有效应力，并有

$$\sigma A=\sigma' A' \tag{4.3}$$

以及

$$\sigma' = \frac{\sigma}{1-D} \tag{4.4}$$

3. 应变等价原理

J. Lemaitre[251] 提出的这一假定认为：应力 σ 作用在受损材料上引起的应变与有效净应力作用在无损材料上引起应变等价，而材料的损伤部分不能承担任何外载。根据这一原理，受损材料的本构关系可通过无损材料中的名义应力得到，即

$$\varepsilon = \frac{\sigma}{E'} = \frac{\sigma'}{E} = \frac{\sigma}{(1-D)E} \tag{4.5}$$

式中，E 为未损伤材料的弹性模量；ε 为材料的应变。

令 $E' = E(1-D)$ 为受损材料的弹性模量，称为有效弹性模量，由此得到

$$D = 1 - \frac{E'}{E} \tag{4.6}$$

Broberg[255] 建议损伤变量为

$$D = \ln\frac{A}{A'} \tag{4.7}$$

则有

$$\left.\begin{aligned} D &= \ln\frac{E}{E'} \\ \sigma' &= \sigma e^{D} \\ \sigma &= \frac{E\varepsilon}{e^{D}} \end{aligned}\right\} \tag{4.8}$$

该定义使损伤具有可加性。

4. 微元体

材料的微元体应具有这样一种性质：它应该是尺寸足够大，能包容很多的损伤；同时应该是足够小，小到可以视为连续介质中的一个点。这样就能保证在微观上仍可以利用连续介质力学的一些方法、理论对之进行研究。

由于损伤统计理论具有其独特的优势，因而许多岩石研究者将之引入岩石材料本构模型的研究中，取得了许多有意义的成果，这些成果为后人的研究奠定了基础。

4.2.2　基于宏观唯象的损伤统计本构构建方法

目前，在岩土材料本构关系研究中应用得最为广泛的是几何损伤理论中的一个重要分支——基于宏观唯象的损伤统计理论，该理论已经能够很好地模拟岩石在低围压下应变软化的情况。基于宏观唯象的统计损伤理论是由 Krajcinovic[256] 首先提出的，该理论不追求微观损伤的机理，注重微元体破坏对宏观力学性能的影响，其过程与一般的损伤理论相差不大。

本书将宏观方法及统计学方法相结合，这类模型为将统计强度理论与损伤理论结合起来研究岩石类脆性材料的本构关系开辟出一条新的途径。它能反映试件内力重新分布于损伤演

化之间的相互作用,能反映岩石的缺陷的随机分布特性及对强度的影响,一般来说,模型所需参数也容易测得,而且处理更为方便,更能突出材料宏观力学性能的实际变化。该方法的研究过程大致分为如下4个阶段:

1.选择合适的损伤变量

损伤变量属于本构理论中的内变量,从力学意义上来说,损伤变量的选取应考虑到如何与宏观力学量建立联系并易于测量。不同的损伤过程,可以选取不同的损伤变量,即使同一损伤过程,也可以选取不同的损伤变量。

2.建立损伤演化方程

材料内部的损伤是随外界因素作用变化而变化的,为描述损伤的发展,须建立描述损伤发展的方程,即损伤演变方程。

3.建立考虑材料损伤的本构关系

这种包含损伤变量的本构关系或损伤本构方程在整个工作中起着关键作用。在损伤统计理论中,一般假定损伤前的材料微元体为线弹性,一旦损伤则失去承载力。对于岩土材料,这种假定更加具有意义,由于岩土材料的应力-应变极其复杂,从本质上而言,是弹塑黏损伤的耦合,硬要将之区分则不但处理十分复杂,而且和实际的差距会更大;而这种假定也有其不合理的地方,因为岩土材料在损伤后仍能承担一定的荷载。

4.求解材料各点的应力-应变

利用所建立的损伤统计本构关系求解材料内部各点的应力应变值,只能利用数值方法。

4.3 基于Weibull分布的岩石动态损伤本构模型

4.3.1 基本假设

假定把岩石分成若干个含有不同缺陷的微元体,微元体被划分得比较小且需要满足尺寸的二重性:一方面,从宏观上讲,其尺寸足够小,可以看做是连续损伤力学的一个质点来考虑;另一方面,从细观角度讲,其尺寸足够大,包含足够多的微裂纹、微空洞等细观结构信息,即假设岩石材料是连续分布的,而它的缺陷以它们承载能力的量度附加于均匀介质之上。这就能保证在细观上仍能以弹性力学的基本定律——胡克定律——为基础,同时也保证了数学推导的严密性。无数代表性体积单元之和便是损伤体的全部。由于岩石单元同时具有统计损伤特性和黏性液体的特性,因而可设岩石试件在任一平面(如 x-z 平面)内是由损伤体 D_a 和黏缸 η_b 组合而成的并联体,如图4.2所示。

由于岩石材料的内部构造极不均质,含有不同的缺陷,各微元所具有的强度也就不尽相同,为了刻画微元体的强度特性,并考虑到岩石材料在加载过程中的损伤是一个连续过程,为便于分析,做如下假设:

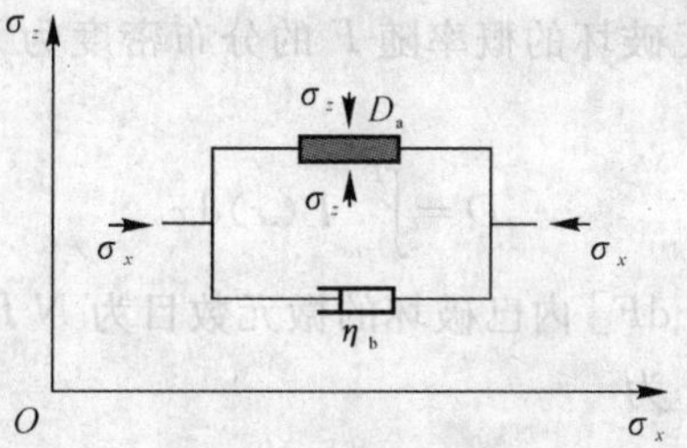

图 4.2　岩石微元体黏弹性损伤模型

(1) 在中应变率下，忽略惯性效应对岩石本构关系的影响。

(2) 岩石微元在宏观上表现为各向同性黏弹性体，其损伤也为各向同性。

(3) 无损岩石微元的平均弹性模量为 E，在微元破坏前服从胡克定律，即微元具有线弹性性质，破坏后不具备承载能力；单元体在损伤之前是黏弹性体。

(4) 在静载作用下，黏性体不发挥作用而成为透明体，微元结构与文献[257]一致；当加载速率达到一定值时，黏性体将发挥作用。

(5) 各微元弹性体的强度 F 服从概率统计规律。由于 Weibull 概率分布容易积分、均值大于 0 和取值范围大于 0 等特点满足岩石受压破坏统计特征，故设其概率密度函数服从两参数的 Weibull 分布，即

$$P(F)=\frac{m}{F_0}\left(\frac{F}{F_0}\right)^{m-1}\exp\left[-\left(\frac{F}{F_0}\right)^{m}\right] \tag{4.9}$$

式中，m，F_0 为 Wcibull 分布参数，它们反映岩石材料的力学性质，其中，m 为反映岩石脆性的参数，F_0 则代表了岩石的宏观平均强度；F 为微元强度随机分布的分布变量；$P(F)$ 是岩石强度为 F 时微元体的破坏概率。

4.3.2　统计损伤演化方程的推导

应力随应变的变化过程实质上是一个材料内部损伤不断积累直至破坏的过程。损伤的演化发展使本构关系呈现出非线性。目前，动态本构模型不少，但是只有最能体现损伤演化过程的本构模型才是最好的模型。

岩石材料的损伤是由微元体的不断破坏引起的，设在某一级荷载作用下已破坏的微元体数目为 N_t，定义统计损伤变量 D 为岩石中已经破坏的微元数目 N_t 与总微元数目 N 之比[256]，即

$$D=\frac{N_t}{N} \tag{4.10}$$

由于在不同的荷载作用下，岩石内部微元的破坏是随机的，因而岩石微元破坏的概率和其应力-应变的状态密切相关。如果将一个与岩石的应力-应变相关的量作为岩石微元强度随机变化分布变量，则所得的损伤变量能充分反映其随应力状态而变化的特点。

由式(4.9)可知,岩石微元破坏的概率随 F 的分布密度为 $P(F)$,则定义损伤变量为破坏概率,即

$$D=\int_{-\infty}^{F}P(x)\mathrm{d}x \tag{4.11}$$

这样,在任意区间$[F,F+\mathrm{d}F]$内已破坏的微元数目为 $NP(F)\ \mathrm{d}F$,当加载到某一水平 F 时,已经破坏的微元体数目 N_t 为

$$N_t(F)=\int_{0}^{F}NP(x)\mathrm{d}x \tag{4.12}$$

将式(4.12)和式(4.9)代入式(4.10),得到的损伤变量 D 为

$$D=\frac{N_t(F)}{N}=1-\exp\left[-\left(\frac{F}{F_0}\right)^m\right] \tag{4.13}$$

这就是岩石受荷载时的统计损伤演化方程。

4.3.3 岩石动态损伤统计本构模型

1. 岩石损伤本构关系及其修正

根据法国著名学者 Lemaitre 教授提出的应变等效原理[251],即损伤材料在有效应力作用下产生的应变与同种材料无损时发生的应变等价。根据这一原理,受损材料的任何应变本构关系可以从无损材料的本构方程来导出,只要用损伤后的有效应力来取代无损材料本构关系中的名义应力。据此,建立起岩石损伤本构模型的基本关系式为

$$\{\sigma^*\}=\{\sigma\}/(1-D)=[C]\{\varepsilon\}/(1-D) \tag{4.14}$$

式中,$\{\sigma\}$ 为名义应力矢量;$\{\sigma^*\}$ 为有效应力矢量;$[C]$ 为材料弹性矩阵;$\{\varepsilon\}$ 为应变矢量;D 为损伤变量。

在三维情况下的损伤变量[258]为:一个代表性体积元素内损伤的等效面积与该截面总面积的比值,当此比值同截面的方位无关时,就是各向同性损伤,此时各个应力分量受到同等程度损伤的影响,即各个方向的损伤变量都为 D。但多数岩石类材料并非如此,而且岩石存在初始孔隙,同时岩石在破裂后还存在剩余强度,即当 $\varepsilon=\varepsilon_{max}$ 时,$\sigma_{st}\neq 0$(σ_{st} 表示残余强度),而按以上假设的 Weibull 分布是不能反映岩石的剩余强度特征的。损伤力学最初定义的有效应力是为了分析受拉金属的损伤现象而引入的,它假定力不能通过损伤传播。然而,在岩石受压过程中,岩石微元破坏后还可以传递部分压应力和剪应力。基于以上原因,本书中引入损伤修正系数 q,q 为从0到1变化的系数。引入的初始损伤系数 q 从一定意义上表征了岩石材料的不均匀性、各向异性和初始孔隙的存在,即反映了岩石的非均匀性、非线性特征。

按照损伤变量 D 的定义及引入的初始损伤系数 q,将式(4.14)修正为如下岩石损伤的本构关系:

$$\{\sigma^*\}=\{\sigma\}/(1-qD)=[C]\{\varepsilon\}/(1-qD) \tag{4.15}$$

2. 岩石微元强度的表征

在上述损伤演化方程的推导过程中，存在一个重要的问题是如何表示式(4.9) 中的分布变量 F。过去，人们常采用单轴应变作为分布变量，虽然取得了较好的效果，但它存在以下几个方面的问题：首先，岩石单轴应变无法准确反映岩石微元破坏的分布；其次，岩石损伤不仅受单轴应变影响，同时，更重要的是受其应力应变状态的影响；再者，由单轴应变得到的损伤本构方程无法全面描述岩石损伤软化三维本构关系。为此，曹文贵等[259-260] 提出了基于岩石破坏准则的岩石微元强度度量方法，其合理性得到了大大的改善。

因此，本书以岩石的破坏准则 $f(\sigma)$ 作为岩石微元强度随机变化分布变量，即 $F=f(\sigma)-k$。

鉴于 Drucker-Prager 破坏准则计入了中间主应力的影响，又考虑了静水压力的作用，且其具有参数形式简单、适用于岩体介质以及得到广泛应用等特点，基于此，可确定基于 Drucker-Prager 破坏准则的岩石微元强度为

$$F^{*}=f(\sigma^{*})=\alpha I_1^{*}+\sqrt{J_2^{*}}=k \tag{4.16}$$

式中，α 和 k 是与岩体黏聚力 c 和内摩擦角 φ 有关的参数，$\alpha=\sin\varphi/\sqrt{9+3\sin^2\varphi}$，对于不同的准则取值不同[261]($\alpha$ 的取值范围为 $0\sim\sqrt{3}$)；I_1^{*} 为应力张量的第一不变量；J_2^{*} 为应力偏量的第二不变量，分别表示为

$$\left.\begin{aligned}I_1^{*}&=\sigma_1^{*}+\sigma_2^{*}+\sigma_3^{*}\\J_2^{*}&=\frac{1}{6}\left[(\sigma_1^{*}-\sigma_2^{*})^2+(\sigma_2^{*}-\sigma_3^{*})^2+(\sigma_3^{*}-\sigma_1^{*})^2\right]\end{aligned}\right\} \tag{4.17}$$

由岩石三轴试验的条件设定轴向有效应力为 σ_1^{*}，围压有效应力为 $\sigma_2^{*}(\sigma_2^{*}=\sigma_3^{*})$，相应的应变为 ε_1 和 $\varepsilon_2(\varepsilon_2=\varepsilon_3)$，则有

$$\left.\begin{aligned}I_1^{*}&=\sigma_1^{*}+2\sigma_3^{*}\\J_2^{*}&=\frac{1}{3}(\sigma_1^{*}-\sigma_3^{*})^2\end{aligned}\right\} \tag{4.18}$$

由胡克定律可得

$$\varepsilon_1=(\sigma_1^{*}-2\mu\sigma_3^{*})/E \tag{4.19}$$

由式(4.15) 得

$$\sigma_2^{*}=\sigma_3^{*}=\sigma_3/(1-qD) \tag{4.20}$$

$$\sigma_1^{*}=\sigma_1/(1-qD) \tag{4.21}$$

联立式(4.19)、式(4.20) 和式(4.21) 可得

$$\left.\begin{aligned}I_1^{*}&=\frac{(\sigma_1+2\sigma_3)E\varepsilon_1}{\sigma_1-2\mu\sigma_3}\\\sqrt{J_2^{*}}&=\frac{(\sigma_1-\sigma_3)E\varepsilon_1}{\sqrt{3}(\sigma_1-2\mu\sigma_3)}\end{aligned}\right\} \tag{4.22}$$

3. 动态损伤统计本构关系的建立

为不失一般性，假定岩石在 x 方向承受动力荷载，因此 x 方向的黏性体将发挥作用，由组合体的并联关系可知，弹性体应变 ε_1 应等于黏性体应变 ε_2，而两者应力之和为 x 向表观应力 σ_x，即

$$\left.\begin{aligned}\varepsilon_1 = \varepsilon_2 = \varepsilon_x \\ \sigma_1 + \sigma_2 = \sigma_x\end{aligned}\right\} \tag{4.23}$$

在多轴条件下弹性体的本构模型为

$$\begin{aligned}\sigma_1 &= E\varepsilon_x(1-qD) + \mu(\sigma_y+\sigma_z) = \\ &E\varepsilon_x\{1-q\{1-\exp\left[-(F/F_0)^m\right]\}\} + \mu(\sigma_y+\sigma_z)\end{aligned} \tag{4.24}$$

黏性体没有损伤特性，遵循的本构关系为

$$\sigma_2 = \eta\frac{d\varepsilon_2}{dt} = \eta\frac{d\varepsilon_x}{dt} \tag{4.25}$$

将式(4.24)和式(4.25)代入式(4.23)，可得到并联体的本构关系为

$$\sigma_x = E\varepsilon_x\left\{1-q\left\{1-\exp\left[-\left(\frac{\alpha I_1+J_2^{1/2}}{F_0}\right)^m\right]\right\}\right\} + \mu(\sigma_y+\sigma_z) + \eta\frac{d\varepsilon_x}{dt} \tag{4.26}$$

$$\sigma_y = E\varepsilon_y\left\{1-q\left\{1-\exp\left[-\left(\frac{\alpha I_1+J_2^{1/2}}{F_0}\right)^m\right]\right\}\right\} + \mu(\sigma_x+\sigma_z) \tag{4.27}$$

$$\sigma_z = E\varepsilon_z\left\{1-q\left\{1-\exp\left[-\left(\frac{\alpha I_1+J_2^{1/2}}{F_0}\right)^m\right]\right\}\right\} + \mu(\sigma_x+\sigma_y) \tag{4.28}$$

式(4.26)至式(4.28)为基于 Weibull 分布的岩石动态损伤统计本构模型，在本构方程求解过程中，需要确定 7 个参数：E,α,μ,η,F_0,m 及 q。这 7 个参数的确定往往需要分析实测的应变波形，并且不可避免地需要一定的试算。通常 E 与岩石的冲击应力-应变曲线的初始上升斜率相近，这说明 E 的确能够表示未损岩石的初始弹性模量；α 的取值范围为 $0\sim\sqrt{3}$；η 的变化范围一般为 $0.1\sim0.5$；而应变 ε 和应变速率 $d\varepsilon/dt$ 应当用实测数据；F_0 和 m 表示 Weibull 分布参数，q 表示损伤修正系数，这 3 个参数可以根据岩石试验应力-应变曲线采用曲线拟合的方法确定。

4.4 动态本构模型参数的确定

以斜长角闪岩为例，进行岩石动态本构模型参数的确定。由三轴试验的条件设定轴向应力 σ_1，围压应力为 $\sigma_3(\sigma_3=\sigma_2)$，相应的应变为 ε_1 和 $\varepsilon_3(\varepsilon_3=\varepsilon_2)$，则所建立的岩石动态损伤统计本构模型为

$$\sigma_1 = E\varepsilon_1\left\{q\exp\left[-\left(\frac{\alpha_0 I_1+J_2^{1/2}}{F_0}\right)^m\right]+1-q\right\} + 2\mu\sigma_3 + \eta\frac{d\varepsilon_1}{dt} \tag{4.29}$$

上式可化为

$$\frac{\sigma_1-2\mu\sigma_3+\eta\dfrac{d\varepsilon_1}{dt}}{E\varepsilon_1}+q-1=q\exp\left[-\left(\frac{\alpha_0 I_1+J_2^{1/2}}{F_0}\right)^m\right] \tag{4.30}$$

式(4.30)两边取对数得

$$\ln\left(\frac{\sigma_1-2\mu\sigma_3+\eta\dfrac{d\varepsilon_1}{dt}}{E\varepsilon_1}+q-1\right)=\ln q-\left(\frac{\alpha_0 I_1+J_2^{1/2}}{F_0}\right)^m \tag{4.31}$$

也即

$$-\ln\left(\frac{\sigma_1-2\mu\sigma_3+\eta\dfrac{d\varepsilon_1}{dt}}{E\varepsilon_1}+q-1\right)+\ln q=\left(\frac{\alpha_0 I_1+J_2^{1/2}}{F_0}\right)^m=\frac{1}{F_0^m}(\alpha_0 I_1+J_2^{1/2})^m=ak^m \tag{4.32}$$

两边再取对数得

$$\ln\left[-\ln\left(\frac{\sigma_1-2\mu\sigma_3+\eta\dfrac{d\varepsilon_1}{dt}}{E\varepsilon_1}+q-1\right)+\ln q\right]=\ln a+m\ln k \tag{4.33}$$

令

$$y=\ln\left[-\ln\left(\frac{\sigma_1-2\mu\sigma_3+\eta\dfrac{d\varepsilon_1}{dt}}{E\varepsilon_1}+q-1\right)+\ln q\right] \tag{4.34}$$

$$x=\ln k \tag{4.35}$$

$$b=\ln a \tag{4.36}$$

则式(4.33)可简化为

$$y=mx+b \tag{4.37}$$

进行线性回归，即可求得 m 和 b，再利用

$$F_0=\exp(-b/m) \tag{4.38}$$

可求得 F_0。

上面就是利用曲线拟合法确定 F_0 和 m 的全过程。把 F_0，m 和式(4.13)代入式(4.29)，即可求得岩石的损伤演化方程和动态损伤统计本构模型。

基于如图 3.18 至图 3.21 所示的角闪岩各围压等级下的应力-应变试验曲线，经线性拟合得到在不同围压和应变率下岩石的动态损伤统计本构模型参数 F_0 和 m，如表 4.1 所示。

表 4.1 不同围压等级下角闪岩的动态损伤统计本构模型拟合参数值

围压等级	平均应变率 $\bar{\dot{\varepsilon}}$	$\frac{F_0}{\text{MPa}}$	m	q	相关系数
$C_p = 0$	75.0	156.971 3	2.986 3	1.000 0	0.982 3
	83.3	192.234 5	2.684 2	0.998 7	0.972 0
	102.5	244.608 8	2.514 5	0.996 5	0.964 8
	136.3	325.392 5	2.334 9	0.987 6	0.955 7
	146.7	351.648 6	2.428 7	0.985 1	0.975 8
$C_p = 2\text{MPa}$	108.6	250.394 5	2.853 4	1.000 0	0.972 5
	123.4	291.254 4	2.647 7	0.998 7	0.963 3
	137.2	324.261 8	2.483 0	0.986 5	0.964 0
	145.0	348.351 5	2.407 4	0.976 7	0.992 3
	151.0	358.424 7	2.447 4	0.973 1	0.966 8
$C_p = 4\text{MPa}$	103.1	251.352 7	2.838 6	1.000 0	0.974 6
	112.0	278.391 4	2.604 0	0.992 1	0.950 8
	135.1	327.257 2	2.451 2	0.987 8	0.953 5
	143.6	362.136 4	2.348 4	0.964 5	0.985 5
	161.0	410.687 2	2.431 2	0.946 9	0.961 7
$C_p = 6\text{MPa}$	118.6	299.765 2	2.789 4	1.000 0	0.987 6
	123.0	322.801 2	2.564 3	1.000 0	0.978 6
	133.4	358.929 4	2.446 2	0.964 3	0.964 5
	142.8	382.471 9	2.279 3	0.952 8	0.969 5
	165.2	434.914 8	2.338 4	0.920 5	0.954 2

4.5 岩石动态损伤本构模型的修正方法

4.5.1 参数对本构模型的影响

1. Weibull 参数 F_0 与 m 对模型的影响

从式(4.29)可以明显看出，参数 E 代表无损材料的初始弹性模量，它反映岩石材料的弹性性质。当固定 E 和 m 不变时，改变 F_0，曲线的变化情况如图 4.3 所示，随 F_0 的增大岩石峰值强度增大，F_0 反映了岩石宏观平均强度的大小。当固定 E 和 F_0 不变时，改变 m，曲线的变化情况如图 4.4 所示，对于参数 m，它反映岩石微元强度分布的集中程度，m 越大，微元强度分布越集中，材料的脆性度越高。随 m 的增大，峰后曲线越来越陡，材料的脆性增加；反之，若 m 值减小，材料的延性增大，由此可说明 m 反映了岩石脆性度。

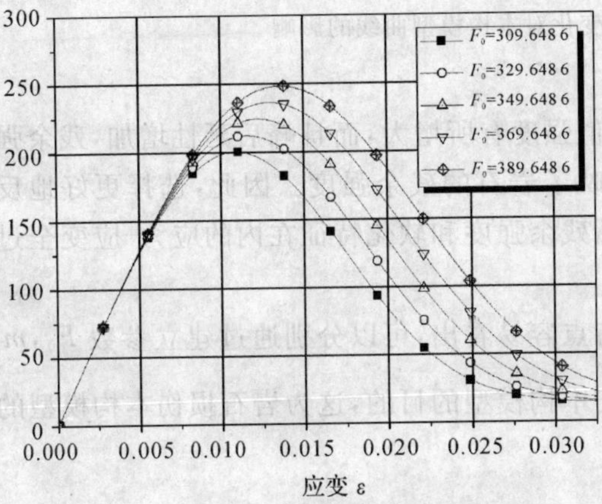

图 4.3　参数 F_0 对本构模型曲线的影响

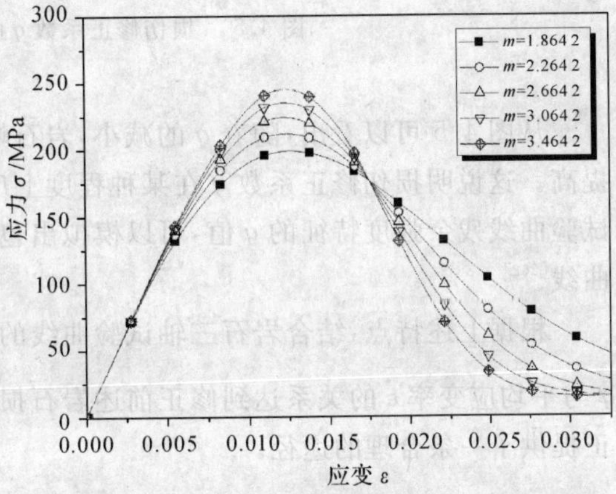

图 4.4　参数 m 对本构模型曲线的影响

由图 4.3 和图 4.4 可以得到如下的规律：

(1) 岩石的应力-应变曲线的峰值随 F_0 与 m 的增大而增大，但是，F_0 与 m 的变化并不改变峰值前线性部分变形曲线。

(2) F_0 与 m 对岩石应力-应变曲线的非线性变形部分，尤其是峰值后曲线的影响是明显的，可以改变曲线的形态。

2. 损伤系数 q 对模型的影响

如图 4.5 所示为当 $F_0=349.648\ 6$ 和 $m=2.664\ 2$ 时损伤修正参数 q 的变化对应力-应变曲线的影响。

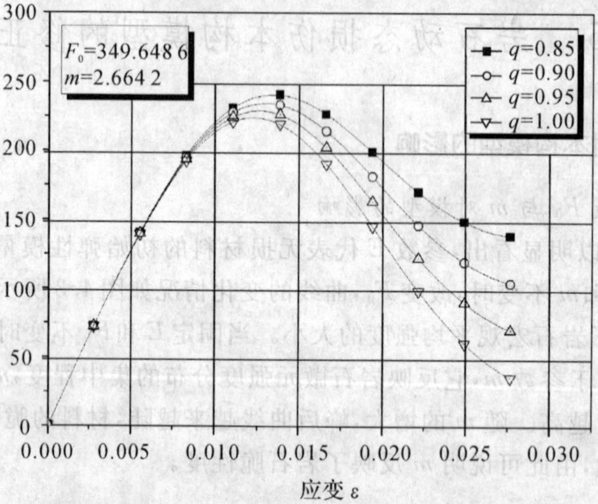

图 4.5　损伤修正系数 q 的变化对本构模型曲线的影响

从图 4.5 可以看出，随着 q 的减小，岩石峰值强度有所增大，而且峰后延性增加，残余强度提高。这说明损伤修正系数 q 在某种程度上反映了岩石的残余强度。因此，选择更好地反映试验曲线残余强度特征的 q 值，可以模拟出包括残余强度和软化特征在内的应力-应变全过程曲线[262]。

根据上述特点，结合岩石三轴试验曲线的特点容易看出，可以分别通过建立参数 F_0，m 和 q 与平均应变率 $\bar{\dot{\varepsilon}}$ 的关系达到修正前述岩石损伤本构模型的目的，这为岩石损伤本构模型的修正提供了一条合理的途径。

4.5.2　岩石动态损伤本构模型的修正

根据前述方法得到的不同围压下岩石应力-应变试验曲线的损伤本构方程参数 F_0 和 m，如果分别以 F_0 和 m 为纵坐标，平均应变率为横坐标，即可得到如图 4.6 至图 4.9 所示的 $F_0-\bar{\dot{\varepsilon}}$ 与 $m-\bar{\dot{\varepsilon}}$ 散点分布图。

通过拟合得到 4 种围压等级下模型参数 F_0 和 m 与平均应变率 $\bar{\dot{\varepsilon}}$ 的经验关系式如下：

$$C_p=0\quad\left.\begin{aligned}&F_0=-31.6551+2.6281\bar{\dot{\varepsilon}} && R=0.9973\\&m=5.9366-0.0566\bar{\dot{\varepsilon}}+2.2281\times10^{-4}(\bar{\dot{\varepsilon}})^2 && R=0.9592\end{aligned}\right\}\tag{4.39}$$

$$C_p=2\ \mathrm{MPa}\quad\left.\begin{aligned}&F_0=-28.5305+2.5787\bar{\dot{\varepsilon}} && R=0.9987\\&m=7.2895-0.0627\bar{\dot{\varepsilon}}+2.0160\times10^{-4}(\bar{\dot{\varepsilon}})^2 && R=0.9833\end{aligned}\right\}\tag{4.40}$$

$$C_p = 4\ \text{MPa}\quad \left.\begin{aligned} F_0 &= -28.0929 + 2.7036\,\bar{\dot{\varepsilon}} & R&=0.9961 \\ m &= 7.4734 - 0.0699\,\bar{\dot{\varepsilon}} + 2.3979\times10^{-4}\,(\bar{\dot{\varepsilon}})^2 & R&=0.9608 \end{aligned}\right\} \tag{4.41}$$

$$C_p = 6\ \text{MPa}\quad \left.\begin{aligned} F_0 &= -25.0633 + 2.8173\,\bar{\dot{\varepsilon}} & R&=0.9904 \\ m &= 12.7023 - 0.1378\,\bar{\dot{\varepsilon}} + 4.5413\times10^{-4}\,(\bar{\dot{\varepsilon}})^2 & R&=0.9561 \end{aligned}\right\} \tag{4.42}$$

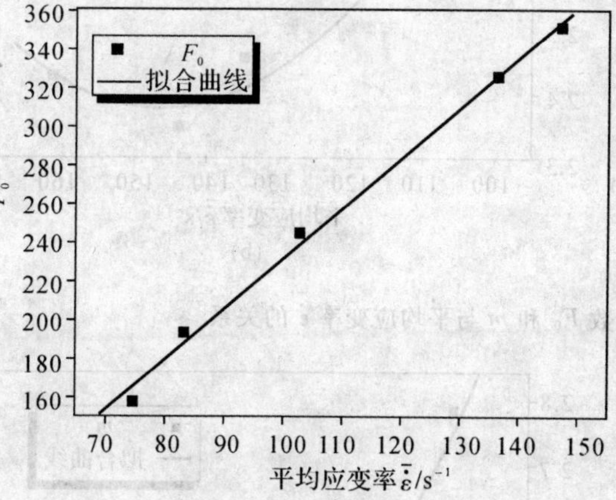

(a)

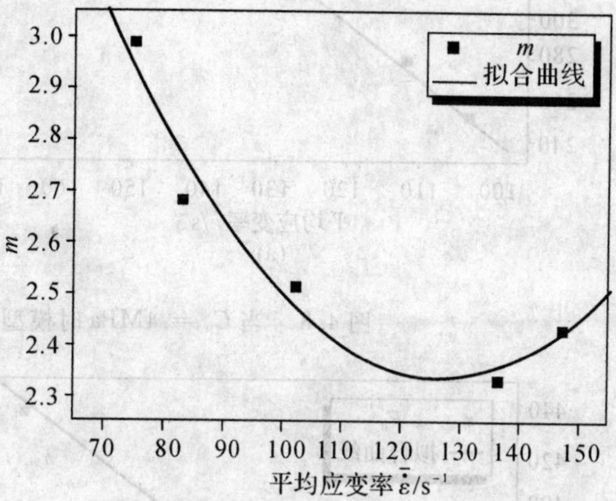

(b)

图 4.6　当 $C_p = 0$ 时模型参数 F_0 和 m 与平均应变率 $\bar{\dot{\varepsilon}}$ 的关系

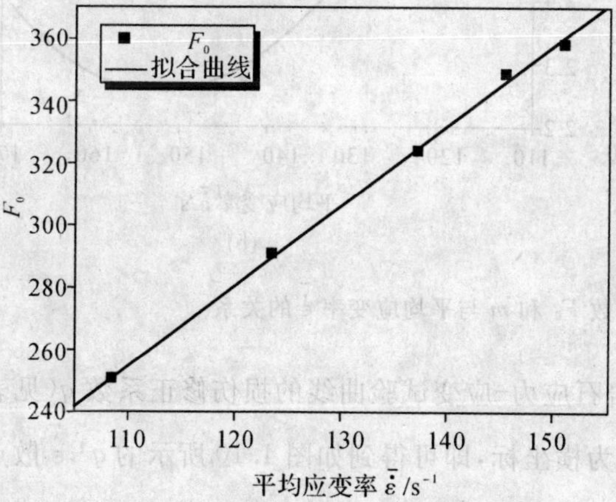

(a)

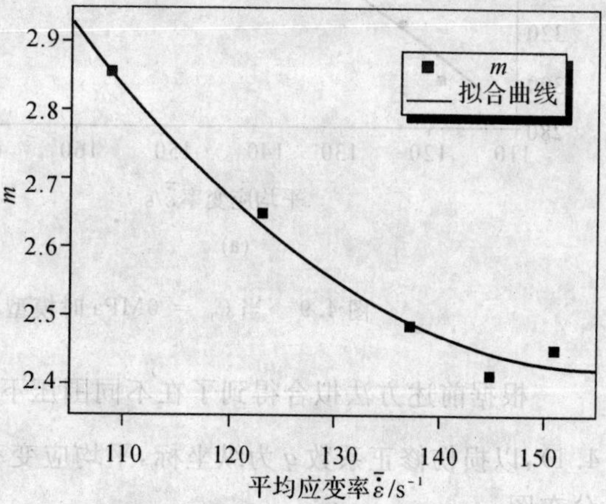

(b)

图 4.7　当 $C_p = 2$MPa 时模型参数 F_0 和 m 与平均应变率 $\bar{\dot{\varepsilon}}$ 的关系

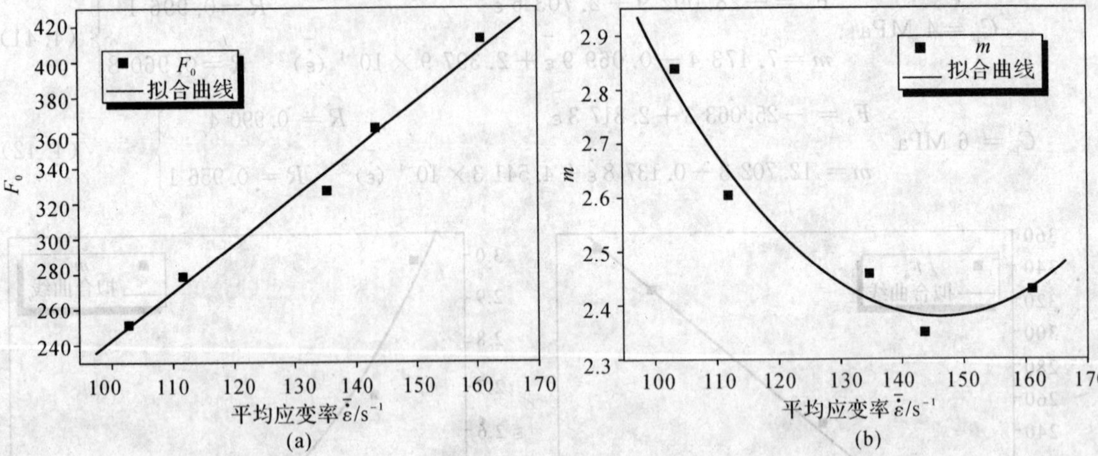

图 4.8　当 $C_p = 4$MPa 时模型参数 F_0 和 m 与平均应变率 $\bar{\dot{\varepsilon}}$ 的关系

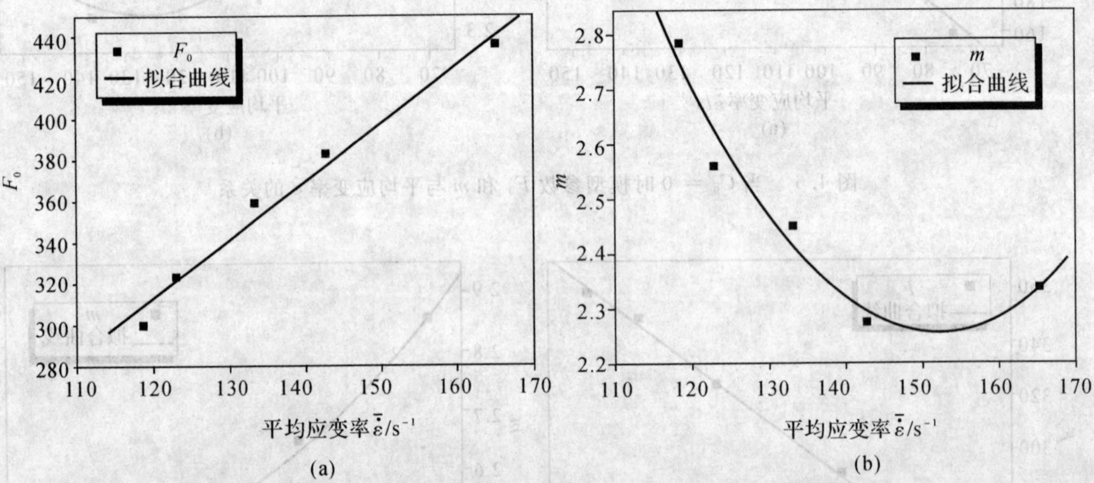

图 4.9　当 $C_p = 6$MPa 时模型参数 F_0 和 m 与平均应变率 $\bar{\dot{\varepsilon}}$ 的关系

根据前述方法拟合得到了在不同围压下岩石应力-应变试验曲线的损伤修正系数 q（见表 4.1），以损伤修正系数 q 为纵坐标，平均应变率为横坐标，即可得到如图 4.10 所示的 $q-\bar{\dot{\varepsilon}}$ 散点分布图。

由图 4.10 可以看出在不同围压等级下损伤修正系数 q 与平均应变率 $\bar{\dot{\varepsilon}}$ 的关系呈现较好的线性关系，为此进行线性拟合，可以得到 4 种围压等级下损伤系数 q 与平均应变率 $\bar{\dot{\varepsilon}}$ 的经验关系式如下：

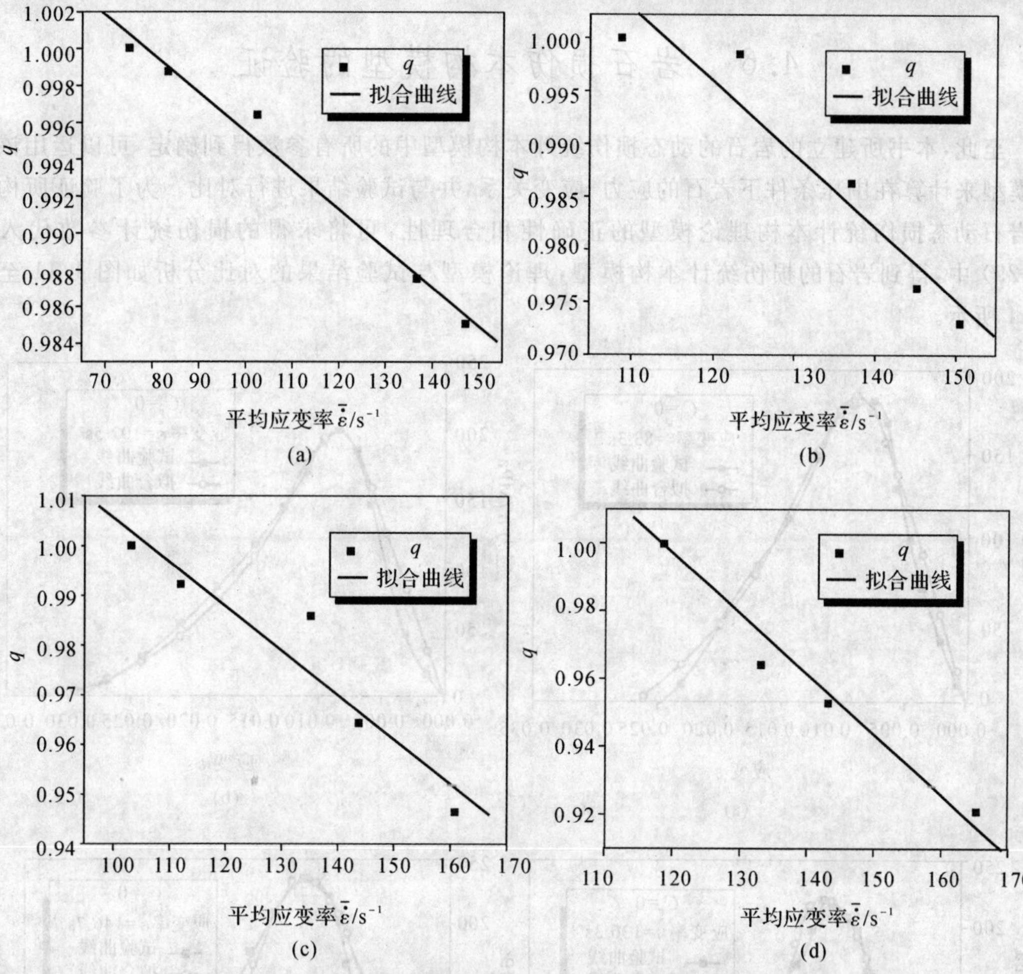

图 4.10　不同围压等级下损伤修正系数 q 与平均应变率 $\bar{\dot{\varepsilon}}$ 的关系

(a) $C_p=0$；(b) $C_p=2\text{MPa}$；(c) $C_p=4\text{MPa}$；(d) $C_p=6\text{MPa}$

$$C_p=0 \qquad q=1.0166-2.1162\times10^{-4}\,\bar{\dot{\varepsilon}} \qquad R=0.9908 \tag{4.43}$$

$$C_p=2\text{MPa} \qquad q=1.0783-6.8654\times10^{-4}\,\bar{\dot{\varepsilon}} \qquad R=0.9557 \tag{4.44}$$

$$C_p=4\text{MPa} \qquad q=1.0933-8.8166\times10^{-4}\,\bar{\dot{\varepsilon}} \qquad R=0.9537 \tag{4.45}$$

$$C_p=6\text{MPa} \qquad q=1.2110-17.802\times10^{-4}\,\bar{\dot{\varepsilon}} \qquad R=0.9804 \tag{4.46}$$

从式(4.39)至式(4.46)可以看出，其线性拟合相关系数均在 0.953 7 以上。将式(4.39)至式(4.42)代入式(4.13)，再将式(4.43)至式(4.46)、式(4.13)和式(4.16)代入式(4.26)即可得到修正后模拟在不同围压下岩石受冲击压缩荷载作用下的全应力-应变曲线的岩石损伤统计本构模型。

4.6 岩石损伤本构模型的验证

至此，本书所建立的岩石的动态损伤统计本构模型中的所有参数得到确定，可以运用该本构模型来计算在围压条件下岩石的应力-应变关系，并与试验结果进行对比。为了验证所构建的岩石动态损伤统计本构理论模型的正确性和合理性，可将求得的损伤统计参数代入式(4.29)中，得到岩石的损伤统计本构模型，理论模型与试验结果的对比分析如图 4.11 至图 4.14 所示。

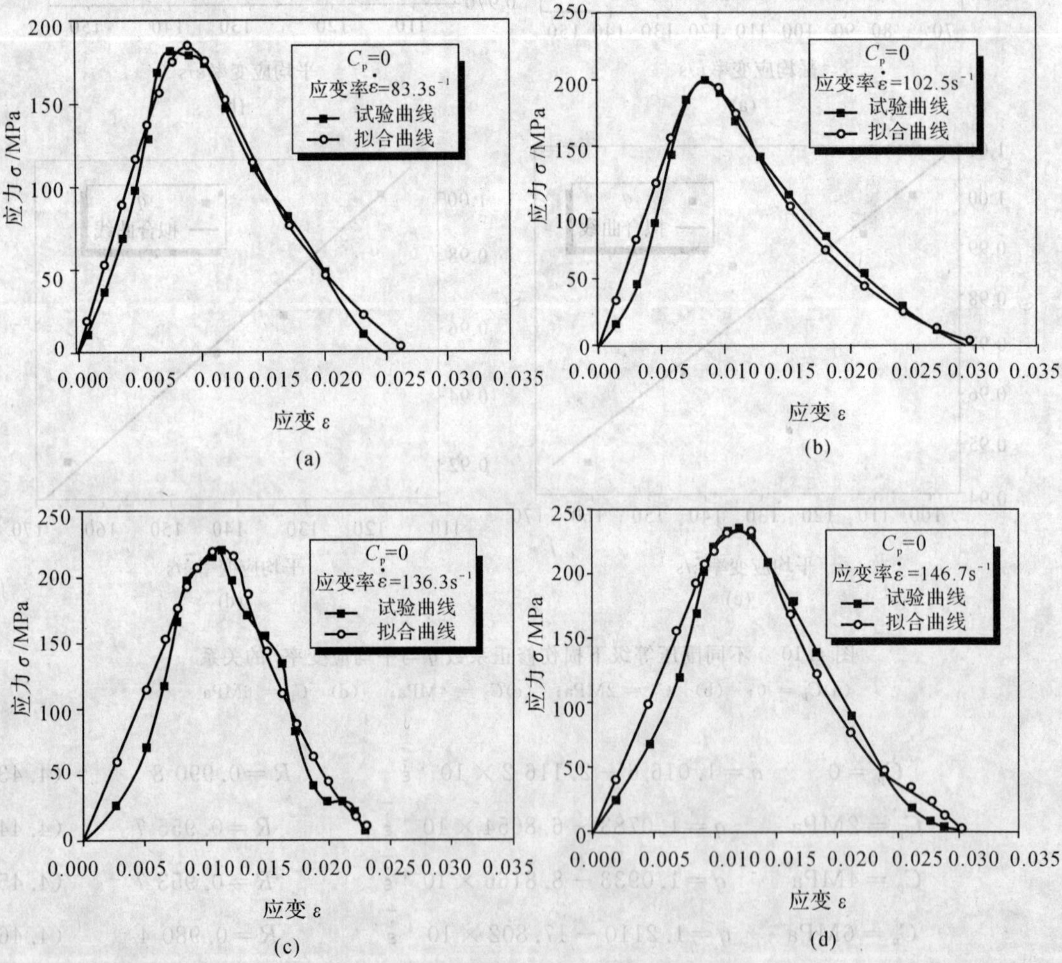

图 4.11 理论曲线和试验曲线对比($C_p = 0$)

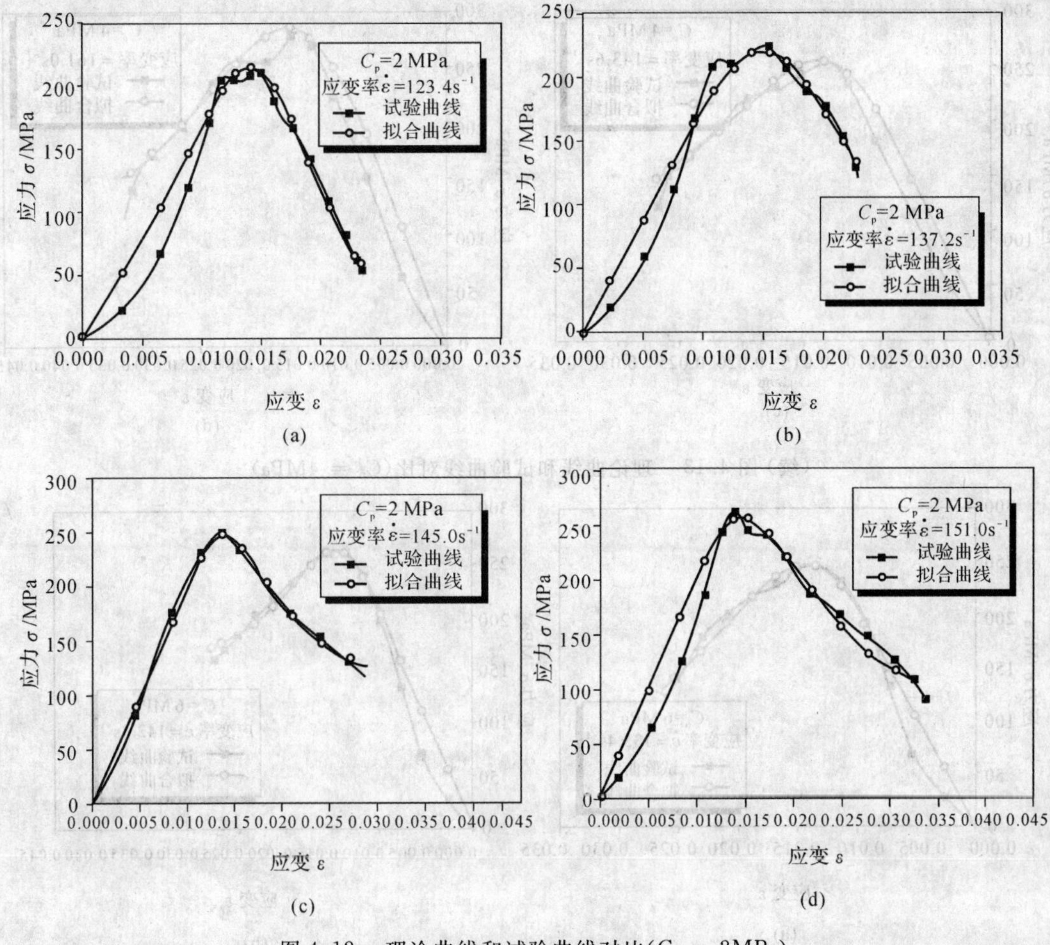

图 4.12　理论曲线和试验曲线对比(C_p = 2MPa)

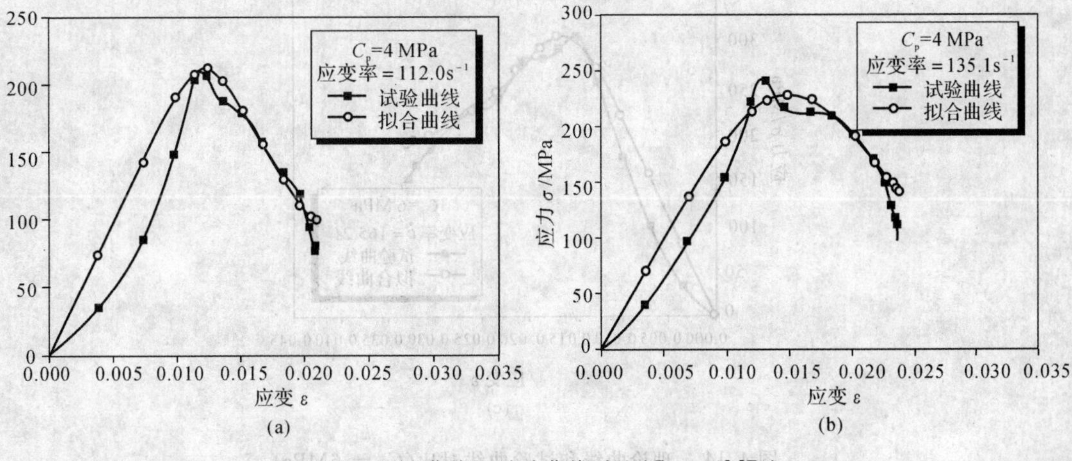

图 4.13　理论曲线和试验曲线对比(C_p = 4MPa)

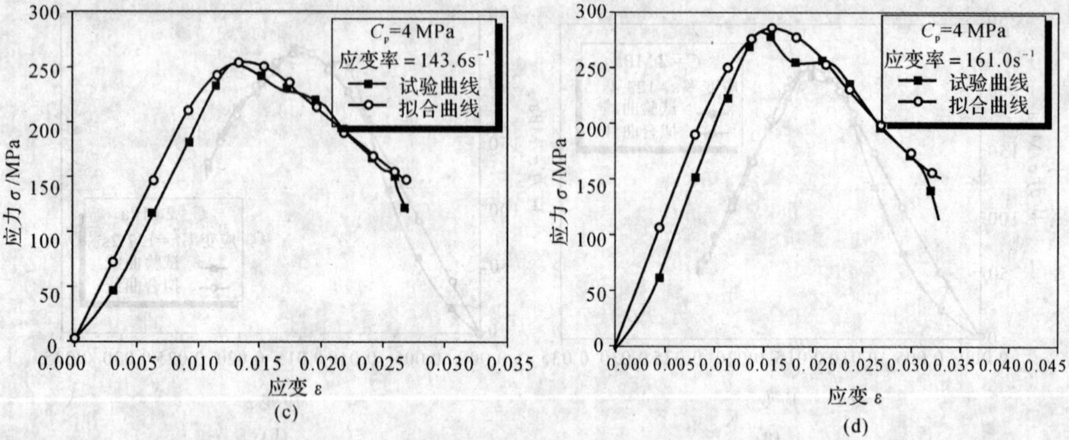

（续）图 4.13　理论曲线和试验曲线对比(C_p = 4MPa)

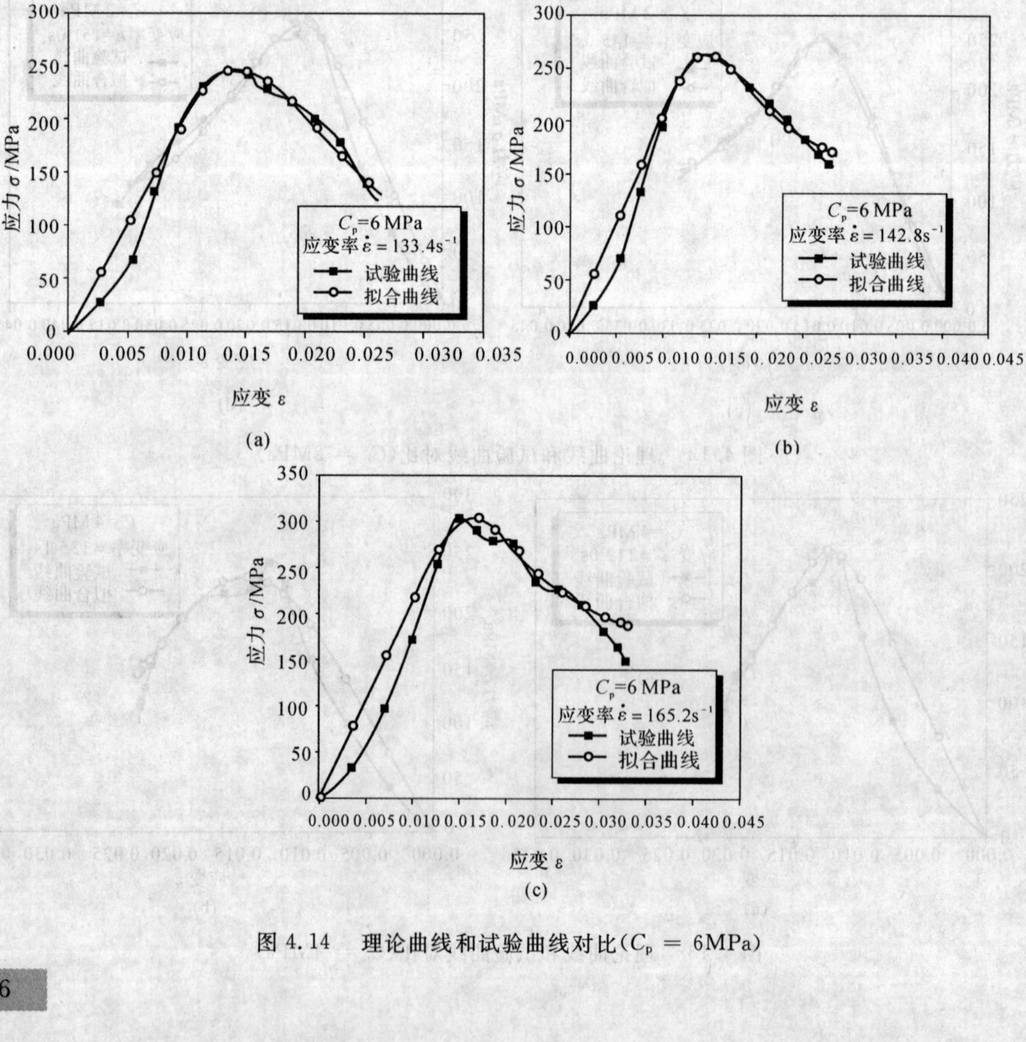

图 4.14　理论曲线和试验曲线对比(C_p = 6MPa)

由图 4.11 至图 4.14 可以看出，理论计算曲线与实测值虽未完全吻合，但趋势基本一致，误差也在较小的范围之内。引入损伤修正参数后建立的本构模型能够较好地反映在不同围压条件下岩石的损伤本构关系；只要选择好损伤修正参数 q，可以模拟出残余强度在内的全应力-应变曲线。模型虽不能从本质上解释岩石的破坏机制，但参数少、求解方便，能较好反映宏观破坏现象，具有一定的工程实用价值。岩石在动态荷载作用下的破坏过程十分复杂，建立的本构模型虽具有一定优点，但未涉及多向动载作用、加载速率的适用范围等问题，因此，相关理论尚需进一步深入探讨。

4.7　小　结

本章将宏观方法及统计学方法相结合，构建了岩石的动态损伤本构模型，这类模型为将统计强度理论与损伤理论结合起来研究岩石类脆性材料的本构关系开辟了一条新的途径。得出的主要结论如下：

(1) 所构建的模型的主要特点是能反映围压对岩石动力承载特性的影响，围压增大，岩石动力强度也随之增大；且能较好地模拟岩石在动载作用下峰后部分的变形及残余强度；反映了岩石强度受应力状态的影响，围压增大，岩石强度也随之增大，与实际吻合。

(2) 模型充分反映了岩石破裂过程的损伤不但随岩石微元强度而变化，而且受岩石的应力状态影响。采用基于岩石破坏准则的岩石微元强度度量方法，引入 Drucker-Prager 破坏准则来表征岩石微元的强度，使损伤演化方程更具灵活性，计算结果更加接近实际。

(3) 在损伤演化方程中全部采用了有效应力；受压状态的有效应力表达式比受拉状多了一个系数 q，从而使模型更加合理、更加完善，并能反映岩石剩余强度规律；通过引入初始损伤系数可以使 Lemaitre 应变等价性假说与损伤统计分布很好地衔接，应用初始损伤系数 q 对理论曲线进行修正，使本构模型的精度大大提高。

(4) 构建的岩石损伤统计本构模型中 7 个参数的物理意义基本明确，其中前 4 个参数可通过试验结果来确定，另外 3 个参数可通过利用最小二乘法对试验得到的部分应力-应变曲线进行拟合而得到，参数确定方法较为灵活。

(5) 探讨了模型参数的物理意义及其对本构关系的影响规律，发现：模型参数 F_0 反映了岩石宏观平均强度的大小，m 反映了岩石脆性度，损伤修正系数 q 在某种程度上反映了岩石的残余强度。

(6) 研究发现，在各围压等级下模型参数 F_0 和 q 与平均应变率 $\bar{\dot{\varepsilon}}$ 构成线性关系，而模型参数 m 服从平均应变率 $\bar{\dot{\varepsilon}}$ 的二次多项式函数的变化规律，并结合模型参数对该模型的影响规律以及岩石破裂过程全应力-应变试验曲线的特点对其参数进行了修正，从而建立了更加符合实际的岩石动态损伤本构模型。

(7) 对所构建的本构模型验证表明，所建立的本构模型对实测岩石应力-应变全过程曲线拟合精度较高，尤其对岩石峰值后的拟合明显高于传统方法；通过引入损伤修正系数对理论曲线进行修正，使本构模型对岩石的剩余强度也有所反映，能够用来描述岩石的冲击压缩力学行为，并为岩石的进一步研究和工程应用提供重要的参考依据。

第5章 围压条件下岩石在冲击荷载循环作用下的力学性能

5.1 引 言

随着我国地下工程的深度不断加大，地质条件趋于复杂，深部岩体力学问题已经成为关系国家财产和人民生命安全的重大课题，也是国内外岩体力学与地下工程领域研究的焦点问题[263]。在深部资源开采过程中，岩石所处的“三高一扰动”[263]的特殊地质力学环境导致冲击地压、瓦斯爆炸等现象频繁发生，由此引起的冲击动荷载的不断作用又使岩石发生损伤甚至破坏，从而造成重大安全生产事故和生命、财产损失；实际上，大量工程岩体的宏观失效破坏正是由地冲击荷载循环作用引起的损伤累积造成的[264]。另外，常规爆炸及核爆对地下防护工程的威胁，也都与冲击荷载或应力脉冲作用下的岩石动态力学性能有关[265]，尤其是在高地应力环境下，地下爆炸时岩体运动的能量明显大于爆源的爆炸能，其机理尚有待研究。在深地下工程高围压环境下岩石的动态力学性能，以及围岩在冲击荷载循环作用下的能量耗散和累积损伤效应，已经成为岩土力学与工程界的热门前沿课题。

本章利用带围压装置的SHPB系统对围压为0～20MPa情况下岩石在冲击荷载循环加载下的力学性能进行研究，分析岩石在循环冲击荷载作用下的应力-应变曲线和屈服应力、屈服应变的变化特性，以及岩石在冲击荷载循环作用下的累积比能量吸收值与入射能量，损伤度与围压等参量之间的关系；为研究工程岩体在爆炸冲击荷载下的动力学特性提供一种新的思路，研究结果对地下工程的建设和防护有一定的指导意义。

5.2 冲击荷载循环作用下砂岩动态力学性能的围压效应研究

在每种围压等级（0，2MPa，4MPa，6MPa，10MPa和20MPa）下，分别进行砂岩在3种不同强度（对应3种不同的打击杆速度）的入射冲击波循环作用下的SHPB试验。由于砂岩试样在无围压条件下，当试验入射应力波的峰值强度仅为150MPa（对应的打击杆速度为7.39m/s）时，试样已经开裂，因此，为了研究砂岩在循环冲击荷载下的力学性能变化规律，当围压为0时，确定试验入射应力波的最大峰值强度为120MPa左右，在其他围压情况下，试验入射应力波的最大峰值强度为345MPa左右；对于每一个砂岩试样，以同一强度的冲击荷载循环作用直到使试件破坏为止。表5.1所列的是部分试验结果，表中的试件编号SSDC $a-b-c(d)$表示砂岩在围压为a MPa情况下第b种入射波强度等级的第c个试件，圆括弧中的数字d表示冲击荷载循环作用的次数；斜长角闪岩和绢云母石英片岩的试件标号含义与此相同。

表 5.1 冲击荷载循环作用下砂岩 SHPB 试验结果

试件编号	试件尺寸 mm 直径	试件尺寸 mm 厚度	波形整形器直径 mm	发射压力 MPa	打击杆速度 $m \cdot s^{-1}$	围压 MPa	比能量吸收值 $J \cdot cm^{-3}$	入射应力波能量 J	反射应力波能量 J	透射应力波能量 J	试件吸收能量 J	累积比能量 ϑ $J \cdot cm^{-3}$	弹性模量 GPa	损伤度
SSDC 0 - D - 1(1)	97.96	43.15	25/29.5	0.2	5.55	0	0.07	278.78	37.73	217.60	23.46	0.07	19.6	0.08
SSDC 0 - D - 1(2)			25/30	0.21	5.74	0	0.16	317.69	56.96	208.72	52.01	0.23	18.0	0.15
SSDC 0 - D - 1(3)			25/30	0.21	6.02	0	0.30	375.27	60.45	218.81	96.00	0.53	16.6	0.39
SSDC 0 - D - 1(4)			25/29.5	0.2	5.99	0	0.24	358.19	144.84	134.58	78.77	0.77	12.0	
SSDC2 - 2 - 1(1)	96.98	43.35	40/56.8	0.6	14.7	2	2.44	2 651.50	484.76	1 384.70	782.07	2.44	19.4	0.10
SSDC2 - 2 - 1(2)			45/60	0.58	15.04	2	2.08	2 712.20	639.99	1 407.50	664.72	4.52	17.4	0.24
SSDC2 - 2 - 1(3)			45/64	0.58	15.04	2	2.22	2 656.60	786.63	1 157.60	712.35	6.74	14.7	
SSDC2 - 7 - 1(1)	96.68	42.99	50/69.1	0.75	17.69	2	4.28	3 965.50	788.80	1 827.10	1 349.60	4.28	19.9	0.21
SSDC2 - 7 - 1(2)			50/67	0.7	17.08	2	2.87	3 725.30	1 223.20	1 596.00	906.13	7.15	15.7	0.42
SSDC2 - 7 - 1(3)			50/69.8	0.7	16.97	2	3.78	3 559.70	1 208.90	1 158.00	1 192.70	10.93	11.5	
SSDC4 - 1 - 1(1)	96.69	43.12	35/45.8	0.48	12.27	4	1.23	1 798.70	554.20	853.60	390.93	1.23	19.4	0.02
SSDC4 - 1 - 1(2)			35/47.0	0.48	13.37	4	1.66	2 161.10	532.62	1 102.80	525.69	2.90	17.9	0.08
SSDC4 - 1 - 1(3)			35/48.0	0.48	12.84	4	1.41	1 935.50	588.41	899.25	447.88	4.31	20.3	0.17
SSDC4 - 1 - 1(4)			40/54.0	0.48	13.33	4	1.67	2 042.20	568.26	944.51	529.43	5.98	16.1	0.26

续表

试件编号	试件尺寸 mm		波形整形器直径 mm	发射压力 MPa	打击杆速度 m·s^-1	围压 MPa	比能量吸收值 J·cm^-3	入射应力波能量 J	反射应力波能量 J	透射应力波能量 J	试件吸收能量 J	累积比能量 ϑ J·cm^-3	弹性模量 GPa	损伤度
	直径	厚度												
SSDC4－1－1(5)			40/55.0	0.48	12.86	4	1.49	1 886.50	615.04	799.56	471.89	7.47	14.3	0.34
SSDC4－1－1(6)			40/57.0	0.48	13.11	4	1.63	1 978.90	663.69	799.58	515.60	9.10	12.8	
SSDC4－4－1(1)	97.78	43.15	50/69	0.72	17.04	4	3.55	3 629.40	755.05	1 722.60	1 151.70	3.55	15.13	0.08
SSDC4－4－1(2)			50/66	0.72	17.16	4	3.48	3 634.70	972.01	1 534.60	1 128.10	7.04	13.87	0.35
SSDC4－4－1(3)			50/66	0.72	17.11	4	3.86	3 661.10	1 093.20	1 317.30	1 250.60	10.90	9.83	0.48
SSDC4－4－1(4)			50/67	0.72	17.16	4	3.71	3 634.70	1 358.20	1 074.30	1 202.30	14.61	7.91	
SSDC6－2－1(1)	96.62	43.09	35/48.8	0.5	11.88	6	1.04	1 695.90	805.92	560.02	329.99	1.04	17.6	0.03
SSDC6－2－1(2)			35/47.2	0.5	12.09	6	1.05	1 777.80	1 064.20	380.75	332.90	2.10	17.05	0.06
SSDC6－2－1(3)			35/48.2	0.5	12.1	6	1.24	1 781.60	923.76	467.29	390.54	3.33	16.5	0.10
SSDC6－2－1(4)			50/71.3	0.72	16.92	6	3.21	3 397.20	1 245.60	1 138.50	1 013.10	6.54	15.81	0.23
SSDC6－2－1(5)			50/71.2	0.72	17.38	6	3.25	3 547.60	1 624.10	8 96.70	1 026.80	9.79	13.59	0.43
SSDC6－2－1(6)			50/66.1	0.72	17.32	6	3.15	3 732.40	1 816.20	921.59	994.57	12.94	9.96	
SSDC6－5－1(1)	96.93	43.02	50/63.2	0.65	16.33	6	3.17	3 307.20	1 178.30	1 122.50	1 006.40	3.17	13.9	0.08
SSDC6－5－1(2)			55/71.9	0.72	17.36	6	3.61	3 697.10	1 401.40	1 148.80	1 146.90	6.78	12.8	0.29
SSDC6－5－1(3)			50/70.1	0.65	16.35	6	2.92	3 170.50	1 404.10	839.47	926.95	9.70	9.8	

续表

试件编号	试件尺寸 mm		波形整形器直径 mm	发射压力 MPa	打击杆速度 $m \cdot s^{-1}$	围压 MPa	比能量吸收值 $J \cdot cm^{-3}$	入射应力波能量 J	反射应力波能量 J	透射应力波能量 J	试件吸收能量 J	累积比能量 ϑ $J \cdot cm^{-3}$	弹性模量 GPa	损伤度
	直径	厚度												
SSDC10-4-3(1)	96.56	43	50/69.5	0.7	17.1	10	2.01	3 304.50	723.25	1 949.80	631.49	2.01	22.1	0.02
SSDC10-4-3(2)			50/67.0	0.7	16.86	10	2.31	3 249.70	690.50	1 830.40	728.89	4.32	21.67	0.11
SSDC10-4-3(3)			45/62.3	0.7	17.11	10	2.28	3 410.00	746.92	1 944.90	718.13	6.60	19.65	0.21
SSDC10-4-3(4)			55/66.3	0.7	16.75	10	2.31	3 330.90	772.00	1 831.60	727.27	8.91	17.49	
SSDC10-5-1(1)	97.9	43.08	35/51.6	0.5	12.91	10	1.34	1 962.60	292.01	1 237.60	432.98	1.34	26.26	0.01
SSDC10-5-1(2)			45/68.3	0.7	17.06	10	2.94	3 488.00	634.90	1 899.50	953.58	4.28	25.9	0.12
SSDC10-5-1(3)			50/70.0	0.7	17.01	10	2.92	3 432.50	722.77	1 762.70	947.02	7.20	23.08	0.23
SSDC10-5-1(4)			50/64.0	0.7	16.71	10	2.23	3 373.00	1 794.80	854.54	723.63	9.43	20.12	
SSDC20-1-1(1)	97.94	43.09	35/42.6	0.4	10.14	20	1.62	1 915.2	1 125.7	262.92	526.66	1.62	20.39	0.017
SSDC20-1-1(2)			45/66.2	0.7	17.04	20	2.19	3 474.2	1 128.7	1 634.5	711.02	3.81	20.05	0.072
SSDC20-1-1(3)			40/61.1	0.6	15.11	20	1.92	2 841.9	852.73	1 366.4	622.73	5.73	18.93	0.13
SSDC20-1-1(4)			40/60.8	0.6	15.41	20	4.15	3 697.1	1 301.4	1 048.8	1 346.9	9.88	17.75	0.301
SSDC20-1-1(5)			40/61.8	0.6	15.26	20	3.51	3 717.1	1 501.4	1 048.8	1 166.9	11.85	14.02	
SSDC20-4-2(1)	96.58	43.04	50/59.1	0.57	14.04	20	1.41	2 423.60	1 270.70	708.98	443.97	1.41	20.35	0.014
SSDC20-4-2(2)			50/69.2	0.75	17.74	20	2.80	3 827.80	1 692.30	1 252.30	883.23	4.21	20.07	0.069
SSDC20-4-2(3)			50/69.9	0.75	17.83	20	2.66	3 857.60	1 836.30	1 182.00	839.27	6.87	18.95	

5.2.1　砂岩在冲击荷载循环作用下的应力-应变曲线

如图 5.1 至图 5.6 所示分别是在不同围压下，在冲击荷载循环作用下砂岩岩样的轴向应力-应变曲线。

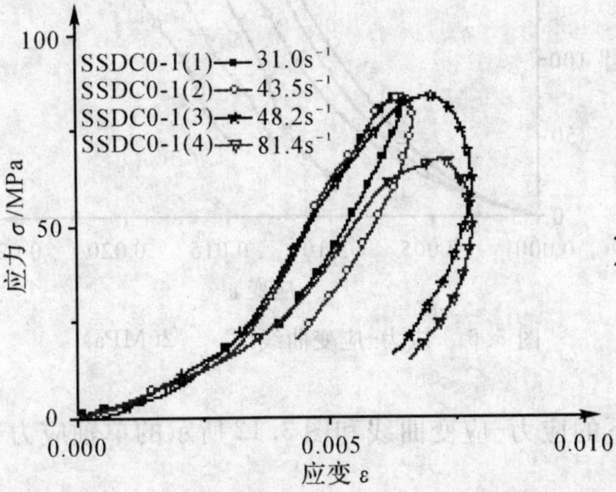

图 5.1　应力-应变曲线($C_p = 0$)

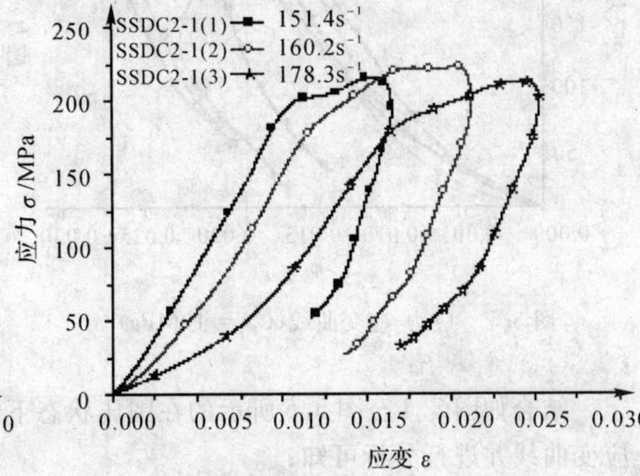

图 5.2　应力-应变曲线(C_p = 2MPa)

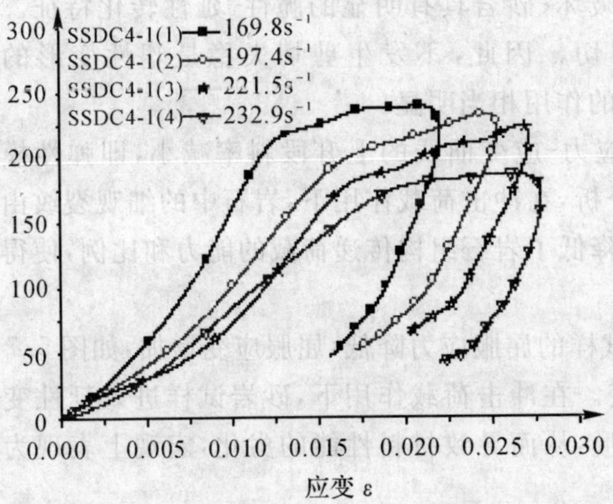

图 5.3　应力-应变曲线(C_p = 4MPa)

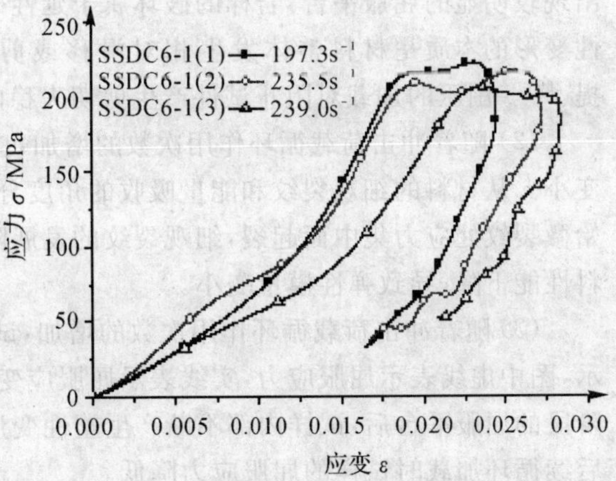

图 5.4　应力-应变曲线(C_p = 6MPa)

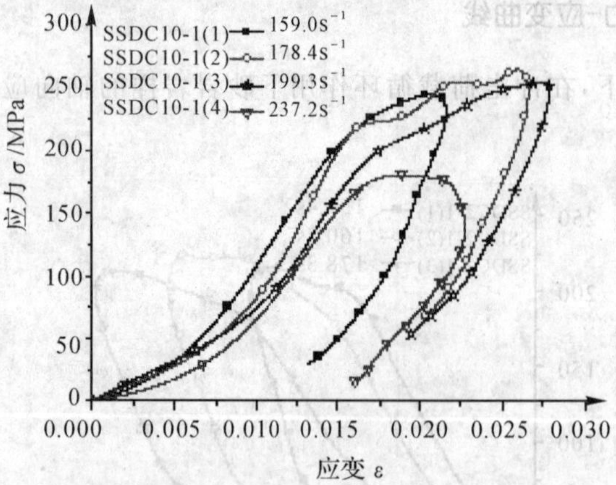

图 5.5　应力-应变曲线(C_p = 10MPa)

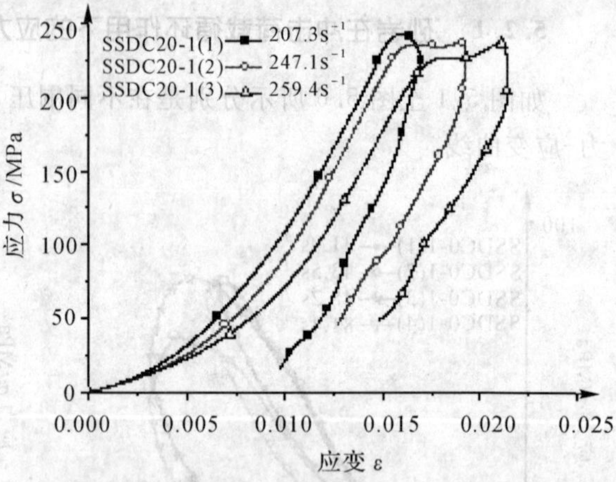

图 5.6　应力-应变曲线(C_p = 20MPa)

结合如图 5.1 至图 5.6 所示的在围压状态下的应力-应变曲线和图 3.12 所示的单轴应力-应变曲线并进行分析可知：

(1) 在无围压条件下，砂岩试件的破坏属于脆性破坏；而在围压作用下，应力-应变曲线呈现典型的弹塑性特征，在达到屈服应力后，应力增长不多，而应变持续增加，即塑性应变增大，出现较明显的屈服平台，岩样的破坏属于延性破坏；砂岩具有明显的脆性-延性转化特征。塑性变形的本质是材料整体发生相对滑移或剪切。因此，不发生剪切失稳是塑性变形的前提[266]。围压的加载对阻止试件产生剪切失稳的作用相当明显。

(2) 随着冲击荷载循环作用次数的增加，应力-应变曲线的上升段斜率减小，即弹性模量变小。从材料的细观裂纹和能量吸收的角度分析，在冲击荷载作用下，岩石中的细观裂纹由原始微裂纹处应力集中而起裂，细观裂纹的发展降低了岩石组构传递荷载的能力和比例，使得材料性能下降，导致弹性模量变小。

(3) 随着冲击荷载循环作用次数的增加，试样的屈服应力降低，屈服应变增加，如图 5.7 所示，图中虚线表示屈服应力，实线表示屈服应变。在冲击荷载作用下，砂岩试样进入延性变形阶段的屈服平台后，试样内部不断产生塑性变形，从而导致材料性能的劣化，宏观上表现为在后续循环加载时试样的屈服应力降低。

(4) 由图 5.7 可知，围压的增加可以极大地提高砂岩的抗压强度及变形性能。这是由于岩石内存在各种方向的裂隙，无围压时所有倾角大于内摩擦角的裂隙承载能力为 0；而围压稍有增大时，陡倾角裂隙的承载能力迅速增大，不会产生滑移破坏。另外，根据文献[267]的研究，在围压达到较高数值之后，由于岩石内部材料不能同时具有黏结和摩擦特性，因此，三轴抗压强度的增加随围压的增大而变缓，这在如图 5.7 所示的试样的屈服应力的变化上也有体现。

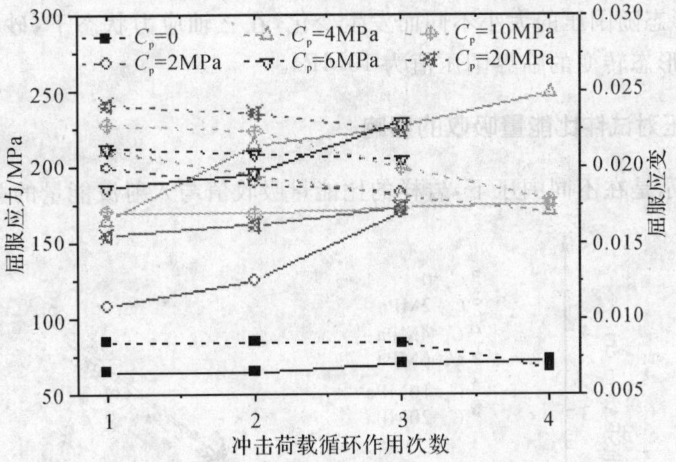

图 5.7　冲击荷载循环作用次数与屈服应力和屈服应变的关系

5.2.2　围压条件下砂岩在冲击荷载循环作用下的破坏形态分析

如图 5.8 所示是在不同围压状态下，砂岩试件在冲击荷载循环作用下的破坏形态。其中，围压为 10MPa 时，出现了两种破坏形态。

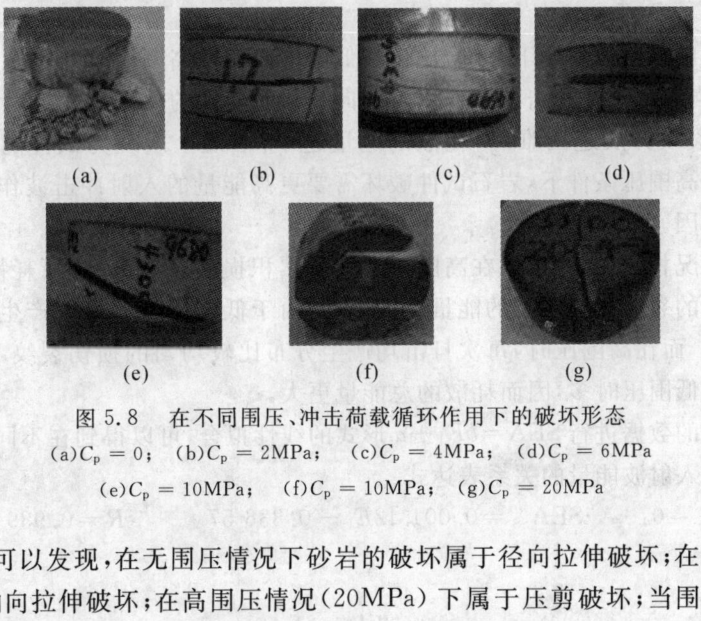

图 5.8　在不同围压、冲击荷载循环作用下的破坏形态

(a)$C_p = 0$；(b)$C_p = 2$MPa；(c)$C_p = 4$MPa；(d)$C_p = 6$MPa

(e)$C_p = 10$MPa；(f)$C_p = 10$MPa；(g)$C_p = 20$MPa

从图 5.8 中可以发现，在无围压情况下砂岩的破坏属于径向拉伸破坏；在低围压情况(2～6MPa)下属于轴向拉伸破坏；在高围压情况(20MPa)下属于压剪破坏；当围压为 10MPa 时，

同时出现了近似的轴向拉伸破坏和压剪破坏两种形态，如图 5.8 中的(e) 和(f) 所示。由此可知，砂岩的破坏形态随围压的大小不同而发生变化，在三轴应力状态下，砂岩从轴向拉伸破坏形态向压剪破坏形态转变的临界围压值为 10MPa。

5.2.3 围压对试件比能量吸收的影响

如图 5.9 所示是在不同围压下，岩样的比能量吸收值与入射波能量的关系。

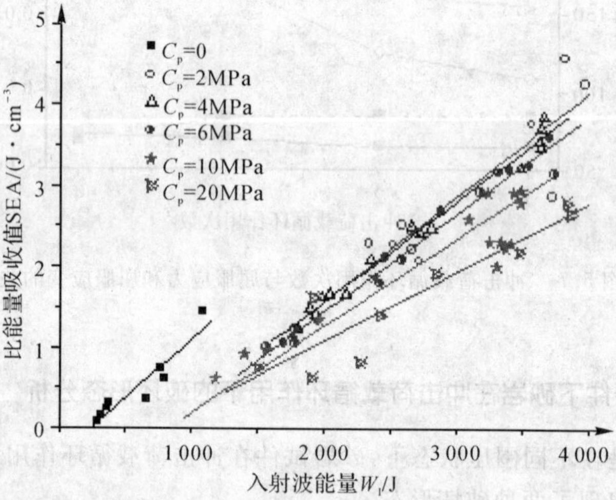

图 5.9 不同围压下比能量吸收值与入射波能量的关系

在能量相同的入射波作用下，砂岩试件在低围压时比在高围压时的比能量吸收值大，这是因为围压越高，岩石试件在冲击荷载作用下侧向变形时受到的反作用力越大，裂纹的开展受到限制作用越大，裂纹开展越困难，所耗散的能量越小，宏观上表现为试件的比能量吸收值变小。这也正是在高围压条件下，岩石试件破坏需要更高能量的入射冲击波作用或需要更多次的冲击作用的原因。

与低围压情况相比，岩石试件在高围压条件下累积损伤直至破坏，所耗散的总能量较大，这不是因为相同的裂纹开展所需的能量变大，而是由于低围压时主要以产生相对集中的主裂纹导致试件破坏，而在高围压时，每次打击均产生分布比较均匀的损伤裂纹，试件破坏时产生的微裂纹数目比低围压时多，因而耗散的总能量更大。

通过对图中的数据进行 $\mathrm{SEA}=bE_I+a$ 形式的线性拟合，可以得到在不同围压下砂岩试样比能量吸收值与入射波能量的关系表达式：

$$C_p=0: \quad \mathrm{SEA}_{SS}=0.001\,42E_I-0.336\,57 \quad R=0.939\,42 \tag{5.1}$$

$$C_p=2\text{MPa}:\quad SEA_{SS}=0.001\,30E_I-1.020\,7\quad R=0.881\,1\tag{5.2}$$

$$C_p=4\text{MPa}:\quad SEA_{SS}=0.001\,25E_I-0.927\,84\quad R=0.917\,84\tag{5.3}$$

$$C_p=6\text{MPa}:\quad SEA_{SS}=0.001\,20E_I-0.968\,47\quad R=0.988\,65\tag{5.4}$$

$$C_p=10\text{MPa}:\quad SEA_{SS}=0.001\,084E_I-0.902\,11\quad R=0.934\,77\tag{5.5}$$

$$C_p=20\text{MPa}:\quad SEA_{SS}=0.000\,855E_I-0.638\,3\quad R=0.919\,39\tag{5.6}$$

如图 5.10 和图 5.11 所示是拟合系数随围压的变化关系。

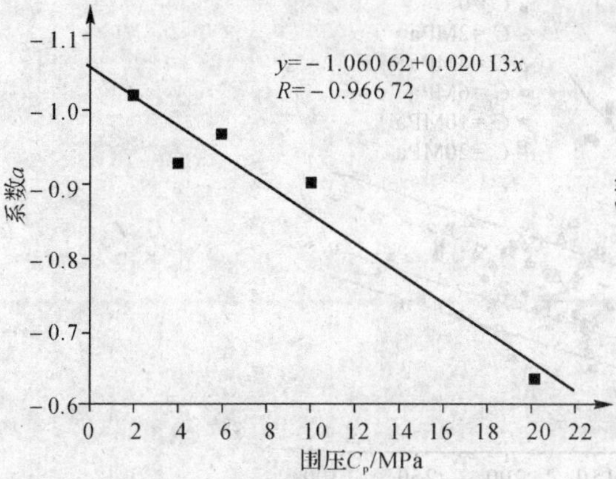

图 5.10　系数 a 与围压的关系

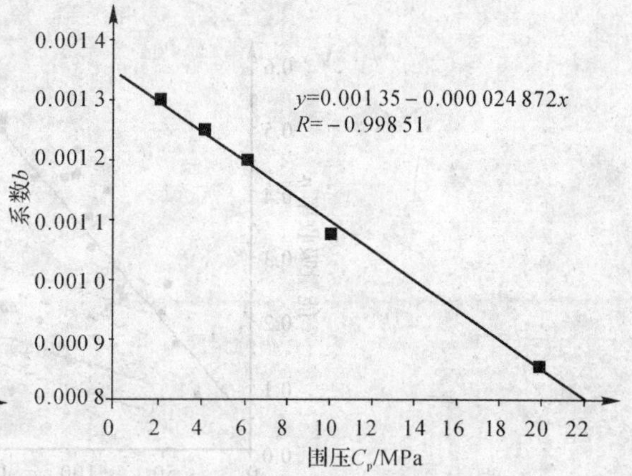

图 5.11　系数 b 与围压的关系

$$a=-1.060\,62+0.020\,13C_p\quad R=-0.966\,72\tag{5.7}$$

$$b=0.001\,35-0.000\,024\,872C_p\quad R=-0.998\,51\tag{5.8}$$

通过将围压参数内化，在围压条件下砂岩试样的比能量吸收值与入射波能量的关系可以统一为

$$SEA_{SS}=\begin{cases}0.001\,42E_I-0.336\,57 & C_p=0\\ 1\times10^{-5}\times(135-2.487\,2C_p)E_I+(0.020\,13C_p-1.060\,62) & \\ & C_p\in[2,20]\text{MPa}\end{cases}\tag{5.9}$$

5.2.4　能量吸收率随应变率的变化

为了判断岩石在不同应变率和不同围压下吸收能量的能力，引入能量吸收率 η 进行研究，有

$$\eta=W_L/W_I\tag{5.10}$$

式中，W_I 为入射应力波能量；W_L 为试件吸收的能量。

如图 5.12 所示是在不同围压下能量吸收率随应变率的变化情况。对如图 5.12 所示的数据进行分析可知，在冲击荷载作用下，当围压等级相同时，砂岩的能量吸收率随着应变率的增加而提高。这是因为随着应变率的提高，砂岩内部产生的损伤面逐渐增多，裂隙分布趋于均匀化，各损伤面的损伤程度大致相同，多个截面的滑移耗散的能量也逐渐增加，因而表现出能量吸收率与应变率的正相关性。

在相同应变率情况下，砂岩的能量吸收率随围压的增加而减小。由砂岩在围压状态下的应力-应变曲线可知，随着围压的提高，砂岩的屈服应力和屈服应变均有所增加；当应变率相同时，围压越高，材料的弹性变形比例越大，塑性变形越小，试件在冲击荷载加载过程中储存的弹性应变能将在卸载时得到释放，而用于塑性变形的能量则由于岩石内部的摩擦、滑移做功以及裂缝的开展而耗散，因而围压越高，用于损伤耗散的能量越少，即能量吸收率越小。

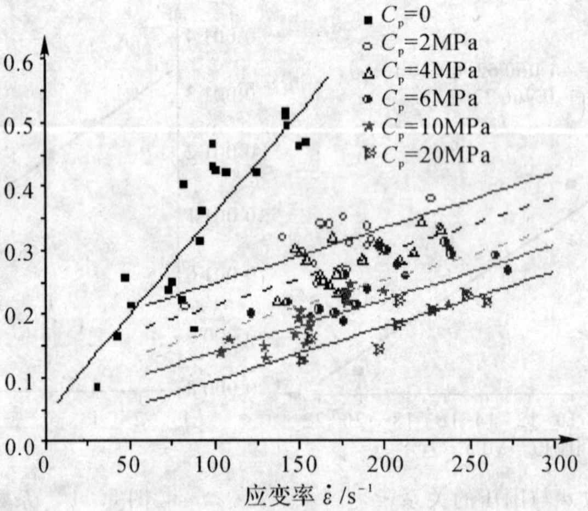

图 5.12　不同围压下能量吸收率随应变率的变化

如图 5.12 所示包括砂岩在冲击荷载循环作用下的数据。由图可知，在冲击荷载循环作用下的损伤试件与原有试件在能量吸收率与应变率的变化关系方面具有较好的一致性。因此，可以认为，产生损伤的砂岩试件在保持整体性完好的情况下，其能量吸收率与应变率的关系满足式(5.11) 至式(5.16)。

通过对图中的数据进行 $\eta=c+d\dot{\varepsilon}$ 形式的线性拟合，可以得到在不同围压下砂岩试样能量吸收率与应变率的关系表达式：

$$C_p=0:\quad \eta_{SS}=0.041\,17+0.003\,16\dot{\varepsilon} \tag{5.11}$$

$$C_p=2\text{MPa}:\quad \eta_{SS}=0.162\,13+0.000\,859\dot{\varepsilon} \tag{5.12}$$

$$C_p=4\text{MPa}:\quad \eta_{SS}=0.128\,77+0.000\,837\dot{\varepsilon} \tag{5.13}$$

$$C_p=6\text{MPa}:\quad \eta_{SS}=0.091\,69+0.000\,801\dot{\varepsilon} \tag{5.14}$$

$$C_p=10\text{MPa}:\quad \eta_{SS}=0.056+0.000\,832\dot{\varepsilon} \tag{5.15}$$

$$C_p=20\text{MPa}:\quad \eta_{SS}=0.010\,43+0.000\,848\dot{\varepsilon} \tag{5.16}$$

由系数 c 和 d 随围压的变化可知：系数 d 随围压变化不大，可近似看做定值，其平均值为 0.000 835。系数 c 满足

$$c = 0.219\ 01 e^{-\frac{C_p}{7.868\ 34}} - 0.006\ 68 \qquad R^2 = 0.997\ 83 \tag{5.17}$$

另外，当拟合公式的线性项系数近似看做定值时，从常数项 c 的变化（见图 5.13 及式(5.17)）可以看出，在相同应变率情况下，随着围压的增加，砂岩的能量吸收率随围压增加而减小的程度降低。

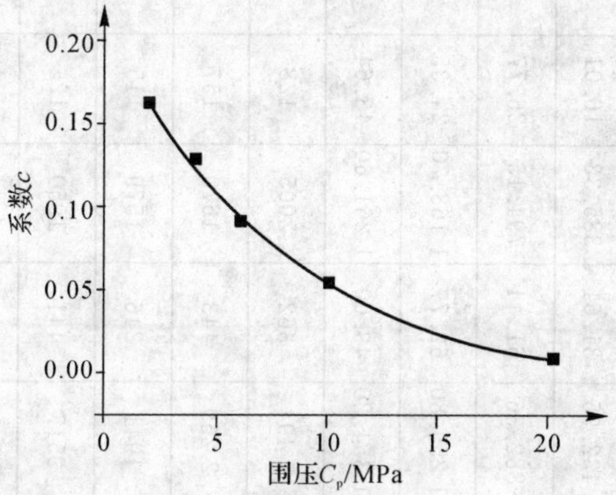

图 5.13　系数 c 与围压的关系

通过将围压参数内化，在围压条件下砂岩试样的能量吸收率与应变率的关系可以统一为

$$\eta_{SS} = \begin{cases} 0.041\ 17 + 0.003\ 16\dot{\varepsilon} & C_p = 0 \\ 0.000\ 835\dot{\varepsilon} + 0.219\ 01 e^{-\frac{C_p}{7.868\ 34}} - 0.006\ 68 & C_p \in [2,20]\text{MPa} \end{cases} \tag{5.18}$$

5.3　冲击荷载循环作用下斜长角闪岩动态力学性能的围压效应研究

在每种围压等级（0，2MPa，4MPa，6MPa，10MPa 和 20MPa）下，分别进行斜长角闪岩在 3 种不同强度（对应 3 种不同的打击杆速度）的入射冲击波循环作用下的 SHPB 试验。由于角闪岩试样在无围压条件下，当试验入射应力波的峰值强度为 210MPa（对应的打击杆速度为 10.3m/s）时，试样已经开裂，因此，为了研究斜长角闪岩在循环冲击荷载下的力学性能变化规律，当围压为 0 时，确定试验入射应力波的最大峰值强度为 160MPa 左右，在其他围压情况下，试验入射应力波的最大峰值强度为 345MPa 左右；对于每一个砂岩试样，以同一强度的冲击荷载循环作用直到使试件破坏为止。如表 5.2 所示是部分试验结果。

表 5.2　冲击荷载循环作用下斜长角闪岩 SHPB 试验结果

试件编号	试件尺寸 mm		波形整形器直径 mm	发射压力 MPa	打击杆速度 m·s^{-1}	围压 MPa	比能量吸收值 J·cm^{-3}	入射应力波能量 J	反射应力波能量 J	透射应力波能量 J	试件吸收能量 J	累积比能量 ϑ J·cm^{-3}	弹性模量 GPa	损伤度
	直径	厚度												
PHDC 0-D-5(1)	97.11	42.65	25/29.2	0.2	6.19	0	0.02	425.85	31.76	386.32	7.77	0.02	26.8	0.03
PHDC 0-D-5(2)	97.11	42.65	25/29.0	0.21	6.17	0	0.05	432.95	31.61	385.33	16.01	0.08	26.0	0.06
PHDC 0-D-5(3)	97.11	42.65	30/34.8	0.31	8.74	0	0.08	882.36	61.44	794.15	26.77	0.16	25.2	0.10
PHDC 0-D-5(4)	97.11	42.65	30/37.2	0.4	10.26	0	0.08	1 255.80	62.77	1 168.70	24.35	0.24	24.0	0.16
PHDC 0-D-5(5)	97.11	42.65	35/47.8	0.42	10.82	0	0.14	1 354.20	49.00	1 261.60	43.64	0.38	22.4	
PHDC2-2-1(1)	97.5	42.6	40/61.3	0.55	14.77	2	0.40	2 494	362	2005	128	0.40	43.24	0.057
PHDC2-2-1(2)	97.5	42.6	40/61.4	0.54	14.43	2	0.49	2 269	443	1670	157	0.89	40.78	0.145
PHDC2-2-1(3)	97.5	42.6	40/56.7	0.54	13.04	2.01	0.36	1941	246	1579	115	1.26	36.95	0.37
PHDC2-2-1(4)	97.5	42.6	45/63.2	0.61	15.02	2.01	0.39	2517	441	1950	125	1.65	27.23	
PHDC4-5-1(1)	97.38	42.56	35/49.6	0.5	13.49	4	0.97	2 277.70	419.55	1 549.40	308.74	0.97	29.59	0.1
PHDC4-5-1(2)	97.38	42.56	35/49.0	0.5	12.58	4	0.72	1 948.50	320.00	1 399.10	229.36	1.70	26.62	0.21
PHDC4-5-1(3)	97.38	42.56	35/51.8	0.5	12.32	4	0.90	1 858.20	324.37	1 247.90	285.98	2.60	23.25	0.32
PHDC4-5-1(4)	97.38	42.56	50/65.7	0.7	15.93	4	1.16	3 133.00	2 665.80	99.33	367.79	3.76	20.2	

续表

试件编号	试件尺寸 mm		波形整形器直径 mm	发射压力 MPa	打击杆速度 m·s⁻¹	围压 MPa	比能量吸收值 J·cm⁻³	入射应力波能量 J	反射应力波能量 J	透射应力波能量 J	试件吸收能量 J	累积比能量 ϑ J·cm⁻³	弹性模量 GPa	损伤度
	直径	厚度												
PHDC6-1-1(1)	97.5	42.9	35/52.4	0.5	12.41	6	0.53	1 755.50	484.40	1 102.20	168.92	0.53	31.3	0.03
PHDC6-1-1(2)	97.5	42.9	35/49.2	0.49	12.25	6	0.65	1 803.10	358.74	1 237.60	206.77	1.17	30.1	
PHDC6-2-1(1)	97.5	42.6	40/55.3	0.53	12.99	5.98	0.69	1 967.60	663.48	1 085.90	218.25	0.69	31.23	0.075
PHDC6-2-1(2)	97.5	42.6	40/52.1	0.45	11.5	6	0.45	1 555.40	599.10	811.93	144.36	1.14	28.9	0.10
PHDC6-2-1(3)	97.5	42.6	40/54.8	0.55	12.91	6	0.63	1 941.90	556.77	1 185.70	199.50	1.77	28.24	0.16
PHDC6-2-1(4)	97.5	42.6	40/48.2	0.38	10.59	6	0.46	1 338.90	492.60	700.64	145.64	2.23	26.13	0.21
PHDC6-2-1(5)	97.5	42.6	40/65.7	0.7	16.64	6	1.60	3 198.20	687.82	2 000.80	509.54	3.83	24.73	
PHDC10-2-1(1)	96.98	43.12	40/54	0.52	12.64	10	1.17	1 998.60	545.34	1 080.80	372.39	1.17	40.9	0.02
PHDC10-2-1(2)	96.98	43.12	40/55.2	0.55	14.17	10	0.63	2 383.90	145.69	2 128.50	211.88	1.80	40.0	0.04
PHDC10-2-1(3)	96.98	43.12	45/56.0	0.55	14.32	10	1.04	2 495.30	205.69	1 959.00	330.63	2.24	39.4	0.06
PHDC10-2-1(4)	96.98	43.12	45/59.0	0.55	14.16	10	0.33	2 390.20	173.09	2 110.80	106.40	2.58	38.4	0.11
PHDC10-2-1(5)	96.98	43.12	45/60.7	0.55	14.1	10	0.32	2 341.50	157.68	2 083.40	100.42	2.89	36.3	0.13
PHDC10-2-1(6)	96.98	43.12	50/62.4	0.6	15.18	10	0.35	2 775.10	215.99	2 447.30	111.88	3.24	35.7	0.16

续表

试件编号	试件尺寸/mm		波形整形器直径/mm	发射压力/MPa	打击杆速度/(m·s^-1)	围压/MPa	比能量吸收值/(J·cm^-3)	入射应力波能量/J	反射应力波能量/J	透射应力波能量/J	试件吸收能量/J	累积比能量 ϑ/(J·cm^-3)	弹性模量/GPa	损伤度
	直径	厚度												
PHDC10-2-1(7)	96.98	43.12	50/68	0.72	17.3	10	0.44	3 650.50	250.42	3 259.60	140.52	3.68	34.5	0.20
PHDC10-2-1(8)	96.98	43.12	50/68	0.75	17.62	10	0.71	3 768.40	240.58	3 301.10	226.71	4.40	32.9	
PHDC20-3-1(1)	96.98	43.47	45/55.4	0.61	13.83	20	0.27	2 329.00	967.37	1 273.70	87.92	0.27	46.9	0.01
PHDC20-3-1(2)	96.98	43.47	45/60.2	0.6	14.71	20	0.62	2 586.50	779.66	1 606.50	200.30	0.90	46.5	0.02
PHDC20-3-1(3)	96.98	43.47	45/63.2	0.6	15.39	20	0.77	2 804.00	1 162.20	1 395.50	246.31	1.66	45.8	0.03
PHDC20-3-1(4)	96.98	43.47	45/66.1	0.6	15.38	20	0.77	2 766.60	1 207.30	1 312.20	247.19	2.43	45.3	
PHDC20-4-1(1)	97.38	42.79	50/68.9	0.7	17.02	20	0.89	3 431.80	991.10	2 158.60	282.14	0.89	33.8	0.02
PHDC20-4-1(2)	97.38	42.79	45/63.2	0.7	17.09	20	1.59	3 497.20	889.15	2 102.20	505.83	2.47	33.0	

5.3.1　斜长角闪岩在冲击荷载循环作用下的应力-应变曲线

如图 5.14 至图 5.19 所示分别是在不同围压下，斜长角闪岩岩样在冲击荷载循环作用下的三轴压缩轴向应力-应变曲线，各图中数字表示冲击荷载循环作用的次数。

(1) 随着冲击荷载循环作用次数的增加，应力-应变曲线的上升段斜率减小，即弹性模量变小。从材料的细观裂纹和能量吸收的角度分析，在冲击荷载作用下，岩石中的细观裂纹由原始微裂纹处应力集中而起裂，细观裂纹的发展降低了岩石组构传递荷载的能力和比例，使得材料性能下降，导致弹性模量变小。

(2) 在应变率相近的情况下，斜长角闪岩试样在第一次冲击荷载作用下，峰值应变随围压的增加而减小，塑性变形也随围压的增加而减小，弹性应变在试件变形中的比例增加，如图 5.15 至图 5.19 所示，当应变率在 $110s^{-1}$ 左右，围压从 2MPa 经 4MPa 增至 6MPa 时，塑性应变从0.009 经 0.006 25 减小至 0.004 3。当应变率在 140 s^{-1} 左右，围压从 10 MPa 增至 20MPa 时，塑性应变从 0.006 3 减小至 0.005 2。

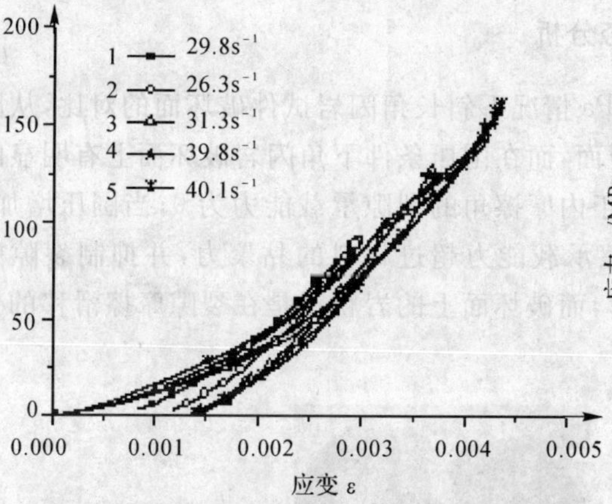

图 5.14　应力-应变曲线(C_p = 0)

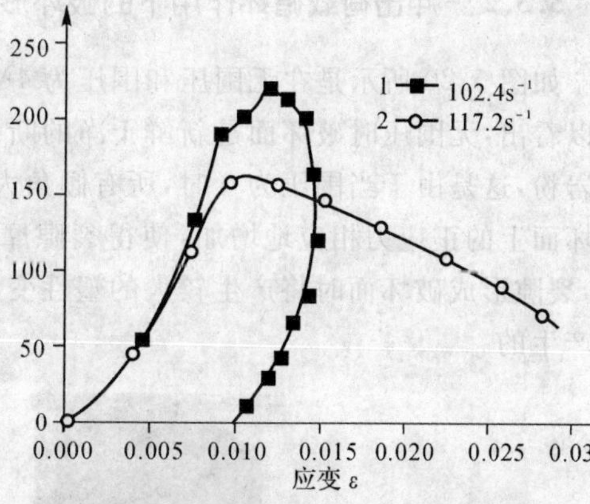

图 5.15　应力-应变曲线(C_p = 2MPa)

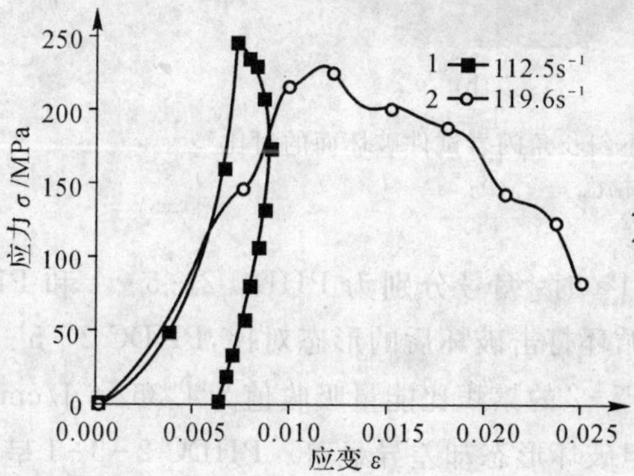

图 5.16　应力-应变曲线(C_p = 4MPa)

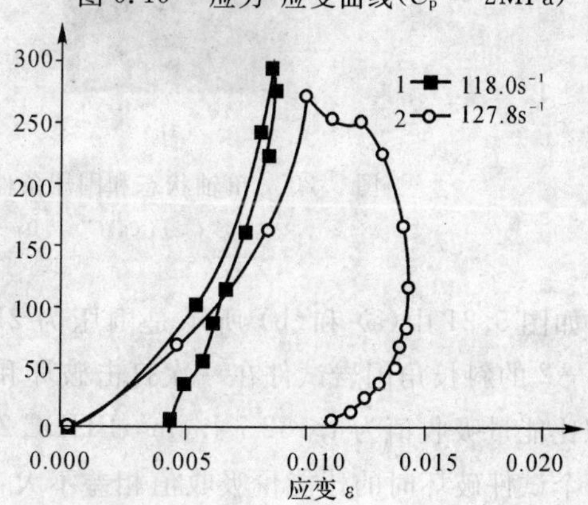

图 5.17　应力-应变曲线(C_p = 6MPa)

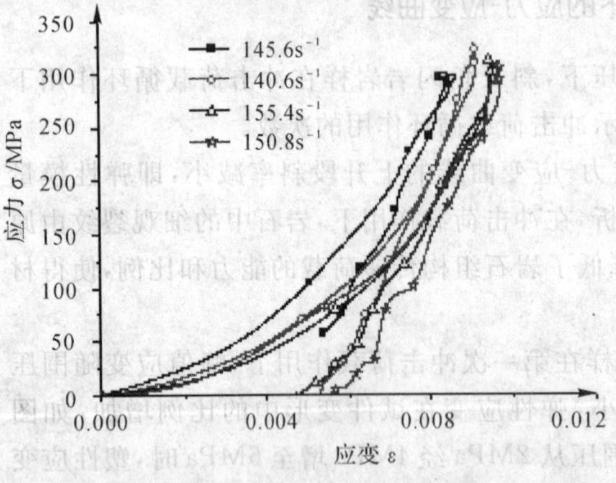

图 5.18 应力-应变曲线(C_p = 10MPa)

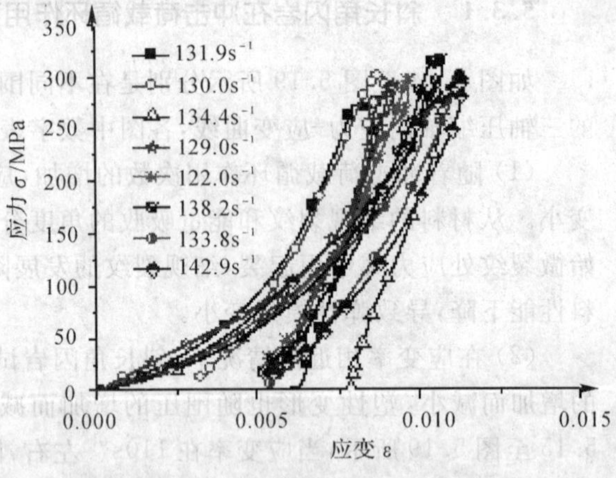

图 5.19 应力-应变曲线(C_p = 20MPa)

5.3.2 冲击荷载循环作用下的破坏形态分析

如图 5.20 所示是在无围压和围压为 4MPa 情况下斜长角闪岩试件破坏面的对比,从图中可以看出,无围压时破坏面是新鲜干净的断裂面,而在围压条件下角闪岩破坏面上有明显的白色岩粉,这是由于当围压为 0 时,所有倾角大于内摩擦角的裂隙承载能力为 0;当围压增加时,破坏面上的正应力相应地增加,使得裂隙摩擦承载能力超过材料的黏聚力,并抑制裂隙的滑移,裂隙形成破坏面时将产生较大的塑性变形,而破坏面上的岩粉正是在裂隙摩擦滑移的作用下产生的。

(a)

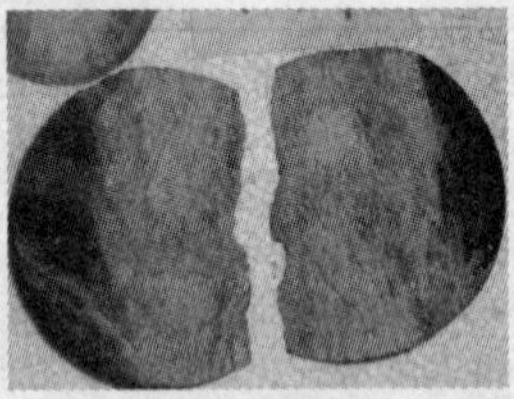
(b)

图 5.20 单轴状态和围压条件下斜长角闪岩试件破坏面的对比

(a)C_p = 0; (b)C_p = 4MPa

如图 5.21 中(a) 和(b) 所示是围压为 2MPa 时,编号分别为 PHDC 2-5-1 和 PHDC 2-5-2 的斜长角闪岩试件在一次打击破坏和循环打击破坏后的形态对比,PHDC 2-5-1 的累积比能量吸收值为 4.152 7 J/cm^3,PHDC 2-5-2 的累积比能量吸收值为 4.352 6 J/cm^3,尽管两个试件破坏时的比能量吸收值相差不大,但破坏形态却差异显著。PHDC 2-5-1 呈现典型的压剪破坏形态,只有两个压剪破坏面,且破碎块度较大,而 PHDC 2-5-2 呈现压碎破坏形式。究其原因，是由于冲击荷载的循环作用，虽然没有导致试件出现贯穿性裂缝而破坏，但在其作用下，许多细观裂纹耗能扩展进而参加破碎过程，形成多个损伤面，裂隙分布趋于均匀化，各损伤面的损伤程度大致相同，因而试件破坏时，出现的宏观破坏面增多，碎块数量增多，块度减小。

如图 5.21(c) 所示是编号为 PHDC 10-2-1 的试件在围压为 10MPa 条件下，在冲击荷载循环作用下的破坏形态，其累积比能量吸收值为 4.396 2 J/cm³。与图 5.21(b) 对比可知，在累积比能量吸收值相同的情况下，围压越高，破坏时形成的损伤面的面积越小，试件的破碎程度越低。

(a)　　(b)　　(c)

图 5.21　不同围压等级下斜长角闪岩的破坏形态

(a) 单次打击 $C_p = 2$ MPa；(b) 循环作用 $C_p = 2$ MPa；(c) 循环作用 $C_p = 10$ MPa

5.3.3　围压对试件比能量吸收的影响

如图 5.22 所示是在不同围压下，岩样的比能量吸收值与入射波能量的关系。

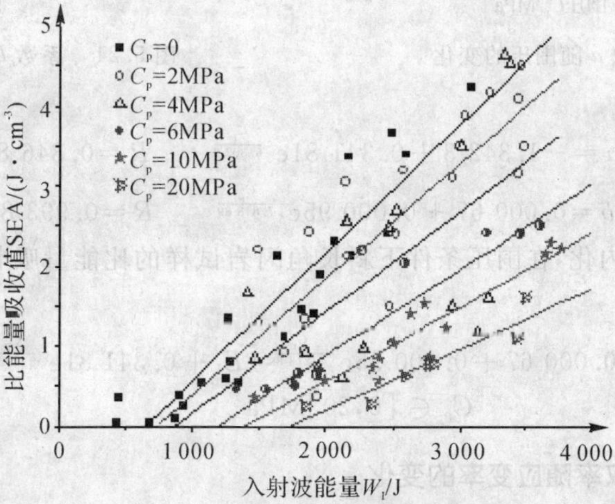

图 5.22　不同围压下比能量吸收值与入射波能量的关系

与砂岩相同，在能量相同的入射波作用下，斜长角闪岩试件在低围压时比在高围压时的比能量吸收值大。通过对图中的数据进行 $SEA=bE_I+a$ 形式的线性拟合，可以得到在不同围压下斜长角闪岩试样比能量吸收值与入射波能量的关系表达式：

$$C_p=0:\quad SEA_{PH}=0.001\,60E_I-1.033\,59\quad R=0.873\,33\tag{5.19}$$

$$C_p=2MPa:\quad SEA_{PH}=0.001\,44E_I-1.050\,99\quad R=0.693\,14\tag{5.20}$$

$$C_p=4MPa:\quad SEA_{PH}=0.001\,26E_I-1.098\,16\quad R=0.383\,80\tag{5.21}$$

$$C_p=6MPa:\quad SEA_{PH}=0.001\,08E_I-1.279\,28\quad R=0.918\,30\tag{5.22}$$

$$C_p=10MPa:\quad SEA_{PH}=0.000\,925E_I-1.299\,54\quad R=0.881\,18\tag{5.23}$$

$$C_p=20MPa:\quad SEA_{PH}=0.000\,752E_I-1.304\,17\quad R=0.877\,29\tag{5.24}$$

如图 5.23 和图 5.24 所示是拟合系数随围压的变化关系。

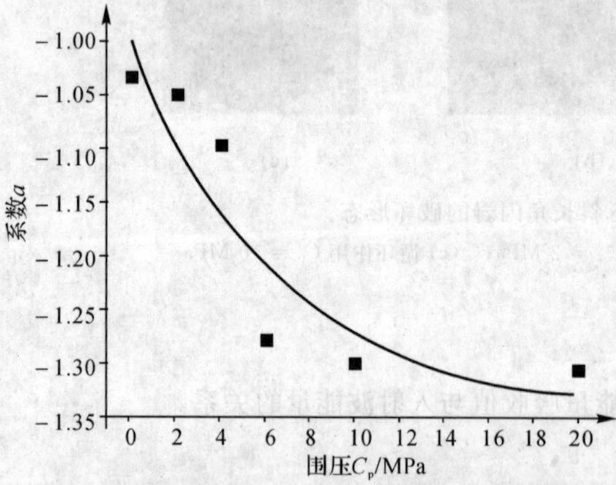

图 5.23 系数 a 随围压的变化

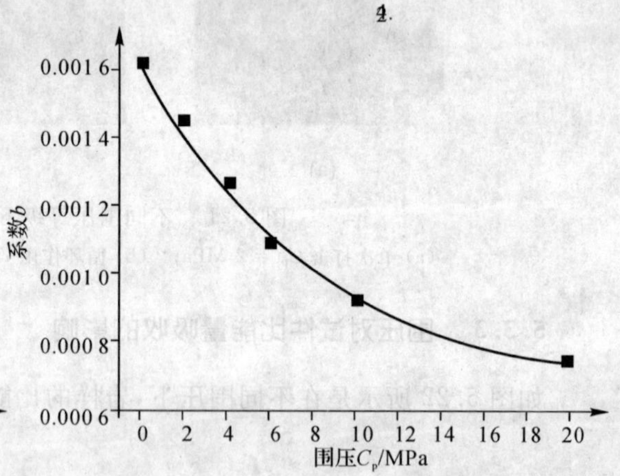

图 5.24 系数 b 随围压的变化

$$a=-1.342\,3+0.341\,81e^{-\frac{C_p}{6.302\,6}}\quad R=0.846\,84\tag{5.25}$$

$$b=0.000\,67+0.000\,95e^{-\frac{C_p}{7.818\,89}}\quad R=0.993\,88\tag{5.26}$$

通过将围压参数内化，在围压条件下斜长角闪岩试样的比能量吸收值与入射波能量的关系可以统一为

$$SEA_{PH}=(0.000\,67+0.000\,95e^{-\frac{C_p}{7.818\,89}})E_I+0.341\,81e^{-\frac{C_p}{6.302\,6}}-1.342\,3$$
$$C_p\in[0,20]MPa\tag{5.27}$$

5.3.4 能量吸收率随应变率的变化

为了判断岩石在不同应变率和不同围压下吸收能量的能力，对砂岩能量吸收率的变化规律进行研究。如图 5.25 所示是在不同围压下能量吸收率随应变率的变化情况。

对图 5.25 所列的数据进行分析可知，在冲击荷载作用下，当围压等级相同时，斜长角闪岩的能量吸收率随着应变率的增加而提高。这是因为无围压时斜长角闪岩内部强度低的材料首先屈服破坏，此时产生的微裂缝的摩擦力极小，还不能抑制裂缝的滑移，因而裂缝的开展贯通较容易；另外，如前所述，随着应变率的提高，斜长角闪岩内部产生的损伤面逐渐增多，裂隙分布趋于均匀化，各损伤面的损伤程度大致相同，多个截面的滑移耗散的能量也逐渐增加，因而表现出能量吸收率与应变率的正相关性。

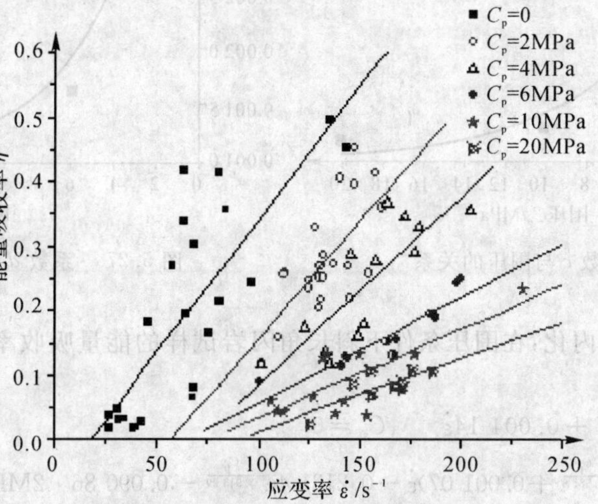

5.25 不同围压下能量吸收率随应变率的变化情况

在相同应变率情况下，斜长角闪岩的能量吸收率随围压的增加而减小，这一规律与砂岩相同。通过对图中的数据进行 $\eta = c + d\dot{\varepsilon}$ 形式的线性拟合，可以得到在不同围压下斜长角闪岩试样能量吸收率与应变率的关系表达式：

$$C_p = 0: \quad \eta_{PH} = -0.07177 + 0.00414\dot{\varepsilon} \quad R = 0.64298 \tag{5.28}$$

$$C_p = 2\text{MPa}: \quad \eta_{PH} = -0.20755 + 0.00365\dot{\varepsilon} \quad R = 0.47441 \tag{5.29}$$

$$C_p = 4\text{MPa}: \quad \eta_{PH} = -0.20636 + 0.00292\dot{\varepsilon} \quad R = 0.67627 \tag{5.30}$$

$$C_p = 6\text{MPa}: \quad \eta_{PH} = -0.10708 + 0.00164\dot{\varepsilon} \quad R = 0.84981 \tag{5.31}$$

$$C_p = 10\text{MPa}: \quad \eta_{PH} = -0.10458 + 0.00138\dot{\varepsilon} \quad R = 0.62805 \tag{5.32}$$

$$C_p = 20\text{MPa}: \quad \eta_{PH} = -0.09915 + 0.00113\dot{\varepsilon} \quad R = 0.60636 \tag{5.33}$$

如图 5.26 和图 5.27 所示分别是拟合系数随围压的变化关系，两者存在很好的规律性，且有

$$c = -0.21314e^{-\frac{C_p}{3.94329}} - 0.09086 \quad R^2 = 0.79973 \tag{5.34}$$

$$d = 0.00467e^{-\frac{C_p}{3.5816}} + 0.00107 \qquad R^2 = 0.95633 \tag{5.35}$$

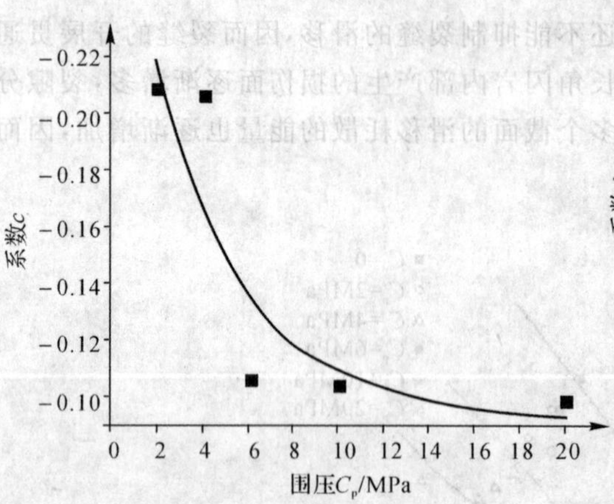

图 5.26　系数 c 与围压的关系

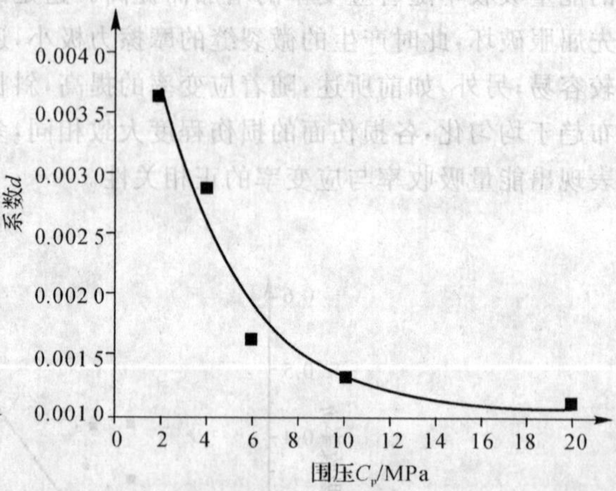

图 5.27　系数 d 与围压的关系

通过将围压参数内化，在围压条件下斜长角闪岩试样的能量吸收率与应变率的关系可以统一为

$$\eta_{PH} = \begin{cases} -0.07177 + 0.00414\dot{\varepsilon} & C_p = 0 \\ (0.00467e^{-\frac{C_p}{3.5816}} + 0.00107)\dot{\varepsilon} - 0.21314e^{-\frac{C_p}{3.94329}} - 0.09086 & 2\text{MPa} < C_p < 20\text{MPa} \end{cases} \tag{5.36}$$

5.4　冲击荷载循环作用下绢云母石英片岩动力性能的围压效应研究

在每种围压等级（0，2MPa，4MPa，6MPa，10MPa和20MPa）下，分别进行绢云母石英片岩在3种不同峰值强度（对应3种不同的打击杆速度）的入射冲击波循环作用下的SHPB试验。由于绢云母石英片岩试样在无围压条件下，当试验入射应力波的峰值强度为200MPa（对应的打击杆速度为10.0m/s）时，试样已经开裂，因此，为了研究绢云母石英片岩在循环冲击荷载下的力学性能变化规律，当围压为0时，确定试验入射应力波的最大峰值强度为160MPa左右，在其他围压情况下，试验入射应力波的最大峰值强度为345MPa左右。对于每一个砂岩试样，以同一强度的冲击荷载循环作用直到使试件破坏为止。如表5.3所示是部分试验结果。

表 5.3　冲击荷载循环作用下绢云母石英片岩 SHPB 试验结果

试件编号	试件尺寸 mm		波形整形器直径 mm	发射压力 MPa	打击杆速度 m·s^{-1}	围压 MPa	比能量吸收值 J·cm^{-3}	入射应力波能量 J	反射应力波能量 J	透射应力波能量 J	试件吸收能量 J	累积比能量 ϑ J·cm^{-3}	弹性模量 GPa	损伤度
	直径	厚度												
SPDC 0 - D - 1(1)	97.6	42.4	27/32.3	0.27	8.27	0	0.59	802.85	147.45	468.85	186.55	0.59	16.4	0.14
SPDC 0 - D - 1(2)			27/33.0	0.26	7.86	0	0.90	691.70	155.58	250.95	285.17	1.49	14.2	
SPDC2 - 1 - 1(1)	96	43	30/49.2	0.52	12.18	2	0.54	1 727.40	521.61	1 036.60	169.18	0.54	23.8	0.06
SPDC2 - 1 - 1(2)			30/47.3	0.52	12.33	2	0.67	1 800.50	581.04	1 012.20	207.29	1.21	22.46	
SPDC2 - 7 - 2(1)	96.9	43.1	45/60.7	0.62	14.37	2	1.04	2 469.70	345.00	1 793.80	330.92	1.04	25.9	0.11
SPDC2 - 7 - 2(2)			45/69.3	0.57	14.42	2	0.81	2 246.50	293.16	1 696.20	257.13	1.85	23.0	
SPDC4 - 1 - 1(1)	97.5	42.7	35/48.8	0.5	11.53	4	0.88	1 555.90	405.08	868.40	282.38	0.88	19.2	0.05
SPDC4 - 1 - 1(2)			35/50.1	0.5	11.99	4	1.16	1 729.60	423.96	934.48	371.20	2.05	18.2	0.08
SPDC4 - 1 - 1(3)			35/48.5	0.5	11.82	4	1.22	1 713.70	418.43	904.72	390.57	3.27	17.6	0.14
SPDC4 - 1 - 1(4)			35/51.3	0.45	11.68	4	0.85	1 544.10	349.00	922.85	272.27	4.12	16.4	0.21
SPDC4 - 1 - 1(5)			35/48.4	0.44	11.56	4	0.74	1 523.00	412.23	874.07	236.72	4.86	15.2	
SPDC6 - 4 - 1(1)	97.6	41.7	50/75.4	0.75	17.11	6	2.29	3 309.2	935.47	1 659.6	714.13	2.29	22.1	0.055
SPDC6 - 4 - 1(2)			50/72.9	0.75	17.66	6	2.27	3 455.3	1 094.3	1 651.9	709.1	4.56	20.89	0.156

续表

试件编号	试件尺寸 mm		波形整形器直径 mm	发射压力 MPa	打击杆速度 m·s^{-1}	围压 MPa	比能量吸收值 J·cm^{-3}	入射应力波能量 J	反射应力波能量 J	透射应力波能量 J	试件吸收能量 J	累积比能量 ϑ J·cm^{-3}	弹性模量 GPa	损伤度
	直径	厚度												
SPDC6-4-1(3)			50/70.0	0.7	16.39	6	3.60	3 142	1 136.7	881.41	1 123.9	8.16	18.65	
SPDC10-2-1(1)	97.8	41.4	40/58.6	0.55	14.11	10	1.44	2 334.90	358.03	1 529.60	447.28	1.44	22.7	0.035
SPDC10-2-1(2)			40/63.0	0.55	14.64	10	2.49	2 355.60	564.61	1 016.60	774.32	3.93	21.9	
SPDC20-1-1(1)	97.8	42.4	50/65.2	0.69	16.3	20	1.23	3 024.00	1 669.30	963.20	391.46	1.23	22.8	0.16
SPDC20-1-1(2)			50/69.0	0.7	16.43	20	1.65	3 109.20	1491.90	1 091.80	525.51	2.88	19.1	
SPDC20-2-1(1)	97.9	42.7	40/56.2	0.55	13.97	20	1.044 4	2 191.6	366.09	1 489.8	335.71	1.04	23.3	0.017
SPDC20-2-1(2)			40/56	0.55	14.41	20	1.242 5	2 387.1	685.02	1 302.7	399.38	2.287	22.9	0.06
SPDC20-2-1(3)			40/56.8	0.55	14.25	20	1.407 4	2 316.1	765.02	1 098.7	452.38	3.694	21.9	0.12
SPDC20-2-1(4)			40/55.7	0.55	14.2	20	1.556 2	2 247.7	848.8	898.7	500.2	5.251	20.5	

5.4.1　冲击荷载循环作用下的应力-应变曲线

如图 5.28 至图 5.33 所示分别是在不同围压下，在循环冲击荷载下绢云母石英片岩岩样的三轴压缩轴向应力-应变曲线，图中数字表示冲击荷载循环作用的次数。随着冲击荷载循环作用次数的增加，应力-应变曲线的上升段斜率减小，即弹性模量变小，这与斜长角闪岩和砂岩的变化规律相同。

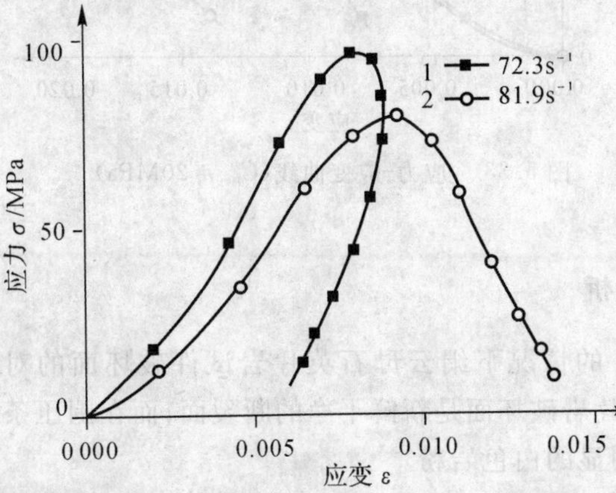

图 5.28　应力-应变曲线($C_p = 0$)

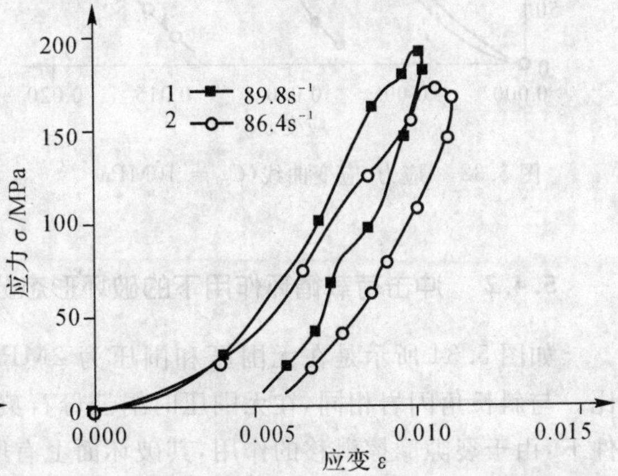

图 5.29　应力-应变曲线($C_p = 2$MPa)

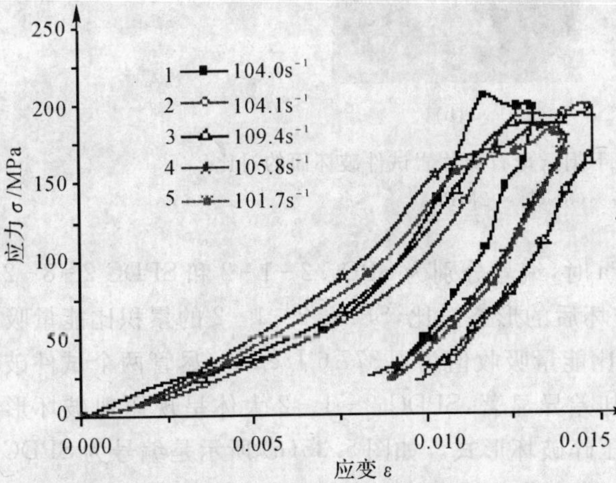

图 5.30　应力-应变曲线($C_p = 4$MPa)

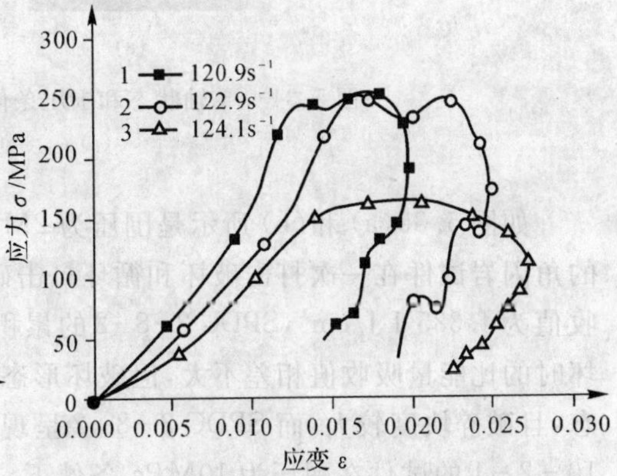

图 5.31　应力-应变曲线($C_p = 6$MPa)

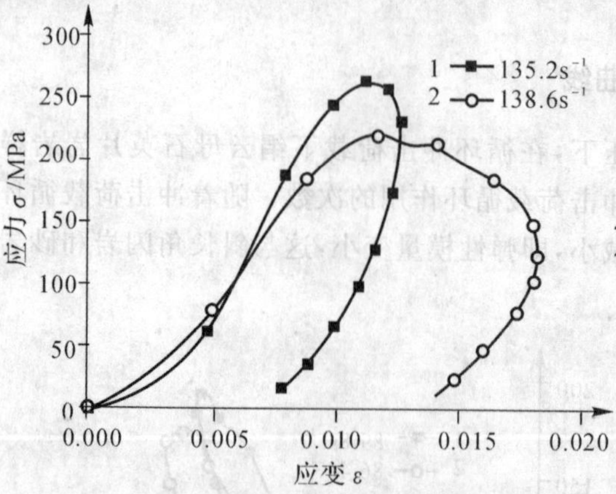

图 5.32　应力-应变曲线(C_p = 10MPa)

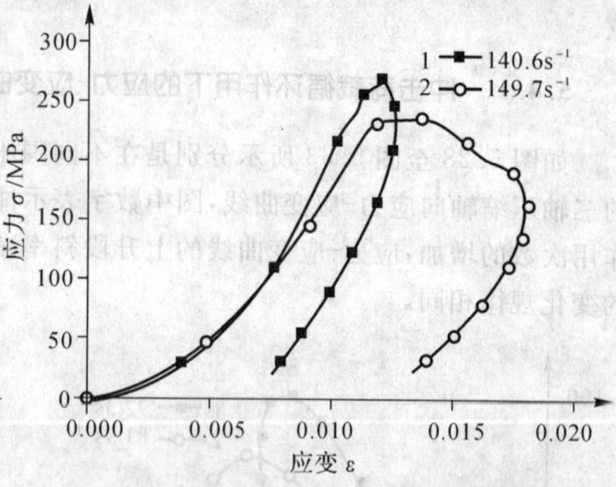

图 5.33　应力-应变曲线(C_p = 20MPa)

5.4.2　冲击荷载循环作用下的破坏形态分析

如图 5.34 所示是在无围压和围压为 2MPa 的情况下绢云母石英片岩试件破坏面的对比。与斜长角闪岩相同，在无围压时绢云母石英片岩破坏面是新鲜干净的断裂面；而在围压条件下，由于裂隙摩擦滑移的作用，其破坏面上有明显的白色岩粉。

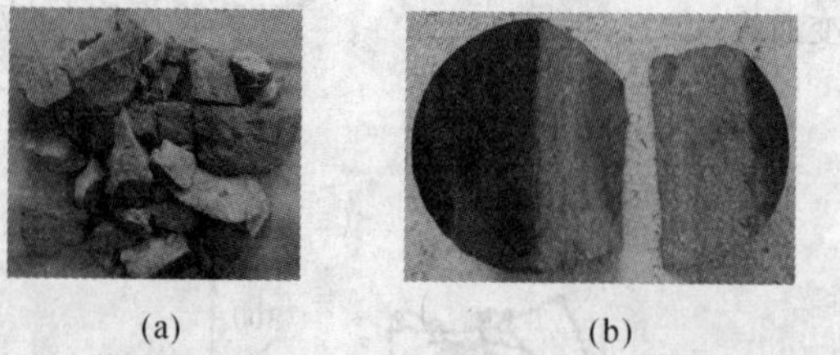

图 5.34　单轴状态和围压条件下绢云母石英片岩试件破坏面的对比

(a) C_p = 0；　(b) C_p = 2MPa

如图 5.35(a) 和(b) 所示是围压为 2MPa 时，编号分别为 SPDC 2-1-2 和 SPDC 2-8-2 的角闪岩试件在一次打击破坏和循环打击破坏后的形态对比，SPDC 2-1-2 的累积比能量吸收值为4.335 1 J/cm³，SPDC 2-8-2 的累积比能量吸收值为4.377 6 J/cm³。尽管两个试件破坏时的比能量吸收值相差不大，但破坏形态却差异显著，SPDC 2-1-2 大体呈现压剪破坏形态，且破碎块度较大，而 SPDC 2-8-2 呈现压碎破坏形式。如图 5.35(c) 所示是编号为 SPDC 10-2-1 的试件在围压为 10MPa 条件下，在冲击荷载循环作用下的破坏，其累积比能量吸收值为3.927 9 J/cm³。与图 5.35(b) 对比可知，在累积比能量吸收值相同的情况下，围压越高，破坏时形成的损伤面的面积越小，试件的破碎程度越低。其原因参见有关斜长角闪岩部分的内容。

(a)　(b)　(c)

图 5.35　不同围压等级下绢云母石英片岩的破坏形态

(a) 单次打击 $C_p = 2$ MPa；(b) 循环作用 $C_p = 2$ MPa；(c) 循环作用 $C_p = 10$ MPa

5.4.3　围压对试件比能量吸收的影响

如图 5.36 所示是在不同围压下，岩样的比能量吸收值与入射波能量的关系。

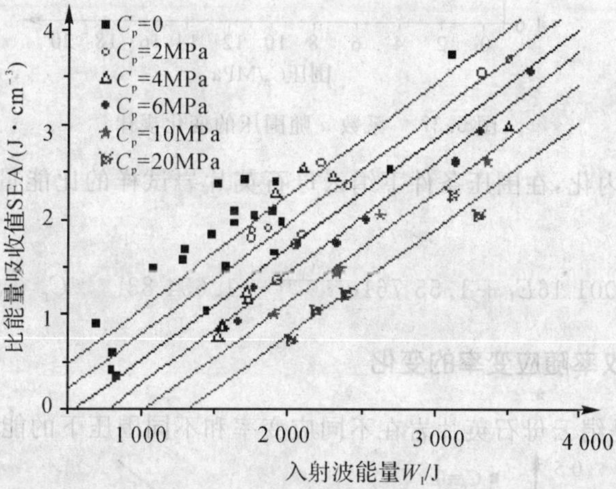

图 5.36　不同围压下比能量吸收值与入射波能量的关系

在能量相同的入射波作用下，绢云母石英片岩试件在低围压时比在高围压时的比能量吸收值大。关于这一方面，3 种岩石存在相同的规律性。

通过对图中的数据进行 $\mathrm{SEA}=bE_I+a$ 形式的线性拟合，可以得到在不同围压下绢云母石英片岩试样比能量吸收值与入射波能量的关系表达式：

$$C_p=0:\quad \mathrm{SEA_{SP}}=0.001\,19E_I-0.131\,85\quad R=0.787\,51 \tag{5.37}$$

$$C_p=2\mathrm{MPa}:\quad \mathrm{SEA_{SP}}=0.001\,16E_I-0.370\,10\quad R=0.893\,52 \tag{5.38}$$

$$C_p=4\mathrm{MPa}:\quad \mathrm{SEA_{SP}}=0.001\,17E_I-0.645\,46\quad R=0.713\,49 \tag{5.39}$$

$$C_p=6\mathrm{MPa}:\quad \mathrm{SEA_{SP}}=0.001\,17E_I-0.913\,91\quad R=0.971\,2 \tag{5.40}$$

$$C_p=10\mathrm{MPa}:\quad \mathrm{SEA_{SP}}=0.001\,16E_I-1.192\,54\quad R=0.965\,73 \tag{5.41}$$

$$C_p=20\mathrm{MPa}:\quad \mathrm{SEA_{SP}}=0.001\,13E_I-1.487\,10\quad R=0.945\,54 \tag{5.42}$$

由拟合系数随围压的变化可知：系数 b 随围压变化不大，可近似看做定值，其平均值为 0.001 16；系数 a 满足

$$a=-1.654\ 83+1.557\ 61e^{-\frac{C_p}{8.612\ 81}} \qquad R^2=0.994\ 8 \tag{5.43}$$

系数 a 随围压的变化关系如图 5.37 所示。

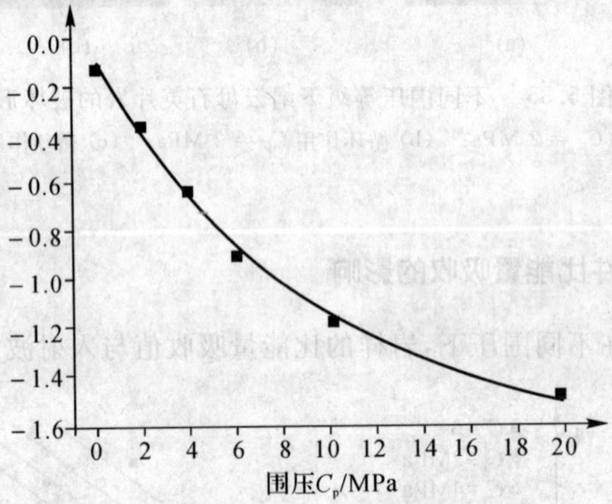

图 5.37　系数 a 随围压的变化规律

通过将围压参数内化，在围压条件下绢云母石英片岩试样的比能量吸收值与入射波能量的关系可以统一为

$$SEA_{SP}=0.001\ 16E_I+1.55\ 761e^{-\frac{C_p}{8.612\ 81}}-1.654\ 83 \qquad C_p\in[0,20]\mathrm{MPa} \tag{5.44}$$

5.4.4　能量吸收率随应变率的变化

如图 5.38 所示是绢云母石英片岩在不同应变率和不同围压下的能量吸收率 η 的变化。

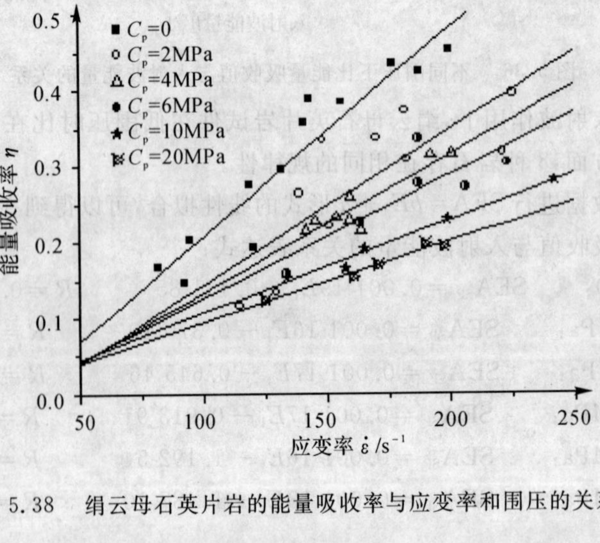

图 5.38　绢云母石英片岩的能量吸收率与应变率和围压的关系

在冲击荷载作用下，当围压等级相同时，绢云母石英片岩的能量吸收率随着应变率的增加而提高，存在很好的正相关性。在相同应变率的情况下，角闪岩的能量吸收率随围压的增加而减小。通过对图中的数据进行 $\eta=c+d\dot{\varepsilon}$ 形式的线性拟合，可以得到在不同围压下绢云母石英片岩试样能量吸收率与应变率的关系表达式：

$$C_p=0:\quad \eta_{SP}=-0.07032+0.00277\dot{\varepsilon}\quad R=0.89444 \tag{5.45}$$

$$C_p=2\text{MPa}:\quad \eta_{SP}=-0.06237+0.00206\dot{\varepsilon}\quad R=0.62924 \tag{5.46}$$

$$C_p=4\text{MPa}:\quad \eta_{SP}=-0.05072+0.00183\dot{\varepsilon}\quad R=0.83434 \tag{5.47}$$

$$C_p=6\text{MPa}:\quad \eta_{SP}=-0.03860+0.00164\dot{\varepsilon}\quad R=0.67135 \tag{5.48}$$

$$C_p=10\text{MPa}:\quad \eta_{SP}=-0.01528+0.00122\dot{\varepsilon}\quad R=0.9807 \tag{5.49}$$

$$C_p=20\text{MPa}:\quad \eta_{SP}=-0.01142+0.00106\dot{\varepsilon}\quad R=0.97062 \tag{5.50}$$

如图 5.39 和图 5.40 所示是拟合系数随围压的变化规律，其关系满足

$$c=-0.07345e^{-0.11527C_p}\quad R^2=0.95655 \tag{5.51}$$

$$d=0.0017e^{-\frac{C_p}{5.07643}}+0.00103\quad R^2=0.98643 \tag{5.52}$$

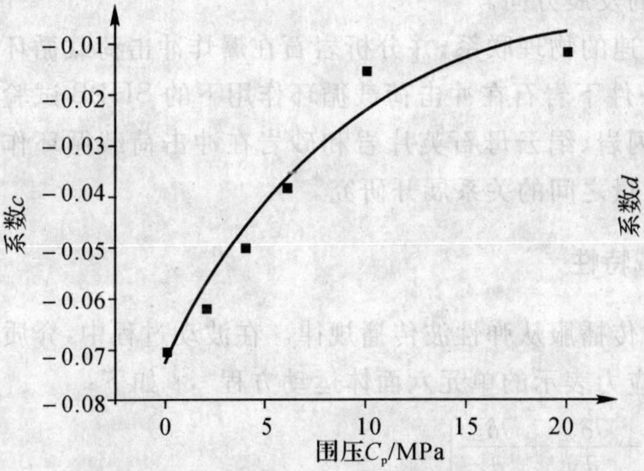

图 5.39　系数 c 与围压的关系

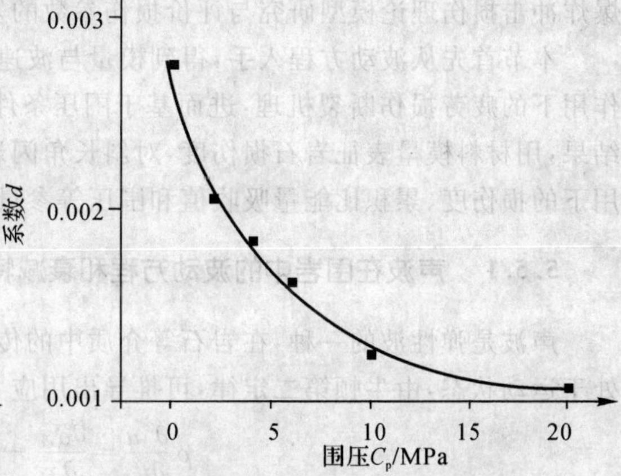

图 5.40　系数 d 与围压的关系

通过将围压参数内化，在围压条件下绢云母石英片岩试样的能量吸收率与应变率的关系可以统一为

$$\eta_{SP}=-0.07345e^{-0.11527C_p}+(0.0017e^{-\frac{C_p}{5.07643}}+0.00103)\dot{\varepsilon}\quad C_p\in[0,20]\text{MPa} \tag{5.53}$$

5.5 围压条件下岩石的动态疲劳损伤累积效应研究

地下工程围岩在爆炸地冲击波重复作用下的疲劳损伤累积已经成为保证地下工程安全施工、提高地下防护结构生存能力的重要研究课题。岩体损伤破坏作用机理是，在爆炸冲击荷载作用下岩石内部大量微裂纹的形成、扩大和贯穿从而导致岩石宏观力学性能劣化乃至最终失效或破坏的一个连续损伤演化累积过程。实际上，损伤累积导致工程岩体宏观失效的过程是多次重复作用造成的。特别是对于爆炸中远区，应力波作用虽然无法使岩体产生直接破坏和连续变形，但可以造成岩体局部损伤，使得岩体中存在的大量节理裂隙、微孔洞等弱面结构张开、扩展延伸，在岩体中形成"爆炸内伤"。在持续或反复的爆炸动荷载作用下，由于损伤的不可逆性，损伤程度和范围不断累积增长、扩大。当岩体爆炸损伤程度累积至其阈值时，即产生动力失稳破坏。如何判别爆炸冲击荷载引起的损伤，合理表征损伤参量，这是爆炸冲击损伤及其累积效应研究的重要内容之一。目前，利用超声波测试手段研究岩体爆破损伤特性，以波速变化定义损伤参量进而建立相关模型是最有效、最便于推广的方法[268-271]。这种研究方法避开了烦琐的裂纹密度测量而直接以波速变化反映岩体损伤特性以及模量的变化，已成为岩体爆炸冲击损伤理论模型研究与评价损伤参数的发展方向。

本节首先从波动方程入手，得到模量与波速的物理联系；并分析岩石在爆炸冲击荷载循环作用下的疲劳损伤断裂机理，进而基于围压条件下岩石在冲击荷载循环作用下的 SHPB 试验结果，用材料模量表征岩石损伤度，对斜长角闪岩、绢云母石英片岩和砂岩在冲击荷载循环作用下的损伤度、累积比能量吸收值和围压等参量之间的关系展开研究。

5.5.1 声波在围岩中的波动方程和衰减特性

声波是弹性波的一种，在岩石等介质中的传播服从弹性波传播规律。在波动过程中，介质处于运动状态，由牛顿第二定律，可推导出用应力表示的单元六面体运动方程[272]如下：

$$\left.\begin{aligned}\rho\frac{\partial^2 u}{\partial t^2}&=\frac{\partial\delta_{xx}}{\partial x}+\frac{\partial\delta_{yx}}{\partial y}+\frac{\partial\delta_{zx}}{\partial z}\\\rho\frac{\partial^2 v}{\partial t^2}&=\frac{\partial\delta_{xy}}{\partial x}+\frac{\partial\delta_{yy}}{\partial y}+\frac{\partial\delta_{zy}}{\partial z}\\\rho\frac{\partial^2 w}{\partial t^2}&=\frac{\partial\delta_{xz}}{\partial x}+\frac{\partial\delta_{yz}}{\partial y}+\frac{\partial\delta_{zz}}{\partial z}\end{aligned}\right\}\tag{5.54}$$

式中，ρ 为单元体的密度；δ_{ij} 为单元体的应力分量；u,v,w 分别为单元体在 x,y,z 方向上的位移分量。

若用振动位移量 u,v,w 表示，波动方程为

$$\left.\begin{aligned}(\lambda+G)\frac{\partial e}{\partial x}+G\nabla^2 u-\rho\frac{\partial^2 u}{\partial t^2}=0\\(\lambda+G)\frac{\partial e}{\partial y}+G\nabla^2 v-\rho\frac{\partial^2 v}{\partial t^2}=0\\(\lambda+G)\frac{\partial e}{\partial z}+G\nabla^2 w-\rho\frac{\partial^2 w}{\partial t^2}=0\end{aligned}\right\}\tag{5.55}$$

式中，∇^2 为拉普拉斯算子；e 为单元体的体积应变，$e=\varepsilon_x+\varepsilon_y+\varepsilon_z$；$\lambda$ 为拉梅常数；G 为剪切模量。

在无限大弹性体中，由式(5.55)可以导出纵波(P 波)与横波(S 波)的波动方程，设 $u=u(x,t)$，$v=0$，$w=0$，式(5.55)可以写成

$$\frac{\partial^2 u}{\partial t^2}=v_{\mathrm{p}}^2\frac{\partial^2 u}{\partial x^2}\tag{5.56}$$

$$v_{\mathrm{p}}=\sqrt{\frac{\lambda+G}{\rho}}=\sqrt{\frac{E(1-\mu)}{\rho(1+\mu)(1-2\mu)}}\tag{5.57}$$

式(5.56)称为无限弹性介质中纵波的波动方程，v_{P} 为纵波的传播速度。

同理可得横波的波动方程和传播速度为

$$\frac{\partial^2 u}{\partial t^2}=v_{\mathrm{s}}^2\frac{\partial^2 u}{\partial x^2}\tag{5.58}$$

$$v_{\mathrm{s}}=\sqrt{\frac{G}{\rho}}=\sqrt{\frac{E}{2\rho(1+\mu)}}\tag{5.59}$$

式(5.58)称为无限弹性介质中横波的波动方程，v_{s} 为横波的传播速度。

由波速的表达式可知，弹性介质的性质及种类不同，弹性常数及密度也不同，因此弹性波在介质中的传播速度也不同。用波速来判别岩体的特性及状态(如坚硬或松软、裂隙与完整等)，就是工程上常用的“弹性波探测法”的理论依据[273-274]。

当声波在岩体介质中传播时，由于波阵面的扩张引起声能空间发散，以致随距离的增加，单位面积上声能减弱，声波振幅降低；同时，岩体内部的原始裂纹、孔隙以及爆炸冲击损伤的存在使经过岩体的波发生反射、折射和衍射等也会造成声波的散射衰减。另外，由于岩体是非均匀、黏弹塑性介质，声波在岩体中传播时要克服介质质点之间的内摩擦或黏滞作用，即岩石将波动的机械能转化成热能而造成黏滞衰减。

假定沿 x 轴传播的纵波位移 $\varphi(x,t)$ 为

$$\varphi(x,t)=\varphi_0\mathrm{e}^{\mathrm{i}(\omega t-Kx)}\tag{5.60}$$

经求解并有理化后可得[275]

$$K^2=\frac{\rho\omega^2}{\sqrt{(\lambda+2\mu)^2+\eta'^2\omega^2}}\left[\frac{\lambda+2\mu}{\sqrt{(\lambda+2\mu)^2+\eta'^2\omega^2}}-\mathrm{i}\frac{\eta'\omega}{\sqrt{(\lambda+2\mu)^2+\eta'^2\omega^2}}\right]\tag{5.61}$$

式中，$\eta'=4\eta/3$，η 为介质的黏滞系数；ρ 为介质密度；ω 为波的圆频率；λ,μ 为介质拉梅常数。

若记

$$\frac{\lambda+2\mu}{\sqrt{(\lambda+2\mu)^2+\eta'^2\omega^2}}=\cos\beta \tag{5.62}$$

$$\frac{\eta'\omega}{\sqrt{(\lambda+2\mu)^2+\eta'^2\omega^2}}=\sin\beta \tag{5.63}$$

则式(5.61)可写为

$$K^2=\frac{\rho\omega^2}{\sqrt{(\lambda+2\mu)^2+\eta'^2\omega^2}}\mathrm{e}^{\mathrm{i}\tan^{-1}\frac{\eta'\omega}{\lambda+2\mu}} \tag{5.64}$$

$$K=\left[\frac{\rho^2\omega^4}{(\lambda+2\mu)^2+\eta'^2\omega^2}\right]^{\frac{1}{4}}\left[\cos\left(\frac{1}{2}\tan^{-1}\frac{\eta'\omega}{\lambda+2\mu}\right)-\mathrm{i}\sin\left(\frac{1}{2}\tan^{-1}\frac{\eta'\omega}{\lambda+2\mu}\right)\right] \tag{5.65}$$

令

$$k=\left[\frac{\rho^2\omega^4}{(\lambda+2\mu)^2+\eta'^2\omega^2}\right]^{\frac{1}{4}}\left[\cos\left(\frac{1}{2}\tan^{-1}\frac{\eta'\omega}{\lambda+2\mu}\right)\right] \tag{5.66}$$

$$\alpha=\left[\frac{\rho^2\omega^4}{(\lambda+2\mu)^2+\eta'^2\omega^2}\right]^{\frac{1}{4}}\left[\sin\left(\frac{1}{2}\tan^{-1}\frac{\eta'\omega}{\lambda+2\mu}\right)\right] \tag{5.67}$$

于是有 $K=k-\mathrm{i}\alpha$，将其代入式(5.60)可得

$$\varphi(x,t)=\varphi_0\mathrm{e}^{-\alpha x}\mathrm{e}^{\mathrm{i}(\omega t-kx)} \tag{5.68}$$

式(5.68)就是空间衰减的平面正弦波的函数，该式说明平面纵波在黏弹性介质中传播时，振幅随着传播距离的增大呈指数衰减规律。α 称为衰减系数，α 越大，衰减越快，反之越慢。

平面纵波速度可以表述为

$$v_{\mathrm{p}}=\frac{\omega}{K}=\frac{1}{\left[\frac{\rho^2\omega^4}{(\lambda+2\mu)^2+\eta'^2\omega^2}\right]^{\frac{1}{4}}\left[\cos\left(\frac{1}{2}\tan^{-1}\frac{\eta'\omega}{\lambda+2\mu}\right)\right]} \tag{5.69}$$

如果介质的黏滞系数 η 是与波的频率无关的常数，则对于频率很高的声波而言，根据式(5.67)和式(5.69)可得

$$\alpha\approx\sqrt{\frac{\rho\omega}{\eta'}}\qquad v_{\mathrm{p}}\approx\sqrt{\frac{2\eta'\omega}{\rho}} \tag{5.70}$$

此时，声波在黏弹性介质中的衰减系数 α、波速 v_{p} 均与 $\omega^{1/2}$ 成正比。

对于频率较低的声波，有

$$\alpha\approx\frac{\eta'\omega^2\sqrt{\rho}}{2\,(\lambda+2\mu)^{\frac{3}{2}}}\qquad v_{\mathrm{p}}=\sqrt{\frac{\lambda+2\mu}{\rho}} \tag{5.71}$$

此时，声波在黏弹性介质中的衰减系数 α 与 ω^2 成正比。

当 $\eta'\omega$ 处于上述两种情况之间时，并且 $\eta'\omega=C$，则有

$$\alpha=\left[\frac{\rho^2\omega^4}{(\lambda+2\mu)^2+C^2}\right]^{\frac{1}{4}}\left[\sin\left(\frac{1}{2}\tan^{-1}\frac{C}{\lambda+2\mu}\right)\right] \tag{5.72}$$

$$v_p = \frac{\omega}{K} = \frac{1}{\left[\frac{\rho^2\omega^4}{(\lambda+2\mu)^2+C^2}\right]^{\frac{1}{4}}\left[\cos\left(\frac{1}{2}\tan^{-1}\frac{C}{\lambda+2\mu}\right)\right]} \tag{5.73}$$

此时，衰减系数 α 与圆频率 ω 成正比，而波速 v_p 与频率无关。

由上述分析可知，对应不同的圆频率 ω 值，可得到不同的衰减系数 α，即介质的声波衰减系数 α 是声波频率的函数，且衰减系数 α 随频率增大而迅速增加。

在爆炸冲击荷载循环作用下，岩体疲劳损伤不断累积，岩体内部的裂纹不断形成和扩展，导致岩体完整性降低，必将影响声波在岩体中的传播，在一定程度上反映岩体的疲劳损伤累积效应。

5.5.2　岩石损伤度的判定标准

岩石中存在大量随机分布的初始损伤（如细观节理裂隙等）。在冲击荷载作用下，岩体中产生大量新裂纹，同时由于应力波作用，已经存在的节理、裂隙不断扩展、成核、贯通，形成尺寸较大的主裂缝。根据惠更斯原理，声波到达岩体结构面时产生反射、散射和绕射等作用。因此，这些微裂缝和宏观断裂延长了声波传播路径，降低了声波速度。而且声速降低程度与裂缝数量、宽度有着密切关系。随着冲击荷载作用次数的增加，裂缝不断增加、扩展、张开，使得岩体中声波速度不断降低[276]。因此，可以根据声速的变化特征，判别岩体爆炸损伤以及累积损伤效应的情况。

综合上述分析，并根据 Rubin 和 Ahrens 的研究[277]，应力波波速与岩石损伤度的关系为

$$D = 1 - (v/v_0)^2 \tag{5.74}$$

又由波动方程可知

$$v_p = \sqrt{\frac{\lambda+G}{\rho}} = \sqrt{\frac{E(1-\mu)}{\rho(1+\mu)(1-2\mu)}} \tag{5.75}$$

由式(5.75)知，E 与波速的平方成正比，式(5.74)可以改写为

$$D = 1 - E/E_0 \tag{5.76}$$

式中，D 为损伤度；v_0 为岩体的初始声波速度；v 为爆炸冲击荷载作用后岩体的声波速度；λ 为拉梅常数；G 为剪切模量；μ 为泊松比；ρ 为密度；E_0 为岩体的初始弹性模量；E 为爆炸冲击荷载作用后岩体的等效弹性模量。由于岩石的应力-应变曲线是非线性的，本书采用的弹性模量是应力-应变曲线上升段上对应压缩强度为屈服强度的 20% 和 80% 的两点连线的斜率。

我国《水工建筑物岩石基础开挖工程技术规范》(SL47—94) 中规定，当声波降低率超过 10% 时即判定岩体受到损伤破坏，与此对应的损伤阈值 $D_{cr}=0.19$。

5.5.3　岩石在冲击荷载循环作用下的疲劳损伤断裂机理

岩石节理裂隙、微孔洞等不连续结构面与冲击应力波传播之间是一种互动关系。裂纹等缺陷的存在，使得应力波速度降低、强度衰减和能量耗散，应力波传播又增加了岩体裂纹等缺

陷的数量和规模。下面基于弹性力学和断裂力学对岩石在冲击荷载循环作用下的疲劳损伤断裂机理进行分析。

1. 岩石内部缺陷处的应力集中

岩石作为一种非均质天然材料，存在大量细观节理裂隙、微孔洞与宏观裂缝等初始缺陷。由弹性力学理论可知[278-281]，当受力物体中有孔洞时，孔边的应力将远大于无孔时的应力，出现应力集中现象。假设岩石内含有一圆形孔洞（见图 5.41），则各应力分量为

$$\left.\begin{aligned}\sigma_r&=\frac{1}{2}q\left[1-\frac{a^2}{r^2}+\left(1-\frac{4a^2}{r^2}+\frac{3a^4}{r^4}\right)\cos 2\theta\right]\\\sigma_\theta&=\frac{1}{2}q\left[1+\frac{a^2}{r^2}-\left(1+\frac{3a^4}{r^4}\right)\cos 2\theta\right]\\\tau_{r\theta}&=-\frac{1}{2}q\left(1+\frac{2a^2}{r^2}-\frac{3a^4}{r^4}\right)\sin 2\theta\end{aligned}\right\}\tag{5.77}$$

当 $\theta=\pm\pi/2$ 时，$\sigma_\theta=q\left(1+\dfrac{a^2}{2r^2}+\dfrac{3a^4}{2r^4}\right)$。

当 $r=a$ 时，$\sigma_\theta=3q$，即孔边产生应力集中，其最大应力为平均应力的 3 倍。

对于椭圆形孔洞，当椭圆的一个主轴（$2b$）与受力方向一致时（见图 5.42），则在另一主轴（$2a$）端部产生的应力为

$$(\sigma_\theta)_{\max}=q\left(1+2\frac{a}{b}\right)=\eta q\tag{5.78}$$

式中，$(\sigma_\theta)_{\max}$ 为孔边应力集中最大值；q 为平均应力；a，b 为椭圆长轴和短轴的一半；η 为应力集中系数，$\eta=1+2a/b$。

当 $b\to 0$，即椭圆孔洞趋于一条裂纹时，应力集中系数和裂纹尖端的应力是相当大的。用应力集中的观点解释岩体实际强度低于理论强度，就是因为岩体内部微孔洞、裂隙等缺陷的存在对应力波具有放大作用。在应力集中出现后，缺陷处应力陡增，原来不具备直接破坏能力的爆炸冲击应力波的强度完全有可能使材料发生损伤断裂。

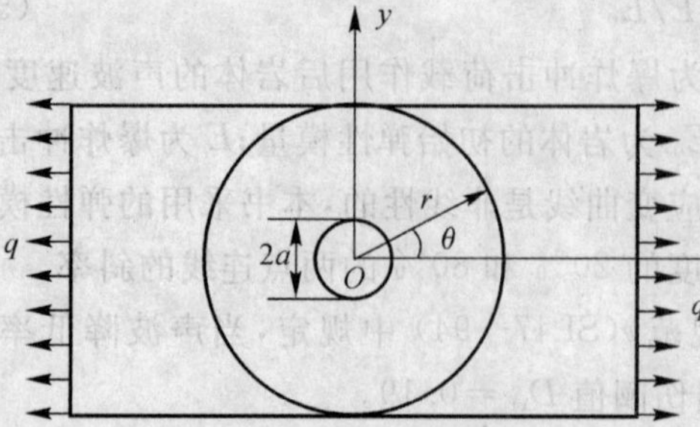

图 5.41　圆形孔洞

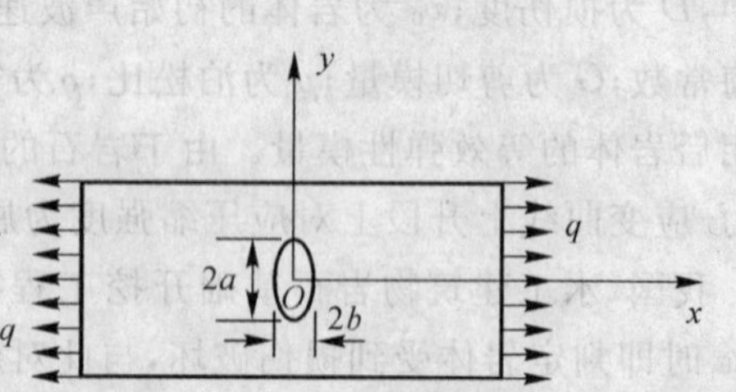

图 5.42　椭圆形孔洞

2. 裂纹扩展的断裂力学分析

对于由应力集中出现而导致的局部断裂破坏产生的裂纹区，可以用断裂力学进行分析。

由断裂力学可知，裂纹扩展形式可分为三种基本类型[282]：I型（张开型）、II型（滑开型）和III型（撕开型）。这三种类型的裂纹中以I型最常见也最危险。

根据断裂力学理论[283]，I型裂纹尖端附近任一点(r,θ)处的应力场、位移场的局部解为

$$\left.\begin{aligned}\sigma_x&=\frac{K_{\mathrm{I}}}{\sqrt{2\pi r}}\cos\frac{\theta}{2}\left(1-\sin\frac{\theta}{2}\sin\frac{3\theta}{2}\right)\\ \sigma_y&=\frac{K_{\mathrm{I}}}{\sqrt{2\pi r}}\cos\frac{\theta}{2}\left(1+\sin\frac{\theta}{2}\sin\frac{3\theta}{2}\right)\\ \tau_{xy}&=\frac{K_{\mathrm{I}}}{\sqrt{2\pi r}}\sin\frac{\theta}{2}\cos\frac{\theta}{2}\cos\frac{3\theta}{2}\end{aligned}\right\}\tag{5.79}$$

$$\left.\begin{aligned}u&=\frac{K_{\mathrm{I}}}{8G}\sqrt{\frac{2r}{\pi}}\left[(2k-1)\cos\frac{\theta}{2}-\cos\frac{3\theta}{2}\right]\\ v&=\frac{K_{\mathrm{I}}}{8G}\sqrt{\frac{2r}{\pi}}\left[(2k-1)\sin\frac{\theta}{2}-\sin\frac{3\theta}{2}\right]\end{aligned}\right\}\tag{5.80}$$

对于z方向的应力，分两种情况：

$$\sigma_z=\begin{cases}0 & \text{平面应力状态}\\ \mu(\sigma_x+\sigma_y) & \text{平面应变状态}\end{cases}\tag{5.81}$$

式中，K_{I}为I型裂缝的应力强度因子；G为剪切模量；$k=\begin{cases}\dfrac{3-\mu}{1+\mu} & \text{平面应力状态}\\ 3-4\mu & \text{平面应变状态}\end{cases}$，$\mu$为泊松比。

从以上各式可以看出，随着r的减小（即越接近裂缝尖端），所有应力分量都增大，并且当r趋向于零时，这些应力分量均趋向于无限大，即裂缝尖端处的应力场具有奇异性。

根据I型裂缝的对称性质、复变函数性质以及裂纹表面自由边界条件，利用复变函数理论可推导出的I型裂缝动态尖端应力场的分量[284-285]为

$$\begin{Bmatrix}\sigma_{11}\\ \sigma_{12}\\ \sigma_{22}\end{Bmatrix}=\frac{K_{\mathrm{I}}(t)A}{\sqrt{2\pi r}}\begin{cases}(1+2\alpha_1^2-\alpha_2^2)\sqrt{\dfrac{r}{r_1}}\cos\dfrac{\theta_1}{2}-\dfrac{4\alpha_1\alpha_2}{1+\alpha_2^2}\sqrt{\dfrac{r}{r_2}}\cos\dfrac{\theta_2}{2}\\ \sqrt{\dfrac{r}{r_1}}\sin\dfrac{\theta_1}{2}-\sqrt{\dfrac{r}{r_2}}\sin\dfrac{\theta_2}{2}\\ -(1+\alpha_2^2)\sqrt{\dfrac{r}{r_1}}\cos\dfrac{\theta_1}{2}+\dfrac{4\alpha_1\alpha_2}{1+\alpha_2^2}\sqrt{\dfrac{r}{r_2}}\cos\dfrac{\theta_2}{2}\end{cases}\tag{5.82}$$

式中，$\alpha_1=\sqrt{1-v^2/C_1^2}$；$\alpha_2=\sqrt{1-v^2/C_2^2}$，$\alpha_1>\alpha_2>0$；$A=\dfrac{1+\alpha_2^2}{4\alpha_1\alpha_2-(1+\alpha_2^2)^2}$；$K_{\mathrm{I}}(t)$为I型裂缝动态应力强度因子，$K_{\mathrm{I}}(t)=\lim\limits_{r\to 0}\left(\sqrt{2\pi r}\sigma_{22}(r,0,t)\right)$。

此处的动态应力强度因子与前面的动态应力集中系数是完全不同的参数。应力集中系数是应力集中处最大应力与名义应力之比，它反映了应力集中的程度，是一个无量纲的参数；而应力强度因子从总体上反映了裂缝尖端附近应力场奇异性的强弱，是有量纲的参数。

根据岩石断裂动力学有关理论[286]，当动态应力强度因子 $K_{\mathrm{I}}(t)$ 大于岩石动态断裂韧度 K_{ID} 时，裂纹开展起裂、扩展；反之，则裂纹止裂。若考虑岩体损伤度 D 的作用，动态裂纹起裂、扩展和止裂的判据条件如下：

当 $K_{\mathrm{I}}(t)=K_{\mathrm{ID}}(1-D)$ 时，裂纹失稳扩展临界条件；

当 $K_{\mathrm{I}}(t)>K_{\mathrm{ID}}(1-D)$ 时，裂纹失稳扩展；

当 $K_{\mathrm{I}}(t)<K_{\mathrm{ID}}(1-D)$ 时，裂纹停止扩展，止裂。

3. *冲击荷载循环作用下岩石疲劳损伤破坏*

由上述分析可知，岩石损伤疲劳裂纹扩展是岩石力学性能劣化、裂纹尖端区应力集中的复杂过程。由于应力集中作用，裂纹尖端处的岩石晶粒结构在应力波作用下发生微错动，而且每一次应力波作用引起的应力集中都会造成晶粒的错动滑移。尽管这种错动和滑移的幅度可能很小，但却是不可逆的，在冲击荷载循环作用下会累积叠加，从而形成微变形或局部应变。在变形进一步扩大后，就表现为裂纹不断张开、延长，形成较大的永久变形。由于岩石中存在大量随机分布的裂纹缺陷，随着冲击荷载作用次数的增加，裂纹不断生长、张开和延长，最终导致互相独立的裂纹之间连接、贯通并逐步形成几条主裂纹和宏观裂缝。宏观裂缝形成后，裂纹将加速扩展，直至失稳破坏。这就是在冲击荷载循环作用下，岩石疲劳损伤破坏的全过程。

5.5.4 围压条件下砂岩的动态疲劳损伤累积

为了研究在冲击荷载循环作用下，岩石破坏损伤与能量耗散之间的关系，定义比能量吸收值 SEA 为单位体积的岩石试件在冲击压缩过程中所吸收的能量，并对冲击压缩过程进行能量分析。

定义累积比能量吸收值 ϑ 为

$$\vartheta=\sum_{i=1}^{n}\mathrm{SEA}_{(i)} \tag{5.83}$$

式中，n 为冲击荷载循环作用次数；SEA 是比能量吸收值，见第 3 章式(3.12)。

根据在不同围压、不同打击杆速度情况下，砂岩在冲击荷载循环作用下的应力-应变曲线，可以确定砂岩在不同循环作用次数下的弹性模量（确定方法见 4.5.2 节），进而由式(5.76)可以计算相应的损伤度。如图 5.43 所示是不同围压下，砂岩的损伤度随累积比能量吸收值的变化关系。

如图 5.43 所示的虚线对应的是我国《水工建筑物岩石基础开挖工程技术规范》(SL47—94)中规定的判定岩体受到爆炸损伤破坏对应的损伤阈值 $D_{\mathrm{cr}}=0.19$。表 5.4 是在不同围压下，砂岩达到损伤阈值所需要的累积比能量吸收值。

表 5.4 不同围压下达到损伤阈值所需要的累积比能量吸收值

C_{p}/MPa	0	2	4	6	10	20
$\vartheta/(\mathrm{J\cdot cm^{-3}})$	0.275	3.863	4.791	5.657	6.482	7.369
$\vartheta/\vartheta_{(\mathrm{Cp}=0)}$	1	14.07	17.45	20.60	23.61	26.83

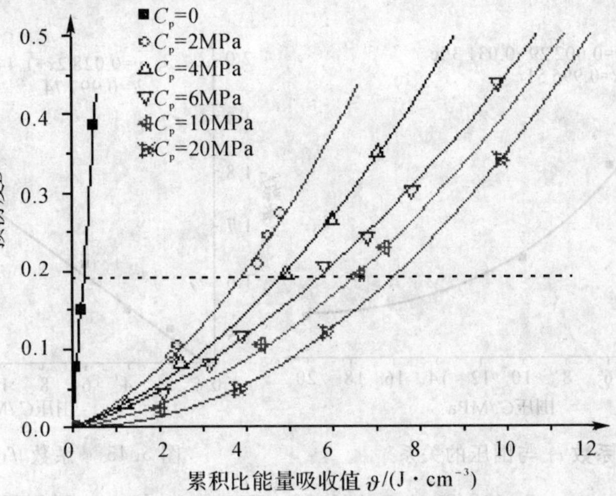

图 5.43　不同围压下损伤度随累积比能量吸收值的变化

由表 5.4 可知，当围压从 0 变为 2MPa 时，砂岩达到损伤阈值所需要的累积比能量吸收值从 0.275 J/cm^3 增加到 3.863 J/cm^3，增幅达到 14.07 倍，这主要是由于岩石内存在各种方向的裂隙，单轴状态时所有倾角大于内摩擦角的裂隙承载能力为 0；而围压稍有增大时，陡倾角裂隙的承载能力迅速增大，抑制了砂岩的滑移破坏。因此，从单轴状态到围压状态，砂岩达到损伤阈值所需要的累积比能量吸收值会出现突变。

当围压逐渐增大时，砂岩损伤度的增加随累积比能量吸收值增加的趋势变缓，即围压越高，试件达到相同损伤度所需要耗散的能量越多。这主要是由于随着围压的增高，轴向应力在屈服过程中持续增加，由围压和轴向应力共同提供正应力，使得裂隙摩擦力承载能力超过材料的黏聚力，抑制裂隙的滑移。其岩样内部其他区域也会逐步屈服，继而产生新的裂隙，从而出现多个断面相继产生屈服，塑性变形持续增加，使岩样在轴向压缩过程中出现屈服平台，岩样将需要耗散更多的能量。

通过对图中的数据进行 $D=e_1\vartheta^{f_1}$ 形式的指数函数拟合，可以得到不同围压下砂岩试样的损伤度与累积比能量吸收值的关系表达式：

$$C_p=0：\quad D_{SS}=0.732\,58\vartheta^{1.024\,73} \tag{5.84}$$

$$C_p=2\text{MPa}：\quad D_{SS}=0.025\,03\vartheta^{1.510\,29} \tag{5.85}$$

$$C_p=4\text{MPa}：\quad D_{SS}=0.017\,26\vartheta^{1.541\,47} \tag{5.86}$$

$$C_p=6\text{MPa}：\quad D_{SS}=0.014\,85\vartheta^{1.626\,64} \tag{5.87}$$

$$C_p=10\text{MPa}：\quad D_{SS}=0.007\,84\vartheta^{1.711\,81} \tag{5.88}$$

$$C_p=20\text{MPa}：\quad D_{SS}=0.003\,41\vartheta^{2.012\,41} \tag{5.89}$$

如图 5.44 和图 5.45 所示是拟合系数与围压的关系。

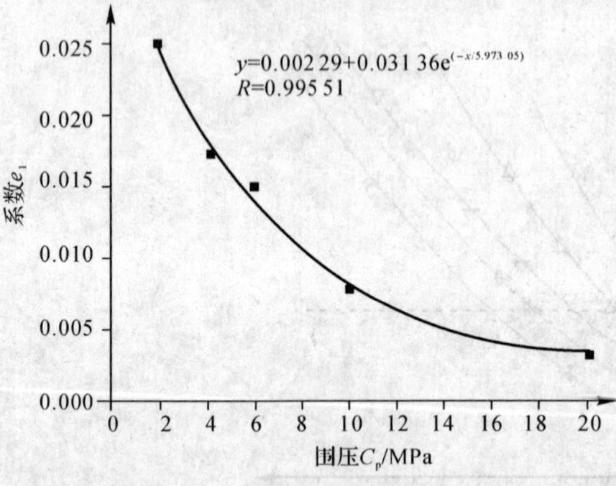

图 5.44　系数 e_1 与围压的关系

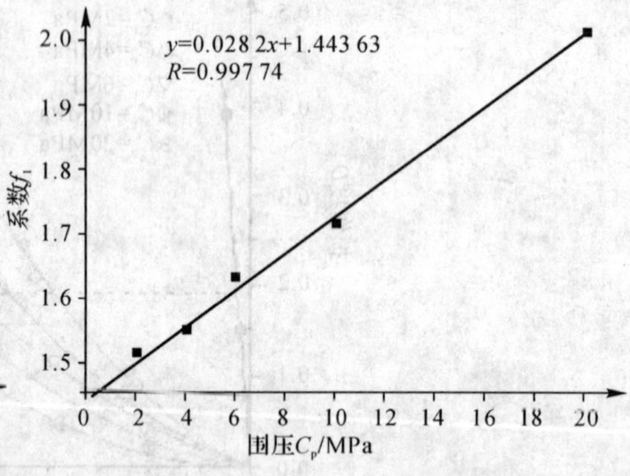

图 5.45　系数 f_1 与围压的关系

$$e_1=0.002\ 29+0.031\ 36e^{-\frac{C_p}{5.973\ 05}}\qquad R=0.995\ 51 \tag{5.90}$$

$$f_1=1.443\ 63+0.028\ 2C_p\qquad R=0.997\ 74 \tag{5.91}$$

通过将围压参数内化，在围压条件下砂岩试样损伤度与累积比能量吸收值的关系可统一为

$$D_{SS}=\begin{cases}0.732\ 58\vartheta^{1.024\ 73} & C_p=0\\(0.002\ 29+0.031\ 36e^{-\frac{C_p}{5.973\ 05}})\vartheta^{1.443\ 63+0.028\ 2C_p} & C_p\in[2,20]\text{MPa}\end{cases} \tag{5.92}$$

砂岩的损伤度随围压和累积比能量吸收值的变化规律如图 5.46 所示。

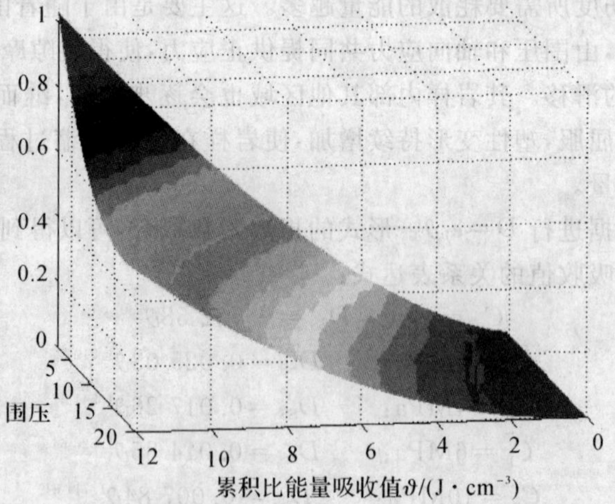

图 5.46　砂岩的损伤度随围压和累积比能量吸收值的变化规律图($C_p\in[2,20]$MPa)

5.5.5　围压条件下斜长角闪岩的动态疲劳损伤累积

如图 5.47 所示是在不同围压下，斜长角闪岩的损伤度随累积比能量吸收值的变化关系。

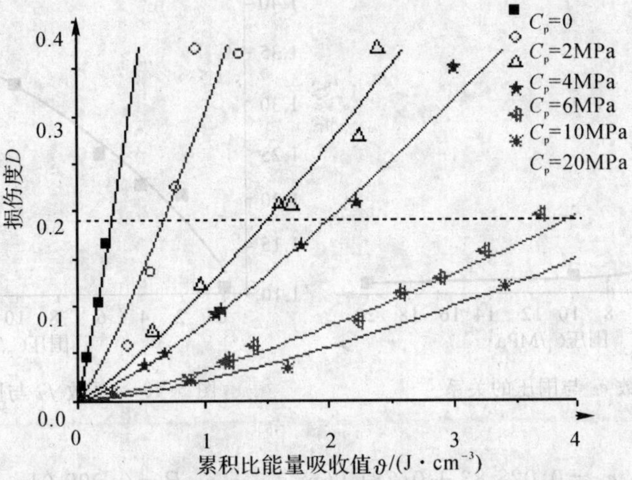

图 5.47　不同围压下损伤度随累积比能量吸收值的变化

图 5.47 中的虚线对应的是我国《水工建筑物岩石基础开挖工程技术规范》(SL47—94) 中规定的判定岩体受到爆炸损伤破坏对应的损伤阈值 $D_{cr}=0.19$。表 5.5 是在不同围压下，斜长角闪岩达到损伤阈值所需要的累积比能量吸收值。

表 5.5　不同围压下斜长角闪岩达到损伤阈值所需要的累积比能量吸收值

C_p/MPa	0	2	4	6	10	20
$\vartheta/(J\cdot cm^{-3})$	0.266 5	0.667 1	1.496 7	1.992 9	3.947 8	4.770 8
$\vartheta/\vartheta_{(Cp=0)}$	1	2.503 2	5.616 1	7.478 0	14.813 5	17.901 7

斜长角闪岩损伤度随累计比能量吸收值和围压的变化规律与砂岩相似；通过对如图 5.47 所示的数据进行 $D=e_2\vartheta^{f_2}$ 形式的线性拟合，可以得到在不同围压下斜长角闪岩试样的损伤度与累积比能量吸收值的关系表达式：

$$C_p=0:\quad D_{PH}=0.811\ 26\vartheta^{1.110\ 69}\quad R=0.999\ 24 \tag{5.93}$$

$$C_p=2MPa:\quad D_{PH}=0.302\ 00\vartheta^{1.202\ 99}\quad R=0.842\ 43 \tag{5.94}$$

$$C_p=4MPa:\quad D_{PH}=0.116\ 20\vartheta^{1.214\ 08}\quad R=0.953\ 12 \tag{5.95}$$

$$C_p=6MPa:\quad D_{PH}=0.080\ 37\vartheta^{1.248\ 37}\quad R=0.998\ 72 \tag{5.96}$$

$$C_p=10MPa:\quad D_{PH}=0.031\ 13\vartheta^{1.321\ 4}\quad R=0.943\ 7 \tag{5.97}$$

$$C_p=20MPa:\quad D_{PH}=0.021\ 20\vartheta^{1.403\ 52}\quad R=0.975\ 66 \tag{5.98}$$

如图 5.48 和图 5.49 所示是拟合系数与围压的关系。

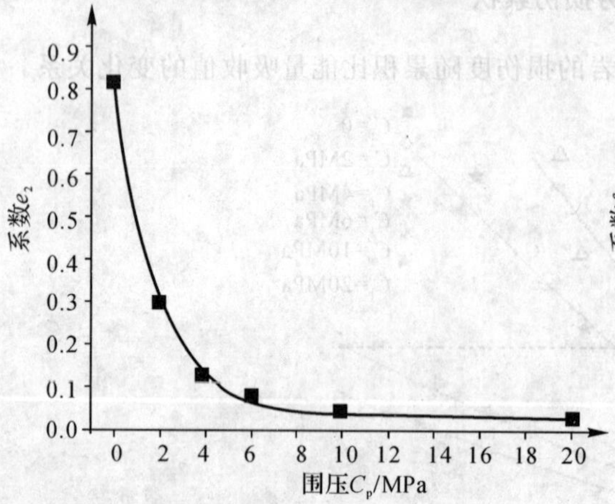

图 5.48 系数 e_2 与围压的关系

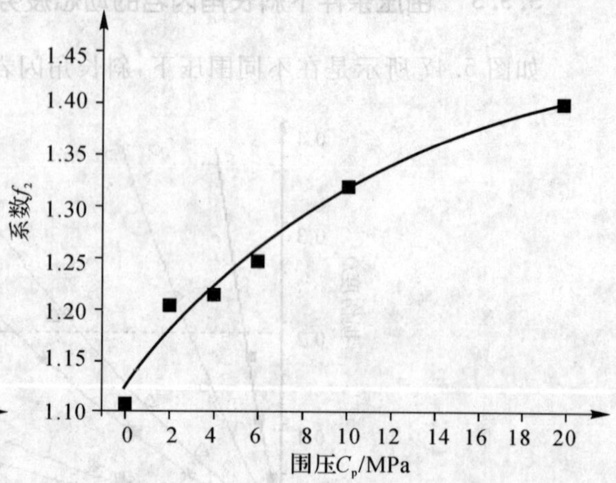

图 5.49 系数 f_2 与围压的关系

$$e_2 = 0.02883 + 0.78196 e^{-\frac{C_p}{1.90537}} \qquad R = 0.99901 \tag{5.99}$$

$$f_2 = 1.46595 - 0.34307 e^{-0.08453 C_p} \qquad R = 0.97973 \tag{5.100}$$

通过将围压参数内化，在围压条件下斜长角闪岩试样损伤度与累积比能量吸收值的关系可统一为

$$D_{PH} = \left(0.02883 + 0.78196 e^{-\frac{C_p}{1.90537}}\right) \vartheta^{1.46595 - 0.34307 e^{-0.08453 C_p}} \qquad C_p \in [0,20]\text{MPa} \tag{5.101}$$

斜长角闪岩的损伤度随围压和累积比能量吸收值的变化规律如图 5.50 所示。

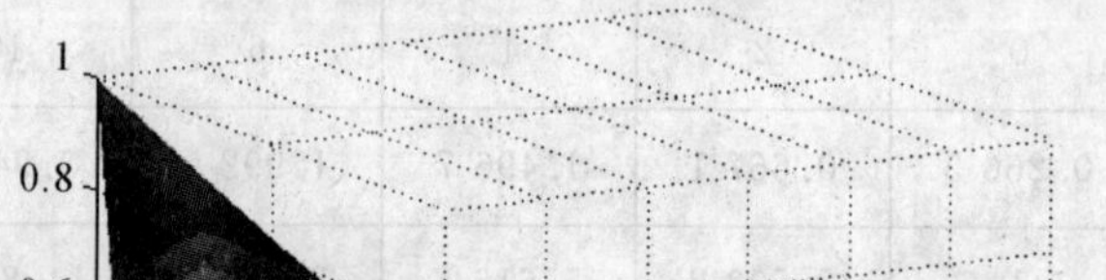

图 5.50 斜长角闪岩的损伤度随围压和累积比能量吸收值的变化规律图($C_p \in [0,20]$MPa)

5.5.6　围压条件下绢云母石英片岩的动态疲劳损伤累积

如图 5.51 所示是在不同围压下，绢云母石英片岩的损伤度随累积比能量吸收值的变化关系。

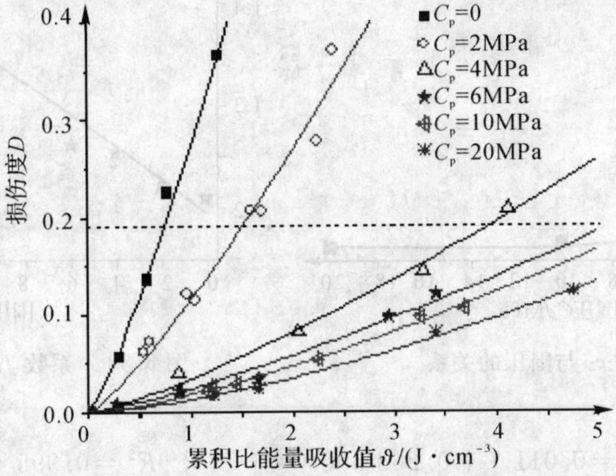

图 5.51　不同围压下损伤度随累积比能量吸收值的变化

如图 5.51 所示中的虚线对应的是损伤阈值 $D_{cr}=0.19$。如表 5.6 所示是在不同围压下，绢云母石英片岩达到损伤阈值所需要的累积比能量吸收值。

表 5.6　不同围压下绢云母石英片岩达到损伤阈值所需要的累积比能量吸收值

C_p/MPa	0	2	4	6	10	20
$\vartheta/(J\cdot cm^{-3})$	0.737 0	1.500 2	3.896 8	5.125 4	5.498 2	6.372 2
$\vartheta/\vartheta_{(C_p=0)}$	1	2.035 5	5.287 4	6.954 4	7.460 2	8.646 1

绢云母石英片岩、斜长角闪岩和砂岩的损伤度随累积比能量吸收值和围压的变化规律相似；通过对如图 5.51 所示的数据进行 $D=e_3\vartheta^{f_3}$ 形式的拟合，可以在得到不同围压下绢云母石英片岩试样的损伤度与累积比能量吸收值的关系表达式：

$$C_p=0:\quad D_{SP}=0.273\ 81\vartheta^{1.213\ 05}\quad R=0.988\ 48 \tag{5.102}$$

$$C_p=2\text{MPa}:\quad D_{SP}=0.115\ 51\vartheta^{1.220\ 34}\quad R=0.965\ 70 \tag{5.103}$$

$$C_p=4\text{MPa}:\quad D_{SP}=0.034\ 15\vartheta^{1.256\ 32}\quad R=0.987\ 45 \tag{5.104}$$

$$C_p=6\text{MPa}:\quad D_{SP}=0.024\ 13\vartheta^{1.260\ 54}\quad R=0.994\ 86 \tag{5.105}$$

$$C_p=10\text{MPa}:\quad D_{SP}=0.017\ 77\vartheta^{1.390\ 23}\quad R=0.991\ 71 \tag{5.106}$$

$$C_p=20\text{MPa}:\quad D_{SP}=0.012\ 53\vartheta^{1.468\ 13}\quad R=0.995\ 31 \tag{5.107}$$

如图 5.52 和图 5.53 所示是拟合系数与围压的关系。

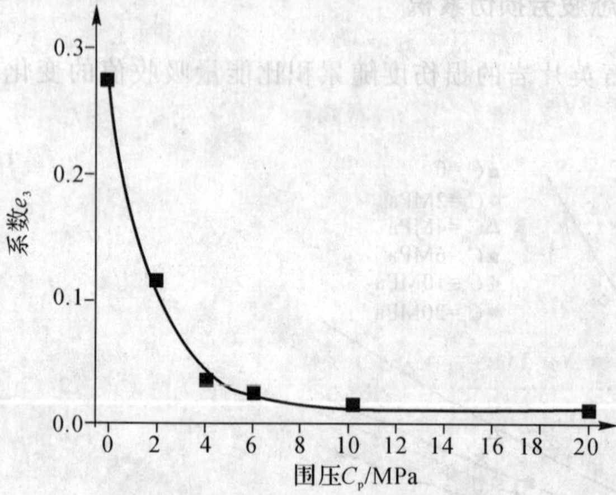

图 5.52　系数 e_3 与围压的关系

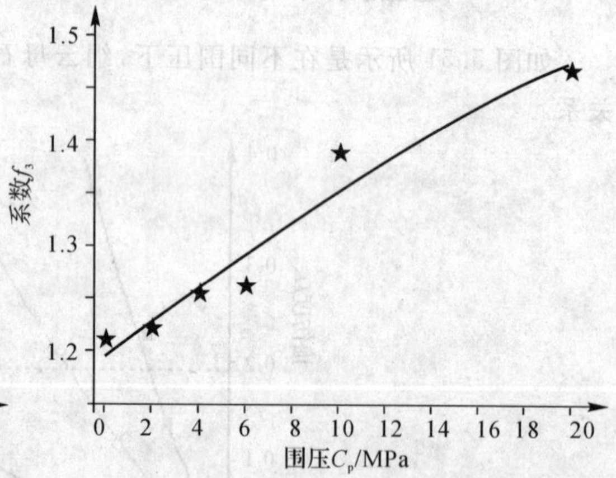

图 5.53　系数 f_3 与围压的关系

$$e_3 = 0.0117 + 0.26359 e^{-\frac{C_p}{1.96806}} \qquad R^2 = 0.99544 \tag{5.108}$$

$$f_3 = 1.92278 - 0.72753 e^{-0.02428 C_p} \qquad R^2 = 0.9431 \tag{5.109}$$

通过将围压参数内化，在围压条件下绢云母石英片岩试样损伤度与累积比能量吸收值的关系可统一为

$$D_{SP} = (0.0117 + 0.26359 e^{-\frac{C_p}{1.96806}})\, \vartheta^{1.92278 - 0.72753 e^{0.02428 C_p}} \qquad C_p \in [0,20]\mathrm{MPa} \tag{5.110}$$

绢云母石英片岩的损伤度随围压和累积比能量吸收值的变化规律如图 5.54 所示。

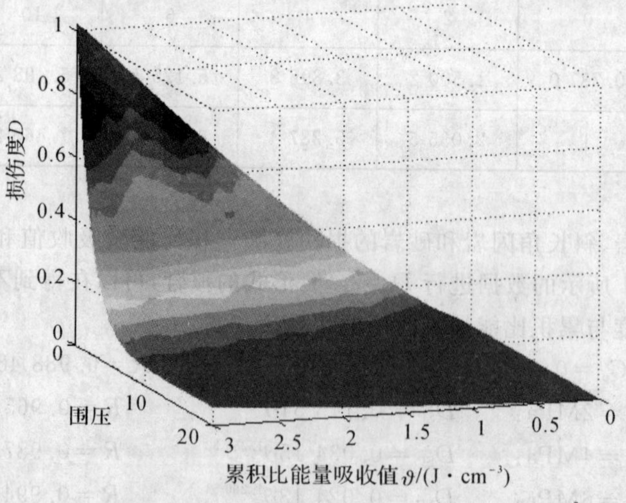

图 5.54　绢云母石英片岩的损伤度随围压和累积比能量吸收值的变化

5.6 三种岩石在冲击荷载循环作用下的力学性能比较

5.6.1 围压对试件比能量吸收影响的比较

如图 5.55 所示是三种岩石的比能量吸收值随围压和入射波能量的变化对比图，三者服从同一变化规律：在能量相同的入射波作用下，岩石在低围压时比在高围压时的比能量吸收值大；与低围压情况相比，岩石试件在高围压条件下累积损伤直至破坏，所耗散的总能量较大。当围压和入射波能量相同时，斜长角闪岩的比能量吸收值最小，这与岩石内部结构的致密度有关。

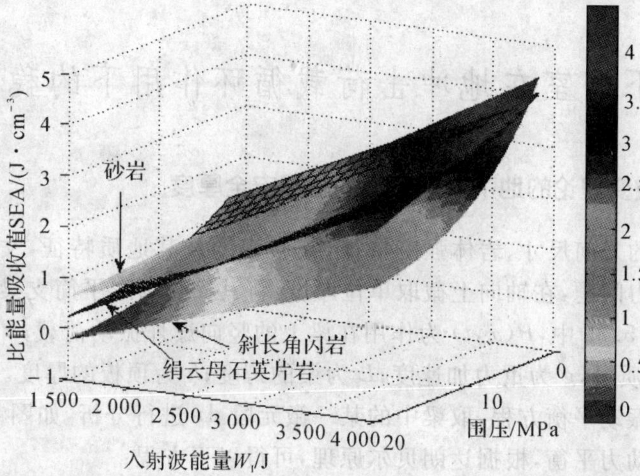

图 5.55 三种岩石的比能量吸收值随围压和入射波能量的变化规律对比

5.6.2 三种岩石动态疲劳损伤累积特性比较

当岩石达到损伤阈值 $D_{cr}=0.19$ 时的累积比能量吸收值与围压的关系如图 5.56 所示，其增长率与围压的关系如图 5.57 所示。由图可知，岩石达到损伤阈值时的累积比能量吸收值随着围压的升高而增加，且低围压时的增加速度比高围压时的增加速度快。三种岩石相比，当围压为 0 时，绢云母石英片岩达到损伤阈值需要的累积比能量吸收值最多；而在围压增加后，砂岩达到损伤阈值需要的累积比能量吸收值最多，绢云母石英片岩次之，斜长角闪岩最小。但是，从图 5.57 可知，随着围压的增加，砂岩达到损伤阈值时的累积比能量吸收值增长率最大，斜长角闪岩次之，绢云母石英片岩最小，表明砂岩的损伤对围压条件最为敏感。

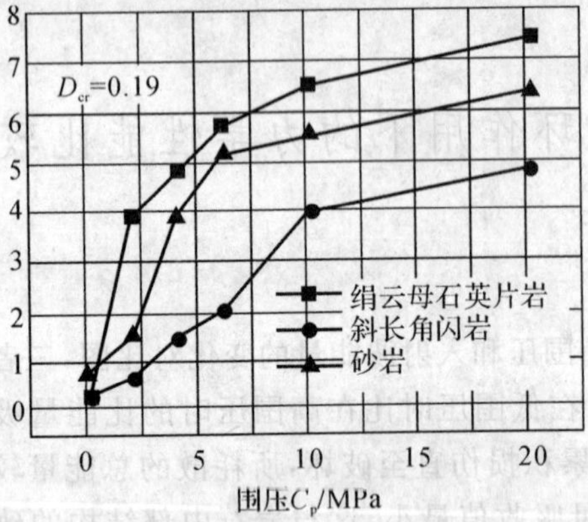

图 5.56　当 $D_{cr}=0.19$ 时，ϑ 与 C_p 的关系

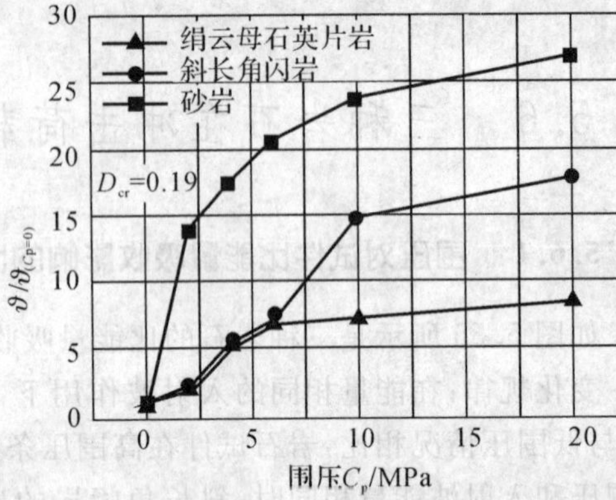

图 5.57　当 $D_{cr}=0.19$ 时，ϑ 增长率与 C_p 的关系

5.7　地下洞室在地冲击荷载循环作用下的稳定性分析

5.7.1　基于突变理论的地下洞室顶板的临界安全厚度

根据地下洞室的几何尺寸、岩体强度特征、完整程度及其地质特征，文献[276]将地下洞室顶板视为平面应力问题，在轴向上截取单位厚度，将其简化为水平简支梁，如图 5.58 所示。

在图 5.58 和图 5.59 中，$P(x,t)$ 为作用在梁上的竖向爆炸振动荷载；P_0 为梁的自重荷载，$P_0=mg$，m 为梁的质量，g 为重力加速度；L 为梁的跨度；h 为顶板的厚度。

为了建立梁的振动平衡方程，取梁中的某一微元段 dx 进行分析，如图 5.59 所示。在 y 方向上考虑微元段的动力平衡，根据达朗贝尔原理，可得以下方程：

$$\frac{\partial Q}{\partial x}+P(x,t)+P_0=\rho A\frac{\partial^2 f}{\partial t^2} \tag{5.111}$$

$$\frac{\partial M}{\partial x}+F\frac{\partial f}{\partial x}=Q \tag{5.112}$$

式中，ρ 为介质密度；A 为梁的横截面面积；F、Q 和 M 分别为水平内力、竖向内力和弯矩；f 为梁的挠度。

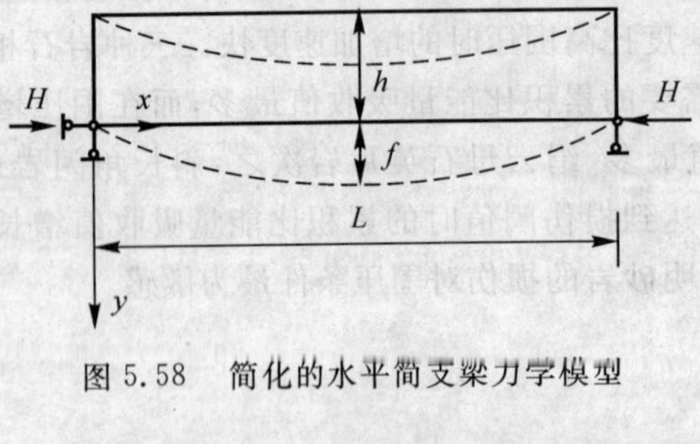

图 5.58　简化的水平简支梁力学模型

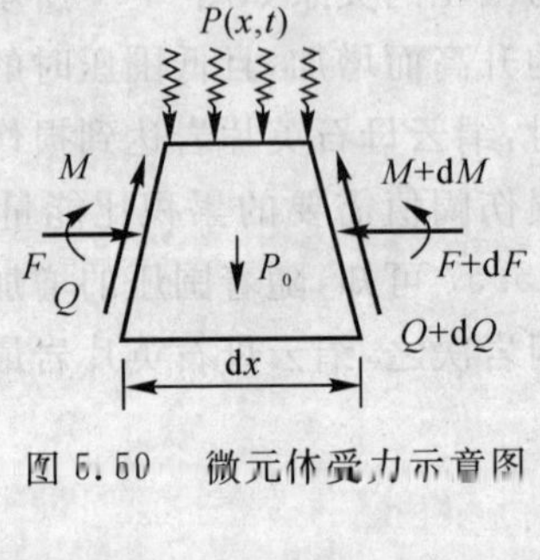

图 5.60　微元体受力示意图

根据 Euler-Bernoulli 假设，可得

$$EI(f'''' - f_0'''') - \frac{EA}{2L}f''\int_0^L[(f_0')^2 - (f')^2]\mathrm{d}x + c\dot{f} + P(x,t) + P_0 + \rho\ddot{f} = 0 \tag{5.113}$$

式中，E，I 分别为梁的弹性模量和惯性矩；c 为阻尼系数，$c > 0$；f_0 为梁的初始挠度，即梁在自重荷载下的位移；“$'$”表示对位置 x 求导，“$\cdot$”表示对时间 t 求导。

若假定：$f(x,t) = f(t)\sin\frac{\pi x}{L}$，则式(5.113) 变为

$$\ddot{f} + k_0\dot{f} + r_0 f + \alpha f^3 + P_{\max}\cos\omega \cdot t + P_0 = 0 \tag{5.114}$$

式中，$P_{\max}$ 为爆炸冲击荷载的幅值；ω 为爆炸振动荷载的频率。$k_0 = c/\rho > 0$，$r_0 = \pi^4 EI/(\rho L^4)$，$r_0 = \omega_0{}^2$，其中 ω_0 为梁的初始自振频率；$\alpha = 4\rho L^4/(\pi^4 EA)$，$\alpha$ 表征结构的非线性系数。α 的取值不同，结构的动力响应亦不同。

对此模型运用尖点突变理论即可得到地下洞室顶板失稳的突变理论判据[276]：

$$4[16(3k_0^2\omega^2 - e^2)/(27\alpha^2)]^3 + 27\{-16[8e(e^2 + 9k_0^2\omega^2) + 81\alpha P_{\max}^2]/(729\alpha^3)\}^2 = 0 \tag{5.115}$$

其中

$$e = r_0 - \omega^2 + 3\alpha H_0^2 \tag{5.116}$$

上述式中不仅包含了外界扰动因素，如顶板的自重荷载和爆炸冲击动荷载的影响，而且还有结构的内部属性，如几何尺寸和材料性质。所以，在考虑自重荷载的情况下，地冲击波能否诱发地下洞室顶板发生动力失稳破坏，不仅取决于动荷载的强度和频率，而且还与自重荷载以及工程结构特点、岩体属性等因素有关。

将式(5.115) 进一步展开，整理后可得

$$81^2 P_{\max}^4\alpha^2 + 162rP_{\max}^2\alpha + r^2 - s = 0 \tag{5.117}$$

$$r = 8e(e^2 + 9k_0^2\omega^2) \tag{5.118}$$

$$s = -64(3k_0^2\omega^2 - e^2)^3 > 0 \tag{5.119}$$

对方程式(5.117) 进行求解，由于考虑 $\alpha > 0$，舍去小值，可得

$$h = \frac{324\rho L^4}{\pi^4 E(\sqrt{s} - r)}P_{\max}^2 \tag{5.120}$$

式(5.120) 得到的 h 就是考虑自重荷载时，在爆炸冲击动荷载作用下地下洞室顶部的临界安全厚度 h_0。

5.7.2　地冲击荷载循环作用对地下洞室稳定性影响的算例分析

围岩特性(主要是岩体强度和完整性) 对地下洞室顶板的稳定和失稳影响很大。实践证明，节理裂隙发育、强度低的围岩容易发生失稳破坏。而岩体的弹性模量 E 是反应强度和完整性的重要指标。围岩强度越大，完整性越好，弹性模量就越大，反之越小。由式(5.120) 可见，弹性模量 E 与临界安全厚度 h_0 存在定量关系。随着弹性模量 E 的增加，临界安全厚度 h_0 逐渐

减小。这说明围岩强度越大,完整性越好,地下洞室顶板越稳定,反之越容易发生失稳破坏。根据前面5.2节至5.5节的研究可知,冲击应力波会对岩体造成一定损伤破坏,使岩体的强度和完整性降低,从而降低了岩体的弹性模量,增加了岩体失稳的概率。在冲击荷载的循环作用下,随着岩体损伤非线性累积增长,岩体弹性模量不断降低。当岩体弹性模量降低至一定程度时,地下洞室顶板厚度达到临界安全厚度,再受到冲击荷载扰动作用就会使地下洞室顶板发生失稳破坏。

以斜长角闪岩为地下洞室的围岩类型。由于地下洞室的存在,假定初始地应力得到完全释放,即 $C_p=0$。给定 $\omega_0=51.2\text{rad/s}$,$\omega=157\text{ rad/s}$,$P_{max}=60\text{MN}$,$\rho=2\,850\text{kg/m}^3$,$k_0=0.1$,$L=20\text{m}$,$h=20\text{m}$,$E=23\text{GPa}$。

由5.2节至5.5节的研究结果,可以推得当 $C_p=0$ 时,斜长角闪岩比能量吸收值与入射能量密度的关系式以及累积比能量吸收值与岩石损伤度的关系式,其中,入射能量密度定义为单位体积单位时间内的入射能量:

$$\text{SEA}=0.000\,205\,44\,\overline{E_I}-1.033\,59\times10^6 \tag{5.121}$$

$$D=1.758\times10^{-7}\times\vartheta^{1.110\,69} \tag{5.122}$$

式中,$\vartheta=\sum_{i=1}^{n}\text{SEA}(i)$,$n$ 为冲击荷载循环作用的次数;SEA 和 ϑ 的单位为 J/m^3;入射能量密度 $\overline{E_I}$ 的单位是 $\text{J/(m}^3\cdot\text{s)}$。

联合求解式(5.116)和式(5.118)至式(5.122),可得到地下洞室临界安全厚度随给定冲击荷载循环作用次数变化的关系曲线,如图5.60所示。

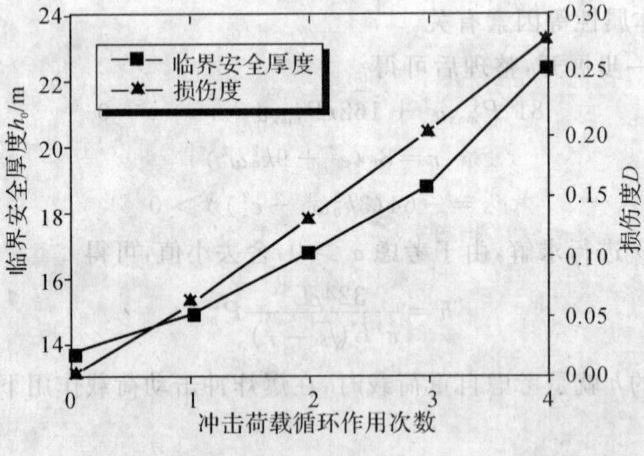

图5.60　临界安全厚度和损伤度随冲击荷载循环作用次数的变化

可以看出,在给定的冲击荷载情况下,地下洞室在受到地冲击荷载作用前的临界安全厚度为13.7m。当冲击荷载循环作用4次时,对应的岩体损伤度为0.28,此时,临界安全厚度增加为22.5m,已经超过20m的实际厚度,地下洞室将发生失稳破坏。

5.8 小　结

本章利用带围压装置的SHPB系统对在不同围压等级情况下岩石在冲击荷载循环加载下的力学性能进行了试验研究，分析了岩石在循环冲击荷载作用下的应力-应变曲线和屈服应力、屈服应变的变化特性，以及岩石在冲击荷载循环作用下的累积比能量吸收值与入射能量，损伤度与围压等参量之间的关系。由试验研究结果得出如下结论：

(1) 随着冲击荷载循环作用次数的增加，岩石的屈服应力降低，屈服应变增加；岩石中的细观裂纹由原始微裂纹处应力集中而起裂，细观裂纹的发展降低了岩石组构传递荷载的能力和比例，使得材料性能下降，导致应力-应变曲线的上升段斜率减小，弹性模量变小。

(2) 围压的增加使试样内陡倾角裂隙的承载能力迅速增大，不会产生滑移破坏，从而极大地提高了岩石试样的抗压强度及变形性能。

(3) 在无围压状态下，斜长角闪岩和绢云母石英片岩的破坏面是新鲜干净的断裂面，而在围压条件下，由于裂隙摩擦滑移的作用，其破坏面上有明显的白色岩粉。在相同围压等级下，当岩石达到破坏的累积比能量吸收值相同时，与一次打击破坏的情况相比，岩石在冲击荷载循环作用下的破坏块度减小，碎块数量增多。另外，在累积比能量吸收值相同的情况下，围压越高，岩石破坏时形成的断裂面的面积越小，试件的破碎程度越低。砂岩的破坏形态随围压的大小不同而发生变化，在三轴应力状态下，砂岩从轴向拉伸破坏形态向压剪破坏形态转变的临界围压值为 10MPa。

(4) 在能量相同的入射波作用下，岩石在低围压时比在高围压时的比能量吸收值大；与低围压情况相比，岩石试件在高围压条件下累积损伤直至破坏，所耗散的总能量更大。当围压和入射波能量相同时，斜长角闪岩的比能量吸收值最小。三种岩石的比能量吸收值与围压和入射波能量之间存在很好的规律性：

$$\mathrm{SEA_{SS}}=\begin{cases}0.001\,42E_{\mathrm{I}}-0.336\,57 & C_{\mathrm{p}}=0\\ 1\times10^{-5}\times(135-2.487\,2C_{\mathrm{p}})E_{\mathrm{I}}+(0.020\,13C_{\mathrm{p}}-1.060\,62) & C_{\mathrm{p}}\in[0,20]\mathrm{MPa}\end{cases}$$

$$\mathrm{SEA_{PH}}=(0.000\,67+0.000\,95\mathrm{e}^{-\frac{C_{\mathrm{p}}}{7.818\,89}})E_{\mathrm{I}}+0.341\,81\mathrm{e}^{-\frac{C_{\mathrm{p}}}{6.302\,6}}-1.342\,3\quad C_{\mathrm{p}}\in[2,20]\mathrm{MPa}$$

$$\mathrm{SEA_{SP}}=0.001\,16E_{\mathrm{I}}+1.557\,61\mathrm{e}^{-\frac{C_{\mathrm{p}}}{8.612\,81}}-1.654\,83\quad C_{\mathrm{p}}\in[0,20]\mathrm{MPa}$$

(5) 在冲击荷载作用下，岩石的能量吸收率随着应变率的增加而提高，随围压的增加而减小，且三个变量间存在很好的规律性：

$$\eta_{\mathrm{SS}}=\begin{cases}0.041\,17+0.003\,16\dot{\varepsilon} & C_{\mathrm{p}}=0\\ 0.000\,835\dot{\varepsilon}+0.219\,01\mathrm{e}^{-\frac{C_{\mathrm{p}}}{7.868\,34}}-0.006\,68 & C_{\mathrm{p}}\in[2,20]\mathrm{MPa}\end{cases}$$

$$\eta_{\mathrm{PH}}=\begin{cases}-0.071\,77+0.004\,14\dot{\varepsilon} & C_{\mathrm{p}}=0\\ (0.004\,67\mathrm{e}^{-\frac{C_{\mathrm{p}}}{3.581\,6}}+0.001\,07)\dot{\varepsilon}-0.213\,14\mathrm{e}^{-\frac{C_{\mathrm{p}}}{3.943\,29}}-0.090\,86 & 2\mathrm{MPa}<C_{\mathrm{p}}<20\mathrm{MPa}\end{cases}$$

$$\eta_{SP}=0.073\ 45e^{-0.115\ 27C_p}+(0.0017e^{-\frac{C_p}{5.076\ 43}}+0.001\ 03)\dot{\varepsilon} \qquad C_p\in[0,20]\text{MPa}$$

(6) 岩石循环冲击损伤演化过程存在围压效应，当围压逐渐增大时，岩石损伤度的增加随累积比能量吸收值增加的趋势变缓，其抗冲击损伤的能力增强，即围压越高，试件达到相同损伤度所需要耗散的能量越多。损伤度 D 与累积比能量吸收值 ϑ 和围压之间存在很好的规律性：

$$D_{SS}=\begin{cases}0.732\ 58\vartheta^{1.024\ 73} & C_p=0\\ (0.002\ 29+0.031\ 36e^{-\frac{C_p}{5.973\ 05}})\vartheta^{1.443\ 63+0.028\ 2C_p} & C_p\in[2,20]\text{MPa}\end{cases}$$

$$D_{PH}=(0.028\ 83+0.781\ 96e^{-\frac{C_p}{1.905\ 37}})\vartheta^{1.465\ 95-0.343\ 07e^{-0.084\ 53C_p}} \qquad C_p\in[0,20]\text{MPa}$$

$$D_{SP}=(0.011\ 7+0.263\ 59e^{-\frac{C_p}{1.968\ 06}})\vartheta^{1.922\ 78-0.727\ 53e^{0.024\ 28C_p}} \qquad C_p\in[0,20]\text{MPa}$$

(7) 当岩石达到损伤阈值 $D_{cr}=0.19$ 时的累积比能量吸收值随着围压的升高而增加，且低围压时的增加速度比高围压时的增加速度快。随着围压的增加，砂岩达到损伤阈值时的累积比能量吸收值增长率最大，斜长角闪岩次之，绢云母石英片岩最小，表明砂岩的损伤对围压条件最为敏感。

第 6 章　岩石破碎块度的能量分析和分形特征

6.1 引　言

在爆炸冲击荷载作用下，地下工程围岩的损伤破碎对工程的建设、防护以及结构内部人员和设备的安全构成了严重威胁，围岩的破碎块度分布也极大地影响着战时地下工程抢修抢建的进度；而且在地下资源的开采过程中，准确地了解岩石爆破破碎块度的分布，可以提高资源利用率，取得更高的经济效益。因此，岩石的变形和破坏研究历来是学术界和工程界十分重视的问题。作为一种非均质的多相复合结构材料，在长期的地质构造运动中，在内部形成了的大量微裂隙、微空洞等天然缺陷[28]。当受到外力作用时，岩石要经过微裂纹闭合、弹性变形、微缺陷演化扩展、灾变破坏等阶段，在这些阶段中岩石始终和外界进行能量的交换，将外部的机械能转变为应变能、热能存储为自身的内能；同时又将应变能转化为塑性能、表面能等，并以电磁辐射、声发射、动能等形式向外界释放能量[287-292]。为此可以认为“能量”这一参数贯穿于岩石变形破坏的整个过程中。另外，试验观察表明，在荷载作用下岩石材料的宏观破碎是由小破裂群体集中而形成的，小破裂又是由更小的裂隙演化和聚集而来的。这种自相似性的行为必然导致破碎后碎块块度和能量耗散也具有自相似的特征[221]。本章通过岩石在冲击荷载作用下的破碎块度和能量分析，建立岩石破碎块度-能量的关系式，依据 SHPB 试验试件破碎筛分结果和能量计算，确定岩石破碎能耗因子，并分析岩石破碎断裂能与围压的关系。另外，根据岩石破碎的自相似性，运用分形理论对岩石破碎块度的分形特征进行分析。研究成果对地下工程的防护和抢修抢建，以及地下资源的高效开采都有重要的指导意义。

6.2 岩石破碎的块度分析

早在 1867 年，R. P. Rittinger 就提出了破碎所需能量与介质破碎后的表面积成正比，并以此为论点，建立了破碎能耗表面积学说。到 1921 年，A. A. 格里菲斯的断裂能量理论，阐明了断裂过程中弹性形变能与表面能的关系。到 1952 年，F. C. Bond 认为岩石介质破碎时，外力所做的功首先是使物体发生变形，一旦局部变形超过临界点，即生成垂直于表面的裂口。裂口形成之后，储存在物体内的形变能即使裂口扩展而生成断裂面。输入功中有用功的有用部分转化为新生表面上的表面能，其他部分则因摩擦而生成热损失。因此，破碎介质所需的能量，应当考虑形变能和表面能两项。

破碎能耗理论可由 Walker 公式统一地表示[293] 为

$$dE = -C\frac{dx}{x^n} \tag{6.1}$$

式中，E 为岩石破碎所需能量；x 为破碎颗粒尺寸；C 为破碎能耗因子，是与岩石性质有关的参数；n 为与破碎程度有关的指数。

在爆炸冲击荷载作用下，岩石的破碎过程，首先应是裂纹形成的过程。先形成主裂纹，随着爆炸能量的不断传递，再在主裂纹的基础上形成分支裂纹，当爆炸能量足够大时，分支裂纹再继续分成次分支裂纹，依此类推。当爆炸能量大时，形成的裂纹多，分支裂纹的层次也多；反之，形成的裂纹少，分支裂纹的层次也少。从裂纹生成转换到爆炸块度来说，爆炸时先形成大块，大块随之由于爆炸能量的不断传递，再生成小块，当能量足够大时，小块继续破碎，并随能量的增大而继续破碎。当爆炸能量大时，介质破裂层次多，即颗粒较细；当爆炸能量小时，岩块破裂层次少，即产物颗粒较粗。离爆源近，岩体接受爆炸能量多，破碎较细；离爆源远，应力能量衰减大，岩体接受爆炸能量少，岩体破碎层次少，相应地粒度较粗。因此，不仅要考虑岩石材料的粒度分布，更重要的是要在能耗理论公式中，较好地反映岩石材料的粒度分布。只有这样，才能较好地描述能耗过程。为此，本书从爆炸冲击下岩石破碎过程的角度进行研究。

先将材料分成 $N+1$ 个粒级，粒级中最大的粒级为第一个粒级，次大的为第二个粒级，依此类推，粒度最小的为第 $N+1$ 个粒级。第 i 个粒级的粒度大小用 x_i 表示，相应的质量百分比用 m_i 表示。

定义 E_{ij} 表示单位质量材料从第 j 个粒级破碎到第 i 粒级（$i>j$）的能耗，用 m_{ij} 表示介质中第 j 个粒级的材料，经破碎后进入第 i 个粒级的质量百分数。定义能量因子 e_i 为单位质量的材料从第 i 个粒级破碎到第 $i+1$ 个粒级的能耗，并且认为破碎能耗与破碎过程无关，即无论直接从 x_j 破碎到 x_i，还是先从 x_j 粉碎到某一中间粒度 x_k，再从 x_k 粉碎到 x_i，其能量是一样的。由此可得

$$E_{ij} = \sum_{k=j}^{i-1} e_k \tag{6.2}$$

物体中的各质点皆以一定的能量相联系，外力所做的功如不超过内聚能量，物体是不会发生破坏的。格里菲斯裂纹失稳条件为

$$\frac{\sigma^2}{2E}dv \geqslant \gamma da$$

式中，σ 为爆炸应力；E 为冲击能量；γda 为新生表面能。

从上式可知，能量必须储积到一定程度时裂纹才会发生。爆炸能量有限，当介质破碎到一定程度时，就不再破碎，其余爆炸能量转化为声能、抛掷能、热能等形式。所以，可设第 $N+1$ 个粒级的粒度已不再发生破碎，因而不再消耗能量。

当介质从第 1 个粒级破碎，其破碎物进入比其粒级更小的第 2，第 3，…，第 $N+1$ 个粒级，其质量分别为 $m_{2,1}, m_{3,1}, \cdots, m_{N+1,1}$，这部分材料发生破碎所需的能耗 E_1 为

$$E_1 = E_{2,1}m_{2,1} + E_{3,1}m_{3,1} + \cdots + E_{N+1,1}m_{N+1,1} =$$

$$e_1 m_{2,1} + (e_1 + e_2)m_{3,1} + \cdots + \Big(\sum_{k=j}^{N} e_k\Big) m_{N+1,1} = \sum_{j=2}^{N+1}\Big(\sum_{k=1}^{j-1} e_k\Big) m_{j,1} \tag{6.3}$$

同理，破碎后每一粒级的介质，由于爆炸冲击能量的传递，裂纹继续发展，介质继续破碎，即第 i 个粒级的材料经破碎后，其破碎物进入第 $i+1$，第 $i+2$，…，这部分的能耗 E_i 为

$$E_i = \sum_{j=i+1}^{N+1}\Big(\sum_{k=1}^{j-1} e_k\Big) m_{j,i} \qquad (i = 1,2,\cdots,N) \tag{6.4}$$

整个过程所消耗的能量 E 应是各粒级所耗能量之和，即

$$E = \sum_{i=1}^{N} E_i = \sum_{i=1}^{N}\sum_{j=i+1}^{N+1}\Big(\sum_{k=1}^{j-1} e_k\Big) m_{j,i} \tag{6.5}$$

将式(6.5)进行一系列的变换，可得

$$E = \sum_{i=1}^{N} e_i \Big(\sum_{k=1}^{i}\sum_{j=i+1}^{N+1} m_{j,k}\Big) \tag{6.6}$$

根据 $m_{i,k}$ 的物理意义可知，式(6.6)中等号右边的和式 $\sum_{k=1}^{i}\sum_{j=i+1}^{N+1} m_{j,k}$ 就是破碎物筛下累积量百分比 y_i，因此上式可写成

$$E = \sum_{i=1}^{N} e_i y_i \tag{6.7}$$

式(6.7)建立了介质破碎能耗与介质破碎后各块度粒级之间的直接关系。该关系式考虑了块度分布特性对能耗的影响，从而较好地描述了介质破碎过程的能量消耗。该关系式的显著特点是，直接用各粒度的质量分数来表示，克服了前人所提出的公式中用平均直径或粒度分布方程近似地描述粒度特性的缺陷，从而使能量块度方程式不受粒度分布特性方程式的限制，适用于任意粒度分布特性的介质破碎过程，故具有普遍意义；另外，它考虑了介质各粒级的破碎能耗，提出了能量因子 e_i 的概念。

根据能量因子 e_i 的物理意义和 Walker 公式(6.1)，可得

$$e_i = \int_{x_i}^{x_{i+1}} -C\frac{\mathrm{d}x}{x^n} \qquad (n \neq 1)$$

积分得

$$e_i = \frac{C}{n-1}\Big(\frac{1}{x_{i+1}^{n-1}} - \frac{1}{x_i^{n-1}}\Big) \tag{6.8}$$

因此，式(6.7)又可写成

$$E = \frac{C}{n-1}\sum_{i=1}^{N}\Big(\frac{1}{x_{i+1}^{n-1}} - \frac{1}{\sqrt{x_i^{n-1}}}\Big) y_i \tag{6.9}$$

由文献[294]可知，对岩石类材料，n 值范围为 1.33～1.78。本书取 $n=1.5$，即

$$E = 2C\sum_{i=1}^{N}\Big(\frac{1}{\sqrt{x_{i+1}}} - \frac{1}{\sqrt{x_i}}\Big) y_i \tag{6.10}$$

6.3 岩石试件破碎的能量分析

基于本书所采用的SHPB试验装置，对岩石试件破碎的能量进行分析。

1. 打击杆的动能

$$W_{\mathrm{B}}=Mv_0^2/2 \tag{6.11}$$

式中，M 和 v_0 分别是打击杆的质量和撞击速度。

2. 入射应力波能量

$$W_{\mathrm{I}}=(A_{\mathrm{b}}C_{\mathrm{b}}/E_{\mathrm{b}})\int\sigma_{\mathrm{I}}^2 d\mathrm{t} \tag{6.12}$$

式中，A_b，C_b 和 E_b 分别是输入杆的横截面积、杆中的声波传播速度以及输入杆的弹性模量；σ_I 为入射应力波的应力时程。

3. 反射应力波能量

$$W_{\mathrm{R}}=(A_{\mathrm{b}}C_{\mathrm{b}}/E_{\mathrm{b}})\int\sigma_{\mathrm{R}}^2 d\mathrm{t} \tag{6.13}$$

式中，σ_R 为反射应力波的应力时程。

4. 透射应力波能量

$$W_{\mathrm{T}}=(A_{\mathrm{b}}C_{\mathrm{bt}}/E_{\mathrm{bt}})\int\sigma_{\mathrm{T}}^2 dt \tag{6.14}$$

式中，C_{bt} 和 E_{bt} 分别是输出杆中的声波传播速度以及输出杆的弹性模量；σ_{T} 为透射应力波的应力时程。

5. 岩石试件吸收的能量

假设试件与输入杆和透射杆截面处的能量损耗忽略不计，可以得到岩石试件吸收的能量为

$$W_{\mathrm{L}}=W_{\mathrm{I}}-(W_{\mathrm{R}}+W_{\mathrm{T}}) \tag{6.15}$$

能量 W_{L} 又可分为三个主要部分：① 断裂损伤能 W_{FD}，该部分能量主要用于断裂面的形成、裂纹的扩展以及微裂纹损伤等；② 破碎岩块的动能 W_{K}；③ 其他形式的耗散能 W_{O}，如热能、辐射能等。

在加载速率不是特别高的断裂破碎的情况下，能量 W_{O} 非常小，可以忽略。因此，可以得到

$$W_{\mathrm{L}}=W_{\mathrm{FD}}+W_{\mathrm{K}} \tag{6.16}$$

若把断裂损伤能 W_{FD} 中用于形成断裂面的能量称为断裂能 W_{F}，把用于裂纹的扩展以及微裂纹损伤的能量统称为损伤能 W_{D}，则有

$$W_{\mathrm{L}}=(W_{\mathrm{F}}+W_{\mathrm{D}})+W_{\mathrm{K}} \tag{6.17}$$

6. 岩石碎块的动能

岩石破坏后，将有碎块飞出，伴随有动能的转化。目前，一般有两种方法计算动能，一是用

高速摄像机拍摄块体飞出的整个过程，再用有关的理论进行计算；二是把块体的运动看做平抛运动，按照水平位移和竖直位移的大小计算动能[295]。动能的计算是一个非常复杂的过程，试验验证也比较困难。借鉴文献[296]关于岩石试样 SHPB 劈裂试验碎块动能的研究结果可知

$$W_K/W_L=(0.69v_0+0.22)/100 \tag{6.18}$$

7. 断裂能

用于形成断裂面而造成岩石破碎的断裂能 W_F 可以根据破碎岩石的筛分结果，利用式(6.10)求得。

8. 损伤能

用于裂纹的扩展以及微裂纹损伤的能量 W_D，由于涉及材料的微观力学，因此无法通过试验测量或直接计算，需要在确定上述其他能量的基础上求解。

6.4　岩石的破碎块度、断裂能量和围压的关系

6.4.1　岩石破碎能耗因子的确定

在上述块度分析和能量分析的计算式(6.10)至式(6.18)中，破碎能耗因子 C 的确定成为整个模型计算的关键。另外，由于岩石碎块动能的计算是借鉴文献[296]的研究结果，而文献[296]又是基于岩石试样 SHPB 劈裂试验的，因此，为了能够合理、有效地运用其研究结果，本书中岩石碎块动能以及破碎能耗因子的确定也必须以 SHPB 劈裂试验为基础。由于受试验设备的限制，本书的 SHPB 劈裂试验采用平台巴西圆盘动态劈裂试验。

由参考文献[241]以及本书第 3 章对平台巴西圆盘的受力分析可知，平台上的面荷载可以有效地改善加载部位处的应力集中。当平台中心角 $2\alpha=20°$ 时可以保证试样在中心起裂，并且沿加载直径劈裂，即在加载过程中，试件的微裂纹主要沿直径方向发展并最终形成沿加载直径的破裂面，因此，可近似认为岩石的断裂损伤能 W_{FD} 全部耗散于劈裂面的形成，即$W_F \approx W_{FD}$。

由此，基于第 3 章平台巴西圆盘动态劈裂强度试验的块度筛分结果以及能量分析，利用式(6.10)即可得到岩石的破碎能耗因子 C。

需要说明的是，破碎能耗因子 C 的确定与模型中其他参数的量纲以及岩石材料属性有关，在后续的分析计算中必须保证相应参数量纲和材料属性等与 C 确定时的一致，唯此，才能保证计算结果的正确性。这一点在将本书模型运用于实际工程时须特别注意。若记 $A=1/\sqrt{x_{i+1}}-1/\sqrt{x_i}$，$B=Ay_i$，$M$ 是筛分结果，y_i 是筛下累积量百分比，则 3 种岩石的动态劈裂抗拉试验的块度筛分结果及破碎能耗因子的计算过程见表 6.1 至表 6.3。

表 6.1　斜长角闪岩的动态劈裂抗拉试验的块度筛分结果和破碎能耗因子的计算

试件编号	筛分直径/mm	2.5	5	10	16	20	25	31.5	40	50	100	求和	吸收的能量/J	撞击速度/(m·s^{-1})	碎块动能/J	断裂损伤能/J	破碎能耗因子 C_{PH}	
PHDT-1	M/g	19	6	7	13	1	4	0	0	0	570	620	82.3	7.78	4.599	77.70	507.3	548.5
	y_i/(×100%)	0.03	0.04	0.051	0.072	0.074	0.08	0.08	0.08	0.08	1							
	A	0.262	0.185	0.131	0.066	0.026	0.024	0.022	0.02	0.017	0.041							
	B	0.008	0.007	0.007	0.005	0.002	0.002	0.002	0.002	0.001	0.041	0.077						
PHDT-2	M/g	6	4	7	15	9	30	23	0	120	375	589	79.7	6.85	3.942	75.76	523.1	
	y_i/(×100%)	0.01	0.017	0.029	0.055	0.07	0.121	0.16	0.16	0.365	1							
	A	0.262	0.185	0.131	0.066	0.026	0.024	0.022	0.02	0.017	0.041							
	B	0.003	0.003	0.004	0.004	0.002	0.003	0.004	0.003	0.006	0.041	0.072						
PHDT-3	M/g	4	4	8	8	10	33	25	91	0	432	615	85.46	8.08	4.953	80.51	578	
	y_i/(×100%)	0.007	0.013	0.026	0.039	0.055	0.109	0.149	0.297	0.297	0.998							
	A	0.262	0.185	0.131	0.066	0.026	0.024	0.022	0.02	0.017	0.041							
	B	0.002	0.002	0.003	0.003	0.002	0.003	0.003	0.006	0.005	0.041	0.07						
PHDT-6	M/g	4	3	5	1	2	20	6	0	93	442	576	71.81	5.63	2.948	68.86	585.5	
	y_i/(×100%)	0.007	0.012	0.021	0.023	0.026	0.061	0.071	0.071	0.233	1.002							
	A	0.262	0.185	0.131	0.066	0.026	0.024	0.022	0.02	0.017	0.041							
	B	0.002	0.002	0.003	0.002	0.001	0.001	0.002	0.001	0.004	0.042	0.059						

表 6.2　绢云母石英片岩的动态劈裂抗拉试验的块度筛分结果和破碎能耗因子的计算

试件编号	筛分直径/mm	2.5	5	10	16	20	25	31.5	40	50	100	求和	吸收的能量/J	撞击速度/$m \cdot s^{-1}$	碎块动能/J	断裂损伤能/J	破碎能耗因子 C_{SP}	
SPDT-1	M/g	0	4	6	10	4	0	15	71	160	252	522	41.31	5.46	1.647	39.66	311.3	385.2
	y_i/(×100%)	0	0.008	0.019	0.038	0.045	0.045	0.074	0.208	0.509	0.985							
	A	0.262	0.185	0.131	0.066	0.026	0.024	0.022	0.020	0.017	0.041							
	B	0	0.001	0.003	0.003	0.001	0.001	0.002	0.004	0.009	0.041	0.064						
SPDT-2	M/g	2	3	3	3	6	0	8	0	0	530	555	47.54	6.89	2.365	45.18	440.2	
	y_i/(×100%)	0.004	0.009	0.014	0.020	0.031	0.031	0.045	0.045	0.045	0.998							
	A	0.262	0.185	0.131	0.062	0.026	0.024	0.022	0.020	0.017	0.041							
	B	0.001	0.002	0.002	0.003	0.001	0.001	0.001	0.001	0.001	0.041	0.051						
SPDT-3	M/g	2	2	6	15	15	6	25	0	132	338	541	55.68	7.91	3.161	52.52	404.2	
	y_i/(×100%)	0.004	0.007	0.019	0.046	0.074	0.085	0.131	0.131	0.375	1							
	A	0.262	0.185	0.131	0.066	0.026	0.024	0.022	0.020	0.017	0.041							
	B	0.001	0.001	0.002	0.003	0.002	0.002	0.003	0.003	0.006	0.041	0.065						

表 6.3　砂岩的动态劈裂抗拉试验的块度筛分结果和破碎能耗因子的计算

试件编号	筛分直径/mm	0.63	1.25	2.5	5	10	16	20	25	31.5	40	50	100	求和	吸收的能量/J	撞击速度/(m·s^{-1})	碎块动能/J	断裂损伤能/J	破碎能耗因子 C_{SS}	
SSDT-1	M/g	7	1	1	2	2	4	4	0	22	40	0	454	537	52.15	5.4	2.058	50.09	328.6	323.8
	y_i/(×100%)	0.013	0.015	0.017	0.020	0.024	0.032	0.039	0.039	0.080	0.154	0.154	0.996							
	A	0.52	0.365	0.262	0.185	0.131	0.066	0.026	0.024	0.022	0.020	0.017	0.041							
	B	0.01	0.005	0.004	0.004	0.003	0.002	0.001	0.001	0.002	0.003	0.003	0.041 3	0.076 2						
SSDT-2	M/g	6	1	1	2	3	4	0	0	0	26	0	497	540	56.47	6.74	2.75	53.72	385.4	
	y_i/(×100%)	0.011	0.013	0.015	0.019	0.024	0.032	0.032	0.032	0.032	0.080	0.080	1							
	A	0.52	0.365	0.262	0.185	0.131	0.066	0.026	0.024	0.022	0.020	0.017	0.041 4							
	B	0.01	0.005	0.004	0.003	0.003	0.002	0.001	0.001	0.001	0.002	0.001	0.041	0.070						
SSDT-3	M/g	24	3	3	3	8	8	0	27	42	18	0	402	538	78.78	7.89	4.462	74.32	257.5	
	y_i/(×100%)	0.044	0.05	0.056	0.061	0.076	0.091	0.091	0.141	0.219	0.252	0.252	0.996							
	A	0.52	0.365	0.262	0.185	0.131	0.066	0.026	0.024	0.022	0.020	0.017	0.041							
	B	0.02	0.018	0.015	0.011	0.010	0.006	0.002	0.003	0.005	0.005	0.004	0.041	0.144						

6.4.2　岩石破碎断裂能与围压的关系

在分别确定斜长角闪岩、绢云母石英片岩和砂岩的破碎能耗因子 C_{PH}，C_{SP} 和 C_{SS} 后，就可以根据岩石的 SHPB 动态压缩试验筛分结果对用于形成断裂面而造成岩石破碎的断裂能 W_F 进行计算，进而对不同围压下岩石在冲击荷载作用下的破碎能量特性进行分析研究。

如表 6.4 至表 6.6 所示分别是部分斜长角闪岩、绢云母石英片岩和砂岩的 SHPB 动态压缩试验筛分结果及破碎断裂能的计算，限于篇幅，仅列出部分结果。如表 6.7 至表 6.9 所示分别是部分斜长角闪岩、绢云母石英片岩和砂岩的 SHPB 动态压缩断裂能量，其中试件编号括弧内的数字代表该试件受冲击荷载循环作用的次数。为了使研究结果具有可比性，本书定义破碎断裂能比率为试件的破碎断裂能与其吸收能量的比值，并对试件的破碎断裂能比率平均值随围压的变化关系进行分析，如表 6.7 至表 6.9 和图 6.1 所示，对于在循环作用下的岩石试件只列出其累积吸收的能量值。由图可知，岩石一旦处于围压状态，则其破碎断裂能比率迅速减小。

在围压状态下，岩石碎块不会飞散，其动能可以忽略，根据式(6.17) 可知，岩石吸收的能量可认为全部耗散于岩石的断裂和损伤，又由于在围压状态下岩石的破碎断裂能占总吸收能量的比率迅速减小，即耗散于岩石损伤的能量迅速增加，此时，岩石内部的损伤面和裂隙分布趋于均匀化。

三种岩石的破碎断裂能比率计算如下：

$$\Delta_{PH}=0.058\,70+0.172\,23e^{-\frac{C_p}{1.030\,10}}\qquad R^2=0.959\,82 \tag{6.19}$$

$$\Delta_{SP}=0.044\,91+0.233\,26e^{-\frac{C_p}{0.811\,14}}\qquad R^2=0.999\,22 \tag{6.20}$$

$$\Delta_{SS}=0.019\,28+0.519\,05e^{-\frac{C_p}{0.665\,32}}\qquad R^2=0.998\,05 \tag{6.21}$$

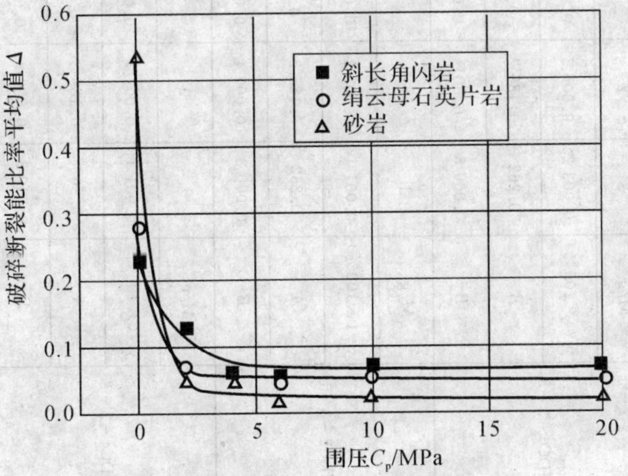

图 6.1　破碎断裂能比率随围压的变化关系

表 6.4　斜长角闪岩的部分动态压缩试验的块度筛分及破碎断裂能计算

试件编号	筛分直径/mm	2.5	5	10	16	20	25	31.5	40	50	100	求和	破碎断裂能/J
PHDC0-3-3	M/g	3	2	4	13	12	17	78	41	55	715	940	64.409
	y_i/(×100%)	0.003 2	0.005 3	0.009 5	0.023 3	0.036 1	0.054 1	0.136 8	0.180 3	0.238 6	0.996 8		
	A	0.262	0.185 2	0.131	0.066 2	0.026 4	0.023 6	0.021 8	0.020 1	0.016 7	0.041 4		
	B	0.000 8	0.001	0.001 3	0.001 5	0.001	0.001 3	0.003	0.003 6	C.004	0.041 3	0.058 7	
PHDC2-3-1	M/g	1	1	3	1	5	13	0	0	0	922	946	50.017
	y_i/(×100%)	0.001 1	0.002 1	0.005 3	0.006 3	0.011 6	0.025 4	0.025 4	0.025 4	0.025 4	1		
	A	0.262	0.185 2	0.131	0.066 2	0.026 4	0.023 6	0.021 8	0.020 1	0.016 7	0.041 4		
	B	0.000 3	0.000 4	0.000 7	0.000 4	0.000 3	0.000 6	0.000 6	0.000 5	0.000 4	0.041 4	0.045 6	
PHDC4-2-1	M/g	1	0	0	1	0	0	0	0	0	890	892	46.58
	y_i/(×100%)	0.001 1	0.001 1	0.001 1	0.002 2	0.002 2	0.002 2	0.002 2	0.002 2	0.002 2	1		
	A	0.262	0.185 2	0.131	0.066 2	0.026 4	0.023 6	0.021 8	0.020 1	0.016 7	0.041 4		
	B	0.000 3	0.000 2	0.000 1	0.000 1	0.000 06	0.000 05	0.000 05	0.000 04	0.000 04	0.041 4	0.042 5	
PHDC6-3-1	M/g	3	1	3	4	5	0	15	10	0	890	931	52.467
	y_i/(×100%)	0.003 2	0.004 3	0.007 5	0.011 8	0.017 1	0.017 1	0.033 2	0.043 9	0.043 9	0.995 7		
	A	0.262	0.185 2	0.131	0.066 2	0.026 4	0.023 6	0.021 8	0.020 1	0.016 7	0.041 4		
	B	0.000 8	0.000 8	0.001	0.000 8	0.000 5	0.000 4	0.000 7	0.000 9	0.000 7	0.041 2	0.047 8	

续表

试件编号		筛分直径/mm 2.5	5	10	16	20	25	31.5	40	50	100	求和	破碎断裂能/J
PHDC10－2－1 (8)	M/g	0.5	0.5	2	5	0	13	44	0	114	757	936	54.181
	y_i/(×100%)	0.000 5	0.001 1	0.003 2	0.008 5	0.008 5	0.022 3	0.069 1	0.069 1	0.190 4	0.995 7		
	A	0.262	0.185 2	0.131	0.066 2	0.026 4	0.023 6	0.021 8	0.020 1	0.016 7	0.041 4		
	B	0.000 1	0.000 2	0.000 4	0.000 6	0.000 2	0.000 5	0.001 5	0.001 4	0.003 2	0.041 2	0.049 4	
PHDC20－3－1 (4)	M/g	1	1	3	0	8	0	17	121	207	594	952	59.247
	y_i/(×100%)	0.001 1	0.002 1	0.005 3	0.005 3	0.013 7	0.013 7	0.031 5	0.158 8	0.376 4	1.001 1		
	A	0.262	0.185 2	0.131	0.066 2	0.026 4	0.023 6	0.021 8	0.020 1	0.016 7	0.041 4		
	B	0.000 3	0.000 4	0.000 7	0.000 3	0.000 4	0.000 3	0.000 7	0.003 2	0.006 3	0.041 5	0.054	

表 6.5　绢云母石英片岩的部分动态压缩试验的块度筛分及破碎断裂能计算

试件编号 \ 筛分直径/mm		5	10	16	20	25	31.5	40	50	100	求和	破碎断裂能/J	
SPDC0-1-2	M/g	47	28	57	84	112	106	197	134	42	0	807	141.92
	y_i/(×100%)	0.056 7	0.090 5	0.159 2	0.260 6	0.395 7	0.523 5	0.761 2	0.922 8	0.973 5	0.973 5		
	A	0.262	0.185 2	0.131	0.066 2	0.026 4	0.023 6	0.021 8	0.020 1	0.016 7	0.041 4		
	B	0.014 9	0.016 8	0.020 9	0.017 3	0.010 4	0.012 4	0.016 6	0.018 5	0.016 2	0.040 3	0.184 2	
SPDC2-1-2	M/g	5	3	5	8	2	26	17	56	177	553	852	46.801
	y_i/(×100%)	0.005 9	0.009 4	0.015 2	0.024 6	0.027	0.057 4	0.077 4	0.143	0.350 5	0.998 8		
	A	0.262	0.185 2	0.131	0.066 2	0.026 4	0.023 6	0.021 8	0.020 1	0.016 7	0.041 4		
	B	0.001 5	0.001 7	0.002	0.001 6	0.000 7	0.001 4	0.001 7	0.002 9	0.005 9	0.041 4	0.060 7	
SPDC4-3-1	M/g	7	3	3	0.5	0	25	0	0	0	827	865.5	40.52
	y_i/(×100%)	0.008 1	0.011 5	0.015	0.015 6	0.015 6	0.044 4	0.044 4	0.044 4	0.044 4	0.997 1		
	A	0.262	0.185 2	0.131	0.066 2	0.026 4	0.023 6	0.021 8	0.020 1	0.016 7	0.041 4		
	B	0.002 1	0.002 1	0.002	0.001	0.000 4	0.001	0.001	0.000 9	0.000 7	0.041 3	0.052 6	
SPDC6-4-1 (3)	M/g	11	6	11	22	8	15	15	54	272	434	848	57.16
	y_i/(×100%)	0.012 9	0.02	0.032 9	0.058 8	0.068 2	0.085 9	0.103 5	0.167 1	0.487 1	0.997 6		
	A	0.262	0.185 2	0.131	0.066 2	0.026 4	0.023 6	0.021 8	0.020 1	0.016 7	0.041 4		
	B	0.003 4	0.003 7	0.004 3	0.003 9	0.001 8	0.002	0.002 3	0.003 4	0.008 1	0.041 3	0.074 2	

续表

试件编号	筛分直径/mm	5	10	16	20	25	31.5	40	50	100	求和	破碎断裂能/J	
SPDC10-2-1 (2)	M/g	1	1	1	2	0	0	15	0	0	799	819	34.52
	y_i/(×100%)	0.001 2	0.002 4	0.003 7	0.006 1	0.006 1	0.006 1	0.024 4	0.024 4	0.024 4	1		
	A	0.262	0.185 2	0.131	0.066 2	0.026 4	0.023 6	0.021 8	0.020 1	0.016 7	0.041 4		
	B	0.000 3	0.000 5	0.000 5	0.000 4	0.000 2	0.000 1	0.000 5	0.000 5	0.000 4	0.041 4	0.044 8	
SPDC20-2-1 (2)	M/g	0.5	0.5	0.5	2	2	0	0	0	0	852	857.5	32.98
	y_i/(×100%)	0.000 6	0.001 2	0.001 7	0.004 1	0.006 4	0.006 4	0.006 4	0.006 4	0.006 4	0.995 9		
	A	0.262	0.185 2	0.131	0.066 2	0.026 4	0.023 6	0.021 8	0.020 1	0.016 7	0.041 4		
	B	0.000 2	0.000 2	0.000 2	0.000 3	0.000 2	0.000 2	0.000 1	0.000 1	0.000 1	0.041 3	0.042 8	

表 6.6　砂岩的部分动态压缩试验的块度筛分及破碎断裂能计算

试件编号 \ 筛分直径/mm		0.63	1.25	2.5	5	10	16	20	25	31.5	40	50	100	求和	破碎断裂能/J
SSDC0-1-1	M/g	111	6	5	19	43	55	58	26	0	0	0	483	806	211.5
	y_i/(×100%)	0.1360 3	0.1433 8	0.149 5	0.172 8	0.225 5	0.292 9	0.364	0.395 8	0.395 8	0.395 8	0.395 8	0.987 7		
	A	0.521 9	0.365 5	0.262	0.185 2	0.131	0.066 2	0.026 4	0.023 6	0.021 8	0.020 1	0.016 7	0.041 4		
	B	0.071	0.052 4	0.039 2	0.032	0.029 5	0.019 4	0.009 6	0.009 3	0.008 6	0.007 9	0.006 6	0.040 9	0.326 5	
SSDC2-5-1 (4)	M/g	11	0.5	1	1	1	4	10	19	11	24	0	727	809.5	46.76
	y_i/(×100%)	0.013 56	0.014 18	0.015 4	0.016 6	0.017 9	0.022 8	0.035 1	0.058 6	0.072 1	0.101 7	0.101 7	0.998 2		
	A	0.521 9	0.365 5	0.262	0.185 2	0.131	0.066 2	0.026 4	0.023 6	0.021 8	0.020 1	0.016 7	0.041 4		
	B	0.007 1	0.005 2	0.004	0.003 1	0.002 3	0.001 5	0.000 9	0.001 4	0.001 6	0.002	0.001 7	0.041 3	0.072 2	
SSDC4-3-1 (3)	M/g	7	2	2	2	4	1	5	0	39	274	471	0	807	57.19
	y_i/(×100%)	0.008 61	0.011 07	0.013 5	0.016	0.020 9	0.022 1	0.028 3	0.028 3	0.076 3	0.413 3	0.992 6	0.992 6		
	A	0.521 9	0.365 5	0.262	0.185 2	0.131	0.066 2	0.026 4	0.023 6	0.021 8	0.020 1	0.016 7	0.041 4		
	B	0.00 45	0.004	0.003 5	0.003	0.002 7	0.001 5	0.000 7	0.000 7	0.001 7	0.008 3	0.016 6	0.041 1	0.088 3	
SSDC6-2-1 (6)	M/g	0	0	7	1	2	3	4	15	0	33	0	749	814	34.43
	y_i/(×100%)	0	0	0.008 6	0.009 8	0.012 2	0.015 9	0.020 8	0.039 1	0.039 1	0.079 5	0.079 5	0.995 1		
	A	0.521 9	0.365 5	0.262	0.185 2	0.131	0.066 2	0.026 4	0.023 6	0.021 8	0.020 1	0.016 7	0.041 4		
	B	0	0	0.002 2	0.001 8	0.001 6	0.001 1	0.000 5	0.000 9	0.000 9	0.001 6	0.001 3	0.041 2	0.053 2	

续表

试件编号	筛分直径/mm	0.63	1.25	2.5	5	10	16	20	25	31.5	40	50	100	求和	破碎断裂能/J
SSDC10－3－1（2）	M/g	1	0.5	0.5	0.5	1	1	0	0	0	0	0	815	819.5	29.56
	y_i/（×100%）	0.001 23	0.001 84	0.002 5	0.003 1	0.004 3	0.005 5	0.005 5	0.005 5	0.005 5	0.005 5	0.005 5	1.004 3		
	A	0.521 9	0.365 5	0.262	0.185 2	0.131	0.066 2	0.026 4	0.023 6	0.021 8	0.020 1	0.016 7	0.041 4		
	B	0.000 6	0.000 7	0.000 6	0.000 6	0.000 6	0.000 4	0.000 1	0.000 1	0.000 1	0.000 1	9E－05	0.041 6	0.045 6	
SSDC20－4－2（3）	M/g	0	0	0.5	0.5	0.5	0.5	2	0	0	8	0	801	813	27.71
	y_i/（×100%）	0	0	0.000 6	0.001 2	0.001 8	0.002 4	0.004 9	0.004 9	0.004 9	0.014 7	0.014 7	0.992 7		
	A	0.521 9	0.365 5	0.262	0.185 2	0.131	0.066 2	0.026 4	0.023 6	0.021 8	0.020 1	0.016 7	0.041 4		
	B	0	0	0.000 2	0.000 2	0.000 2	0.000 2	0.000 1	0.000 1	0.000 1	0.000 3	0.000 2	0.041 1	0.042 8	

表 6.7 斜长角闪岩的 SHPB 动态压缩断裂能量比率

围压 MPa	试件编号	入射应力波能量 J	反射应力波能量 J	透射应力波能量 J	试件吸收能量 J	破碎断裂能 J	破碎断裂能比率 Δ_{PH}	破碎断裂能比率平均值
0	PHDC0-1-2	1 278	81.3	763	434	50.52	0.116 5	0.228 041
	PHDC0-2-1	1 650	643	325	682	168	0.246 4	
	PHDC0-2-3	2 164	693	398	1 073	200.7	0.187 1	
	PHDC0-3-2	2 590	356	1 152	1 082	273	0.252 3	
	PHDC0-3-3	1 964	280	1 400	284	64.41	0.227 1	
	PHDC0-4-2	2 487	532	786	1 170	221.8	0.189 6	
	PHDC0-5-1	3 075	504	1 550	1 021	244.1	0.239	
	PHDC0-5-2	2 065	758	572	735	241.3	0.328 2	
	PHDC0-6-4	2 187	181	1 348	659	175.3	0.266 1	
2	PHDC2-3-1	2 942	257	2 339	346	50.02	2 942	0.132 615
	PHDC2-4-1	3 441	490	2 589	362	53.58	3 441	
	PHDC2-7-1	1 700	295	1 118	287	49.24	1 700	
	PHDC2-7-2	1 850	169	1 385	296	47.53	1 850	
	PHDC2-7-3	2 469	241	1 767	461	48.19	2 469	
	PHDC2-7-5	3 492	471	2 257	764	50.95	3 492	
4	PHDC4-1-2(2)				885	48.04	0.054 3	0.058 507
	PHDC4-1-3(2)				784	49.48	0.063 1	
	PHDC4-2-1	2 143	413	921	809	46.58	0.0576	
	PHDC4-4-2	2 515	547	1 122	846	51.28	0.060 6	
	PHDC4-6-1	3 012	772	1 166	1 075	61.14	0.056 9	
6	PHDC6-3-1(2)				950	52.47	0.055 2	0.054 693
	PHDC6-4-1(2)				972	48.02	0.049 4	
	PHDC6-5-1(2)				818	48.63	0.059 5	
10	PHDC10-2-1(8)				1 478	54.24	0.036 7	0.066 904
	PHDC10-3-2(2)				821	46.88	0.057 1	
	PHDC10-4-1(2)				492	52.64	0.107	
20	PHDC20-1-1(4)				1 068	62.58	0.058 6	0.064 93
	PHDC20-3-1(4)				782	59.28	0.075 8	
	PHDC20-4-1(2)				788	47.6	0.060 4	

注：试件编号后面带圆括弧的表示该岩石试件受冲击荷载循环作用，表中没有列出在循环作用下每一次的入射能量、反射能量和透射能量，详细数据参见表 5.1。

表 6.8　绢云母石英片岩的 SHPB 动态压缩断裂能量比率

围压 MPa	试件编号	入射应力波能量 J	反射应力波能量 J	透射应力波能量 J	试件吸收能量 J	破碎断裂能 J	破碎断裂能比率 Δ_{SP}	破碎断裂能比率平均值
0	SPDC 0-1-2	1 088	390	223	475.7	141.9	0.298 3	0.247 657
	SPDC 0-1-3	1 637	846	162	629	162.6	0.258 5	
	SPDC 0-2-2	1 700	450	523	726.8	166.5	0.229 1	
	SPDC 0-3-1	1 962	1 117	211	633.8	144.1	0.227 4	
	SPDC 0-3-2	1 903	764	474	665.5	145.1	0.218	
	SPDC 0-3-3	1 634	338	626	670.6	153.2	0.228 4	
	SPDC 0-4-1	1 577	748	350	478.8	139.2	0.290 6	
	SPDC 0-5-1	1 295	330	435	530.2	130.6	0.246 4	
	SPDC 0-5-2	1 484	381	522	581.3	120.9	0.208	
	SPDC 0-5-3	1 916	1 126	263	527	143.1	0.271 6	
2	SPDC 2-1-1(2)				376.5	37.3	0.099 1	0.065 137
	SPDC 2-1-2	3 312	698	1 214	1 400	46.8	0.033 4	
	SPDC 2-2-2	2 105	486	1 065	554.6	35.78	0.064 5	
	SPDC 2-3-1	2 407	543	1 122	742.1	44.24	0.059 6	
	SPDC 2-3-2	3 032	420	2 309	3 02.5	32.32	0.106 9	
	SPDC 2-5-1	1 756	466	699	591.3	33.61	0.056 8	
	SPDC 2-5-2	1 751	319	847	584.8	35.39	0.060 5	
	SPDC 2-6-1	1 870	1 010	265	594.7	32.45	0.054 6	
	SPDC 2-6-2	1 936	329	1 178	428.4	34.04	0.079 5	
	SPDC 2-7-1	2 233	592	809	831.8	33.07	0.039 8	
	SPDC 2-7-2(2)				588.1	41.18	0.07	
	SPDC 2-8-2	3 506	1 093	1 032	1 382	78.74	0.057	

续表

围压 MPa	试件编号	入射应力波能量 J	反射应力波能量 J	透射应力波能量 J	试件吸收能量 J	破碎断裂能 J	破碎断裂能比率 Δ_{SP}	破碎断裂能比率平均值
4	SPDC 4-1-1(5)				1 553	33.08	0.021 3	0.044 661
	SPDC 4-2-1	1 920	775	425	719.1	33.32	0.046 3	
	SPDC 4-2-2	2 107	602	734	770.5	33.6	0.043 6	
	SPDC 4-3-1	2 314	505	1 023	785.3	40.52	0.051 6	
	SPDC 4-4-1	3 497	2 182	679	635.6	38.43	0.060 5	
6	SPDC 6-1-3	2 340	884	931	525.1	33.86	0.064 5	0.044 125
	SPDC 6-4-1(3)				3 147	57.16	0.018 2	
	SPDC 6-5-1(3)				818	40.68	0.049 7	
10	SPDC 10-1-1	1 912	372	904	636.8	35.58	0.055 9	0.048 693
	SPDC 10-2-1(2)				1 222	34.52	0.028 3	
	SPDC 10-3-1	2 624	526	1 141	957.3	53.4	0.055 8	
	SPDC 10-4-1	3 351	721	1 692	937.4	51.43	0.054 9	
20	SPDC 20-1-1(2)				917	35.01	0.038 2	0.046 412
	SPDC 20-2-1(2)				1 045	32.98	0.031 6	
	SPDC 20-4-1	3 291	537	2 290	463.8	32.23	0.069 5	

表 6.9　砂岩的 SHPB 动态压缩断裂能量比率

围压/MPa	试件编号	入射应力波能量/J	反射应力波能量/J	透射应力波能量/J	试件吸收能量/J	破碎断裂能/J	破碎断裂能比率 Δ_{SS}	破碎断裂能比率平均值
0	SSDC0 - 1 - 1	1 298	321.3	372.9	604.2	211.5	0.349 99	0.523 75
	SSDC0 - 1 - 2	1 348	362.9	420.2	565.2	491.7	0.870 05	
	SSDC0 - 1 - 3	1 296	222.9	553.3	519.3	255.7	0.492 37	
	SSDC0 - 2 - 1	1 472	193.2	749.1	530	225.2	0.424 8	
	SSDC0 - 3 - 1	1 920	264.7	829.9	825.4	347.6	0.421 16	
	SSDC0 - 3 - 2	1 928	659.6	376.6	891.8	824.3	0.924 32	
	SSDC0 - 3 - 3	2 363	572.2	587.2	1 204	654.3	0.543 44	
	SSDC0 - 3 - 4	2 714	665.7	651.8	1 397	738.5	0.528 76	
	SSDC0 - 5 - 1	749.8	482.5	216.9	50.46	38.46	0.762 29	
	SSDC0 - 5 - 2	544.6	151.2	264.6	128.9	29.19	0.226 47	
	SSDC0 - 6 - 1	606.3	134.6	343	128.6	32	0.248 76	
	SSDC0 - 6 - 2	2 798	809.7	681.4	1307	720.5	0.551 27	
	SSDC0 - 6 - 3	2 733	719.9	663.8	1349	777.6	0.576 23	
	SSDC 0 - D - 1(4)				250.2	110.2	0.440 41	
	SSDC 0 - D - 3(2)				660.2	327.4	0.495 93	
2	SSDC2 - 2 - 1(3)				2 159	97.99	0.045 39	0.043 3
	SSDC2 - 5 - 1(4)				3 673	46.76	0.012 73	
	SSDC2 - 6 - 1(2)				2 145	30.51	0.014 22	
	SSDC2 - 7 - 1(3)				3 448	347.8	0.100 88	

续表

围压 MPa	试件编号	入射应力波能量 J	反射应力波能量 J	透射应力波能量 J	试件吸收能量 J	破碎断裂能 J	破碎断裂能比率 Δ_{ss}	破碎断裂能比率平均值
4	SSDC4-2-1(3)				1 588	48.62	0.030 62	0.035 54
	SSDC4-3-1(3)				2 357	57.19	0.024 26	
	SSDC4-4-1(4)				4 733	244.8	0.051 73	
6	SSDC6-2-1(6)				4 088	34.43	0.008 42	0.009 23
	SSDC6-5-1(3)				3 080	31.28	0.010 16	
	SSDC6-6-1(4)				3 521	32.08	0.009 11	
10	SSDC10-3-1(2)				1 525	29.56	0.019 38	0.017 87
	SSDC10-4-2	3 482	760.8	1 832	889.9	27.5	0.030 9	
	SSDC10-4-3(4)				2 806	30.04	0.010 7	
	SSDC10-5-1(4)				3 057	32.09	0.010 5	
10	SSDC20-1-1(3)				1 860	31.47	0.016 92	0.013 72
	SSDC20-4-2(3)				2 166	27.71	0.012 8	
	SSDC20-5-1(3)				2 525	28.88	0.011 44	

6.5 分形的基本概念

1973年，B. B. Mandelbort在法兰西学院讲课时，首次提出了分数维和分形几何的设想。分形是相对于整形而言的，自然界中普遍存在的几何对象绝大多数属分形，整形是例外的，是在理想状态下存在的。物理分形的自相似性是近似的或统计意义上的，亦称无规分形；而按严格数学规则生成的分形为数学分形，是思维的抽象，是客观世界自组织过程形成的物理分形的数学模型，其内部具有精细结构，又称有规分形。按数学性质划分，分形可分为线性与非线性分形，线性分形包括严格线性、统计线性和随机线性分形，非线性分形包括自反演、自仿射和自平方分形。严格线性分形的不同层次间具有严格的自相似性，且为无限层次的嵌套结构，统计分形只有统计意义上的自相似性。分形的主要特点有以下两方面[221]：

（1）从整体上看，分形几何图形是处处不规则的。从远距离观察，其形状是极不规则的。

（2）在不同尺度上，图形的规则性又是相同的。从近距离观察，其局部形状又和整体形态相似，它们从整体到局部，都是自相似的。当然，也有些分形几何图形，它们并不完全是自相似的。

具有分形特征的物体或图形的特点是其赋涵着可以用来刻画其结构的特征值 —— 分形维数[297]。分形维数与拓扑维数的主要区别是分形维数通常不是整数，而是界于整数维数之间的小数或分数，并且要大于拓扑维数。目前，这些特征值都称为分形维数。由于各自研究的对象不同，寻求分形维数的方式不同，大多数分形维数的定义是基于“尺度 δ 下的度量”这一思想。设 F 是一个分形体，对于每个 $\delta > 0$，忽略尺度小于 δ 的不规则性，并且考察测量值 $M_\delta(F)$ 在 $\delta \to 0$ 时的状况。如果存在两个非负常数 c 和 D，使得 $M_\delta(F)$ 满足幂定律，即

$$M_\delta(F) = c\delta^{-D} \tag{6.22}$$

则称 F 具有“维数”D，而 c 可以看做集 F 的 D 维长度。分形维数与经典几何学的拓扑意义上的整数维的区别，不仅在于分形维数是连续变化的，还在于分形维数反应了构成不规则形状的复杂程度和物质充满空间的程度，为了表示这些不同情况下的这些程度，人们引入了许多不同的维数定义[298]，常用的维数定义有 Hansdorff 维数、相似维数、关联维数、信息维数等，可根据不同的研究对象选择使用[299]。自然界中严格的线性分形是不存在的，一般的分形特征仅在统计意义上成立，这就是统计自相似分形。

1. Hansdorff 维数

维数是几何对象的一个重要特征量，一个几何对象的维数等于确定其中一个点的位置所需要的独立坐标数目。按此定义的维数是人们所熟知的，通常称为拓扑维。显然，线的拓扑维是 1，面的拓扑维是 2，体的拓扑维是 3。

对 d 维空间的一个集合 F（吸引子），用直径为 ε 的小球去覆盖，如果完全覆盖所需的小球数是 $N(\varepsilon)$（ε 越小，N 越大），那么系统的 Hansdorff 维数（容量维）定义为

$$D_0 = \frac{\ln N(\varepsilon)}{\ln \dfrac{1}{\varepsilon}} \quad 或 \quad D_0 = -\lim_{\varepsilon \to 0} \frac{\ln N(\varepsilon)}{\ln \varepsilon} \tag{6.23}$$

可以证明，拓扑维 d 与分数维 D_0 的关系为

$$d \leqslant D_0$$

其中的等号对应于普通规则的几何对象。对于分形来说，有

$$d < D_0$$

对于定常运动，$D_0 = 0$；对于周期运动，$D_0 = 1$；对于准周期运动，$D_0 = 2$ 或 $D_0 = 3$；对于随机运动，$D_0 \to \infty$；对于混沌运动，$D_0 =$ 正的分数。但维数为分数的系统未必就是混沌系统。

2. 自相似维数 D

设分形整体 F 是由 N 个非重叠的部分 $f_1, f_2, f_3, \cdots, f_n$ 组成的，如果每一个部分 f_i 经过放大 $1/r_i$ 倍后可与 f 全等（$0 < r_i < 1, i = 1, 2, \cdots, N$），并且 $r_i = r$，则相似维数为

$$D = \frac{\ln(N)}{\ln \frac{1}{r}} \tag{6.24}$$

3. 关联维数

关联维数可以从实践中测定，用来解决复杂的分形问题，设已测得的数据为 $x_1, x_2, \cdots, x_n, \cdots$，其中 x_i 是第 i 个时刻的实测值。如果将向量 $(x_1, x_2, \cdots, x_m)$ 记为 $\boldsymbol{y}_1$，$(x_2, x_3, \cdots, x_{m+1})$ 记为 $\boldsymbol{y}_2$，便得出数据向量 $(\boldsymbol{y}_1, \boldsymbol{y}_2, \cdots, \boldsymbol{y}_k, \cdots)$。考虑到 $\boldsymbol{y}_i$ 与 $\boldsymbol{y}_j$ 的间距，$r_{ij} = |\boldsymbol{y}_i - \boldsymbol{y}_j|$，对于给定的正数 ε，如果 $r_{ij} < \varepsilon$，则认为 $\boldsymbol{y}_i$ 与 $\boldsymbol{y}_j$ 有很强的关联性。记录满足 $r_{ij} < \varepsilon$ 的数目，它与总数目之比就是关联函数 $C(\varepsilon)$。由此可以定义关联维，即

$$D_r(F) = -\lim_{\varepsilon \to 0} \frac{\ln C(\varepsilon)}{\ln(\varepsilon)} \tag{6.25}$$

能否求出 $D_r(F)$，关键在于 ε 的取值范围。如果 ε 取值很大，则 $C(\varepsilon) = 1$；若 ε 很小，则 $r_{ij} < \varepsilon$ 的数目为零，相对总数而言，可以忽略不计，从而 $C(\varepsilon) = 0$，通过作出 $\ln C(\varepsilon)$ 和 $\ln(\varepsilon)$ 的关系曲线，取其直线部分的斜率，即为所求的关联维数。

如图 6.2(a)，(b)，(c)，(d) 所示分别是四个广义的 von Koch 曲线的生成元，如果迭代都从 E_0，即长度为 1 的单位直线段开始，第一步迭代成为 E_1，就是所谓的生成元。下一步迭代则是将各个 E_1 中的长度为 1/4 的小直线段，分别用缩小比例到原来的 1/4 的生成元取代而得到 E_2。依此类推，当 k 充分大时，E_k 与 E_{k-1} 只在精细的细节上不同。图 6.3 给出了图 6.2(a)，(d) 在 k 充分大时的 E_k 图形，它们可以作为当 $k \to \infty$ 时，分形集下的近似图。这么复杂的曲线，却源于一个简单的生成元，并且它最显著的特征是它的严格自相似性 —— 将图 6.3 中的两个图的任一小段放大适当的倍数，则可以与原图的某一大段完全重合[300]。

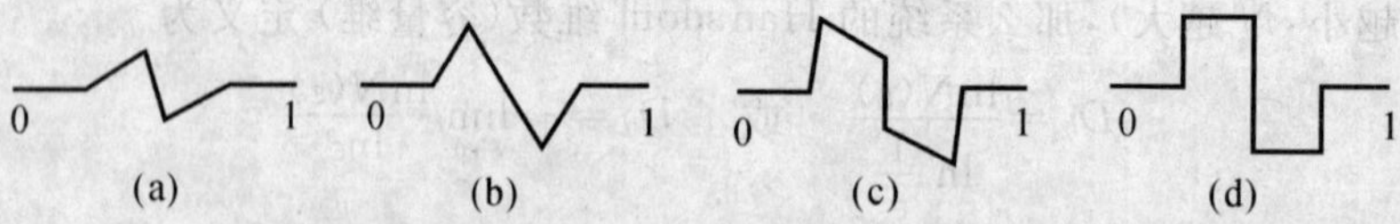

图 6.2　四种广义 von Koch 曲线的生成元

(a) $D = \log_4 5 \approx 1.16$；(b) $D = \log_4 6 \approx 1.29$；(c) $D = \log_4 7 \approx 1.40$；(d) $D = \log_4 8 \approx 1.5$

在几何上，分形维数 D 刻画了曲线的“粗糙”程度，D 越大，曲线越弯曲，越不规则；D 越小，曲线越光滑。记 n 为欧氏维数，推广到多维情况下，有

$$G(\varepsilon) = G_0 \varepsilon^{n-D} \tag{6.26}$$

式(6.26)适合于分形曲线、分形面积和分形体积的测量。当 $n = 1$ 时，G 和 ε 对应分形曲线；当 $n = 2$ 时，G 和 ε 对应面积；当 $n = 3$ 时，G 和 ε 对应体积。岩石破碎后的块度分布和粒度分布正是体积分形。

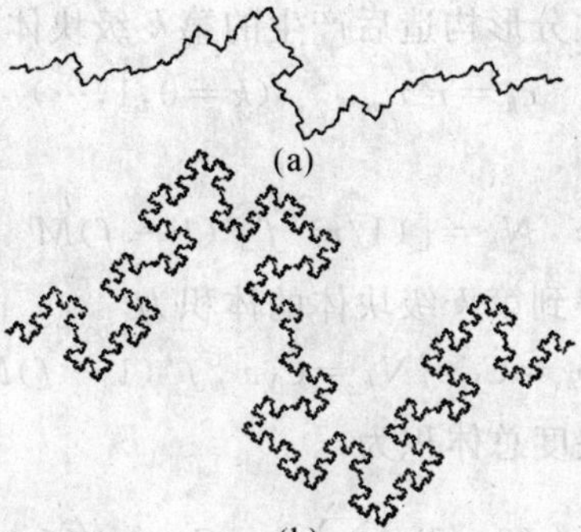

图 6.3　由图 6.2 中的生成元(a),(d) 生成的广义 von Koch 曲线

(a) $D = \log_4 5 \approx 1.16$；　(b) $D = \log_4 5 \approx 1.5$

6.6　岩石破碎块度的分形特征

岩石宏观破碎是其内部缺陷不断萌生发育、扩展、聚集和贯通的最终结果，这个从细观损伤发展到宏观破碎的过程是能量耗散过程，并具有分形性质。无论是结构演化的几何特征，还是其力学量或物理量演变的数字特征，均表现出较好的统计自相似性，如微结构断裂模式、裂纹密度、断裂韧性、断裂表面形貌等。试验观察表明，材料的宏观破碎是由小破裂群体集中而形成的，小破裂又是由更小的裂隙演化和聚集而来的。这种自相似性的行为必然导致破碎后碎块块度和能量耗散也具有自相似的特征[221]。

岩石块度分布的分形性可以从两方面去理解，一方面试验证明，破碎过程与岩块形状具有自相似性，碎块尺度分布具有幂律特征，是统计意义上的分形；另一方面，岩石微结构分析表明，岩石细观结构中孔洞、裂隙为分形分布，而碎块是裂隙扩展的直接结果，因此，分形孔隙岩石结构导致分形破碎块度分布具有内在的、必然的联系。

假设在爆炸冲击过程中，岩体的破裂模型总是体积不变，每次构成时，将原有块体以概率 f、相似比 $r(0<r<1)$ 分裂成次一级块体。重复进行以至无穷，于是，生成一系列大大小小的具有相似形状的岩块群体[301]。该过程中构造成次一级的繁衍量 $N=(1/r)^3 f$，那么，岩块群体的维数 D_f 为

$$D_f = \frac{\lg N}{\lg(1/r)} = 3 - \frac{\lg N}{\lg r} \tag{6.27}$$

若岩体最初由 M 个线尺寸为 x_m 的源块体组成，各源块体的体积为

$$V = C_V x_m^3 \tag{6.28}$$

式中，C_V 为体积形状系数。

那么，所有源块体经过 k 次分形构造后产生的第 k 级块体的线尺寸为

$$x_k = r^k x_m \qquad (k=0,1,\cdots) \tag{6.29}$$

其个数为

$$N_k = [(1/r)^3 f]^k (1-f)M \tag{6.30}$$

由式(6.28) 至式(6.30) 得到第 k 级块体的体积为

$$v_k = C_V x_k^3 N_k = C_V x_m^3 f^k (1-f)M$$

线尺寸小于或等于 x_i 的块度总体积为

$$V_i = \lim_{j\to\infty}\sum_{k=i}^{j} v_k = C_V x_m^3 f^i M \tag{6.31}$$

所有块体的体积和 $V_t = MV = C_V x_m^3 M$，因此，线尺寸小于或等于 x_i 的块体的体积（质量）占总体积（总质量）的比率为

$$y_i = V_i / V_t = f^i \tag{6.32}$$

由式(6.29) 得到

$$i = \lg(x_i/x_m)/\lg r \tag{6.33}$$

$$\lg f^{\lg(x_i/x_m)/\lg r} = (\lg(x_i/x_m)/\lg r)\lg f = (\lg f/\lg r)\lg(x_i/x_m) = \lg(x_i/x_m)^{\lg f/\lg r} \tag{6.34}$$

由恒等变换式(6.34) 可得

$$f^{\lg(x_i/x_m)\lg r} = (x_i/x_m)^{\lg f/\lg r} \tag{6.35}$$

因此，由式(6.27)、式(6.32)、式(6.33) 和式(6.35) 可得到从分形构造得到的块度分布为

$$y_i = \left(\frac{x_i}{x_m}\right)^{3-D_f} \tag{6.36}$$

可以建立 $y_i \sim x_i/x_m$ 的双对数坐标系，双对数坐标系下回归直线的斜率即为 $b=3-D_f$，由此即可求出破碎块度的分形维数 D_f。

由于岩石试件在围压条件下的破碎块度尺寸较大，块数较少，导致筛分质量大多集中于第一、二级筛分粒径处，在其他多个较小筛分粒径处的质量为零。根据前述关于岩石的破碎块度、断裂能量和围压的关系研究可知，在围压状态下岩石吸收的能量中用于断裂破碎的能量比例迅速减小，耗散于岩石内部损伤面和微裂隙发育的损伤能量比例则迅速增加，即在围压条件下，岩石的微观损伤分形演化占主要地位，而宏观破碎块度的分形演化特征不显著。本书主要针对无围压条件下岩石的破碎块度进行分形特征分析，仅对个别围压条件下岩石的破碎进行分形分析。如表 6.10 至表 6.12 所示分别是三种岩石 SHPB 动态压缩试验的部分块度筛分结果和分形维数的计算值。

表 6.10　斜长角闪岩的动态压缩试验的块度筛分和分形计算

筛分直径 /mm 试件编号	2.5	5	10	16	20	25	31.5	40	50	100	总质量	分形维数 D_f
PHDC 0-2-1	40	32	70	70	28	69	64	98	94	301	866	2.278 1
PHDC 0-2-3	40	31	76	140	111	129	150	103	83	0	863	2.501 5
PHDC 0-3-2	77	66	137	162	150	148	88	108	0	0	936	2.677 2
PHDC 0-4-2	44	44	109	156	125	109	161	136	40	0	924	2.564 1
PHDC 0-4-3	32	24	44	72	43	24	85	185	144	239	892	2.193 5
PHDC 0-5-1	78	44	94	112	86	122	140	77	104	0	857	2.584 2
PHDC 0-5-2	50	44	111	155	125	124	183	77	0	0	869	2.621 9
PHDC 0-5-4	39	32	76	87	67	132	203	87	99	68	890	2.429 5
PHDC 0-6-4	28	28	67	90	93	94	172	233	111	0	916	2.398 3
PHDC 2-5-2	7	4	8	8	10	29	51	247	174	353	891	1.480 4
PHDC 2-8-2	6	3	9	19	12	7	25	41	159	614	895	1.214 3
PHDC 2-8-4	8	4	8	15	12	5	26	123	166	526	893	1.329 4

表 6.11　绢云母石英片岩的动态压缩试验的块度筛分和分形计算

筛分直径 /mm 试件编号	2.5	5	10	16	20	25	31.5	40	50	100	总质量	分形维数 D_f
SPDC 0-1-2	1	1	2	6	1	5	0	0	56	829	901	2.498
SPDC 0-1-3	76	46	81	65	48	97	187	58	0	189	847	2.492 8
SPDC 0-2-1	63	35	67	68	60	72	94	95	80	216	850	2.366 5
SPDC 0-2-2	59	40	87	115	55	85	103	184	44	0	772	2.571 5
SPDC 0-2-3	35	29	67	96	92	80	222	94	117	0	832	2.459 8
SPDC 0-3-1	48	36	71	98	63	131	80	272	46	0	845	2.490 3

续表

试件编号 \ 筛分直径/mm	2.5	5	10	16	20	25	31.5	40	50	100	总质量	分形维数 D_f
SPDC 0-3-2	64	40	66	84	70	85	30	73	118	224	854	2.416 7
SPDC 0-3-3	57	42	85	103	62	83	169	63	114	67	845	2.501 1
SPDC 0-4-1	47	29	69	81	79	94	165	97	37	114	812	2.447 4
SPDC 0-4-2	132	55	94	102	66	75	67	141	90	0	822	2.654 7
SPDC 0-4-3	182	68	121	139	81	91	88	69	0	0	839	2.778 8
SPDC 0-5-1	42	27	57	78	68	45	150	191	148	0	806	2.409 7
SPDC 0-5-2	38	23	41	69	70	94	131	160	202	0	828	2.360 9
SPDC 0-5-3	47	30	69	98	65	111	129	254	27	0	830	2.491 4
SPDC 0-5-4	47	27	55	78	72	43	71	68	83	293	837	2.33
SPDC 0-5-5	33	37	121	230	198	157	67	0	0	0	843	2.666 7
SPDC 0-D-1	24	14	28	24	18	62	76	103	493	0	842	2.019 3
SPDC 0-D-3	37	21	52	98	45	102	150	195	122	0	822	2.405 3
SPDC 0-D-4	102	63	119	144	129	108	87	22	54	0	828	2.706 3
SPDC 2-1-2	5	3	5	8	2	26	17	56	177	553	852	1.117 1
SPDC 2-8-1	14	8	17	21	5	19	58	113	0	569	824	1.570 6
SPDC 2-8-2	12	8	27	46	20	19	85	214	240	149	820	1.943 8
SPDC 6-4-1	11	6	11	22	8	15	15	54	272	434	848	1.454 9
SPDC 10-3-1	4	3	6	16	14	20	30	140	215	366	814	1.396 6
SPDC 10-4-1	3	3	8	12	11	18	37	126	192	404	814	1.331 2

表 6.12　砂岩的动态压缩试验的块度筛分和分形计算

筛分直径 / mm 试件编号	0.63	1.25	2.5	5	10	16	20	25	31.5	40	50	100	总质量	D_f
SSDC 0-1-1	111	6	5	19	43	55	58	26	0	0	0	483	806	2.300
SSDC 0-1-2	280	43	50	53	52	23	4	25	7	0	0	267	804	2.685
SSDC 0-1-3	119	24	19	35	44	68	40	18	17	45	0	384	813	2.444
SSDC 0-2-1	96	13	14	40	78	95	63	40	32	0	0	348	819	2.471
SSDC 0-3-1	189	16	19	44	23	99	98	51	44	91	76	78	189	2.680
SSDC 0-3-2	525	70	42	28	33	18	0	7	24	0	0	0	747	2.922
SSDC 0-3-3	358	50	53	74	138	84	18	16	0	0	0	0	791	2.927
SSDC 0-3-4	455	46	53	85	79	49	15	21	0	14	0	0	817	2.937
SSDC 0-4-1	519	51	52	40	38	35	33	25	0	0	0	0	793	2.939
SSDC 0-6-2	426	51	56	86	92	52	7	0	0	0	0	0	770	2.923
SSDC 0-6-3	490	33	51	112	63	29	9	8	0	0	0	0	795	2.942
SSDC 0-D-1	37	9	6	11	20	21	21	51	24	57	448	128	833	2.080
SSDC 0-D-2	19	4	5	14	39	42	49	18	70	116	352	92	820	2.130
SSDC 0-D-3	128	20	27	73	171	145	73	48	54	0	74	0	813	2.764
SSDC 2-2-1	23	5	8	7	13	15	8	85	141	300	215	0	820	2.126
SSDC 2-5-1	11	1	1	1	1	4	10	19	11	24	41	686	810	1.152
SSDC 2-7-1	190	19	17	50	14	60	60	56	120	50	0	180	816	2.638
SSDC 4-2-1	97	24	6	9	24	73	47	108	224	195	0	0	807	2.562
SSDC 4-3-1	7	2	2	2	4	1	5	0	39	274	471	0	807	1.522
SSDC 4-4-1	101	23	14	42	45	60	53	100	156	227	0	0	821	2.609

如图 6.4 至图 6.6 所示是运用块度分形模型对岩石破碎块度筛分结果的预测值和试验筛

分结果的对比，分形模型计算结果与试验筛分结果基本吻合，证明了岩石破碎的分形演化特征以及岩石破碎块度分形模型的正确性。

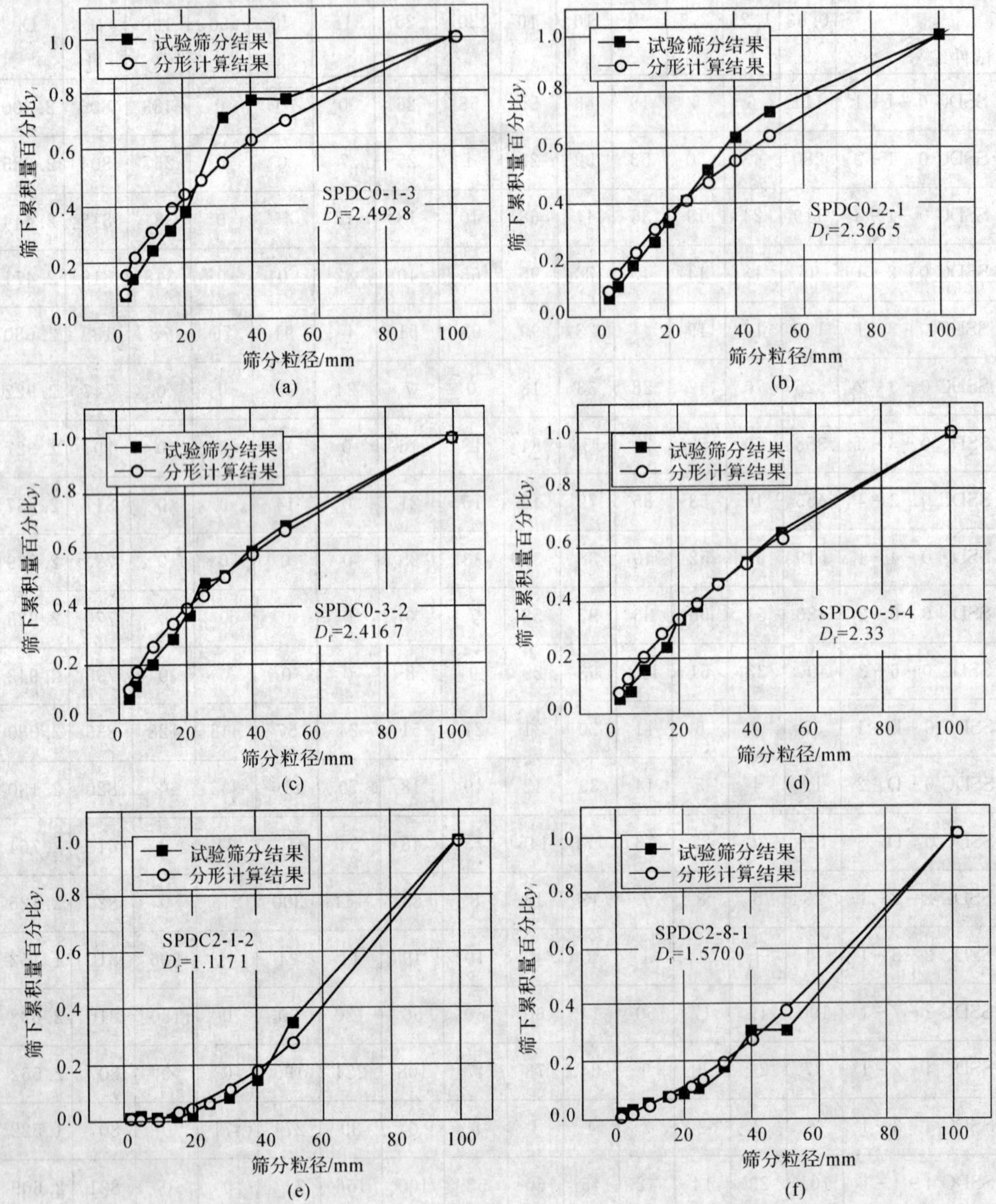

图 6.4　块度分形模型对绢云母石英片岩破碎块度的预测值和试验筛分结果对比

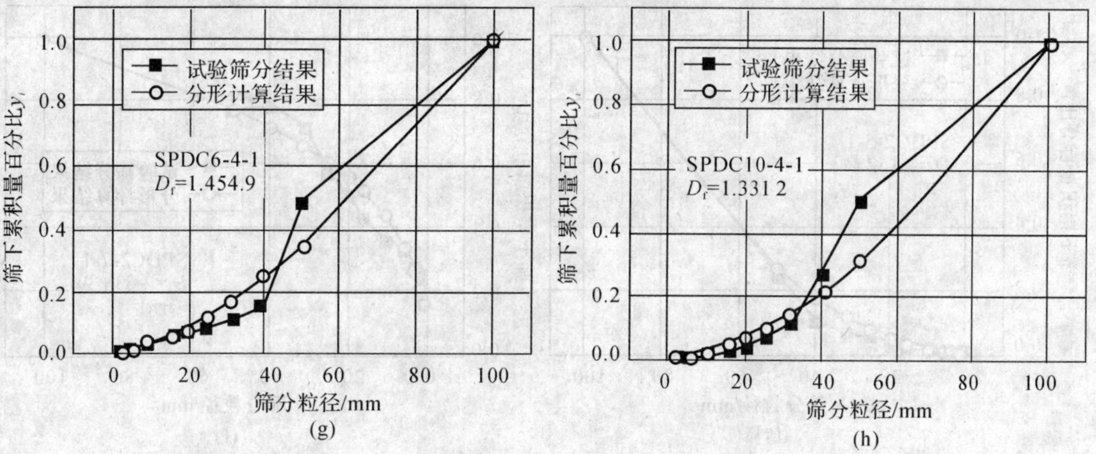

（续）图 6.4　块度分形模型对绢云母石英片岩破碎块度的预测值和试验筛分结果对比

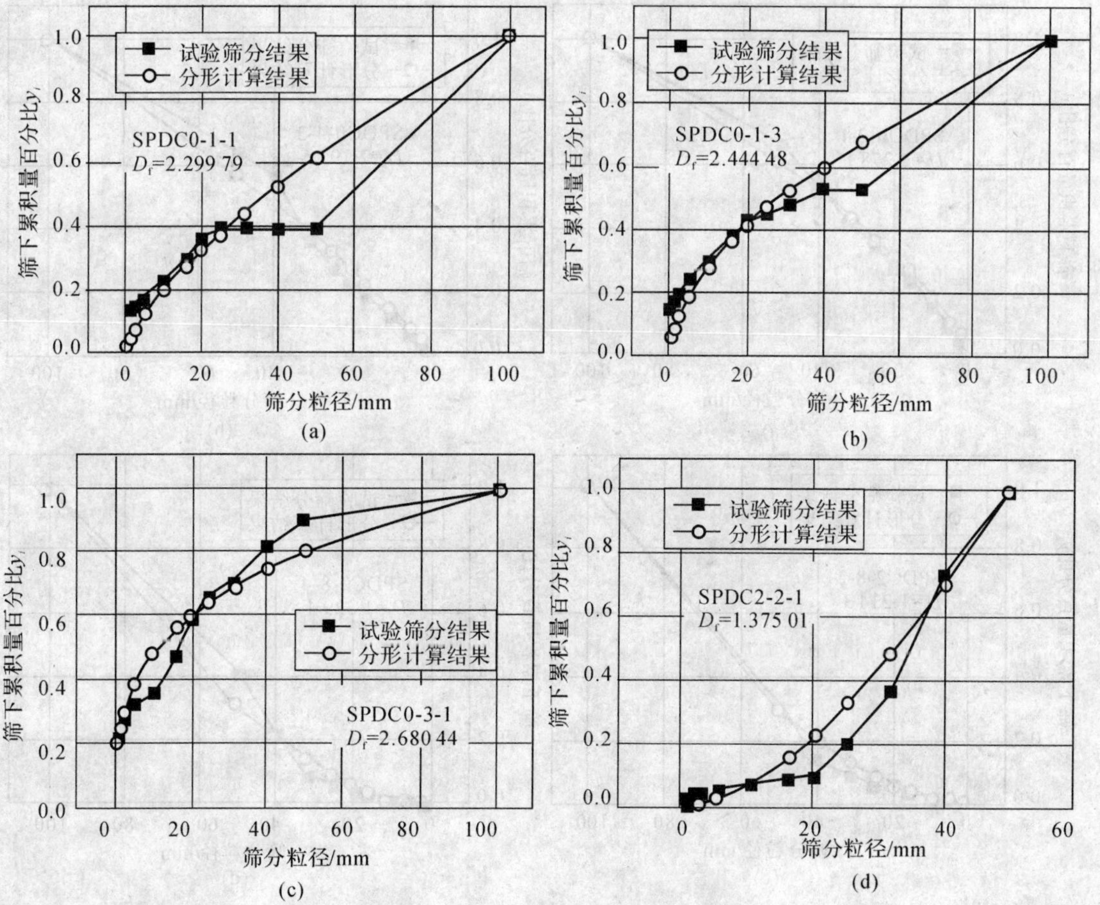

图 6.5　块度分形模型对砂岩破碎块度的预测值和试验筛分结果对比

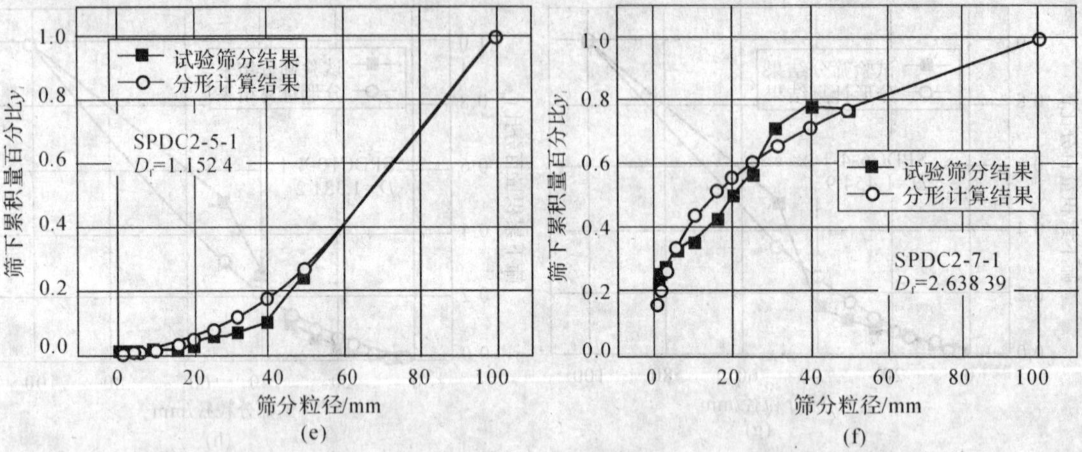

（续）图 6.5　块度分形模型对砂岩破碎块度的预测值和试验筛分结果对比

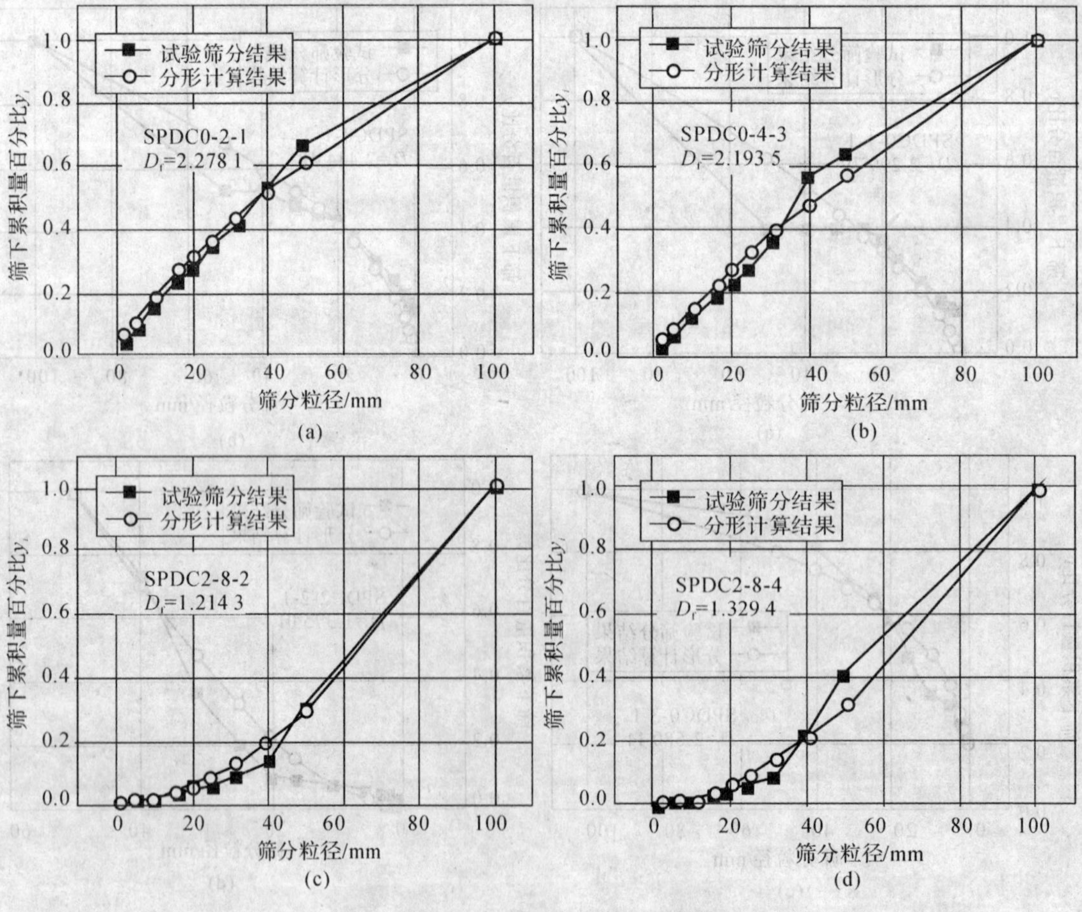

图 6.6　块度分形模型对斜长角闪岩破碎块度的预测值和试验筛分结果对比

6.7　岩石破碎块度的分形维数与破碎断裂能量的关系

为了研究岩石破碎块度的分形维数 D_f 与破碎断裂能量 W_F 之间的关系，定义破碎断裂能密度 $\overline{W}_F$ 为单位体积岩石耗散的破碎断裂能，如表 6.13 至表 6.15，图 6.7 至图 6.9 所示。

表 6.13　绢云母石英片岩的动态压缩试验破碎块度的分形维数与破碎断裂能量的关系

试件编号	破碎断裂能 W_F / J	破碎断裂能密度 $\overline{W}_F$ / 10^{-3} J·m^{-3}	破碎块度分形维数 D_f
SPDC 0-1-2	141.9	438.25	2.498
SPDC 0-1-3	162.6	502.18	2.492 8
SPDC 0-2-2	166.5	514.23	2.571 5
SPDC 0-3-1	144.1	445.05	2.490 3
SPDC 0-3-2	145.1	448.14	2.416 7
SPDC 0-3-3	153.2	473.15	2.501 1
SPDC 0-4-1	139.2	429.91	2.447 4
SPDC 0-5-1	130.6	403.35	2.409 7
SPDC 0-5-2	120.9	373.4	2.360 9
SPDC 0-5-3	143.1	441.96	2.491 4
SPDC 2-1-2	46.8	144.54	1.117 1
SPDC 2-8-2	78.74	243.19	1.943 8
SPDC 6-4-1	57.16	176.54	1.454 9
SPDC 10-3-1	53.4	164.92	1.396 6
SPDC 10-4-1	51.43	158.84	1.331 2

表 6.14 斜长角闪岩的动态压缩试验破碎块度的分形维数与破碎断裂能量的关系

试件编号	破碎断裂能 W_F/J	破碎断裂能密度 $\overline{W}_F$/10^{-3} J · m^{-3}	破碎块度分形维数 D_f
PHDC0-2-1	168	518.86	2.278 1
PHDC0-2-3	200.7	619.86	2.5015
PHDC0-3-2	273	843.15	2.677 2
PHDC0-4-2	221.8	685.02	2.564 1
PHDC0-4-3	149	460.18	2.193 5
PHDC0-5-1	244.1	753.89	2.584 2
PHDC0-5-2	241.3	745.25	2.621 9
PHDC0-5-4	188.2	581.25	2.429 5
PHDC0-6-4	175.3	541.41	2.398 3
PHDC2-5-2	81.78	252.57	1.480 4
PHDC2-8-2	69.27	213.94	1.214 3
PHDC2-8-4	74.41	229.81	1.329 4

表 6.15 砂岩的动态压缩试验破碎块度的分形维数与破碎断裂能量的关系

试件编号	破碎断裂能 W_F/J	破碎断裂能密度 $\overline{W}_F$/10^{-3} J · m^{-3}	破碎块度分形维数 D_f
SSDC 0-1-1	211.5	653.21	2.299 79
SSDC 0-1-2	491.7	1518.6	2.685 05
SSDC0-1-3	255.7	789.72	2.444 48
SSDC0-2-1	225.2	695.52	2.470 81

续表

试件编号	破碎断裂能 W_F/J	破碎断裂能密度 $\overline{W}_F$/$10^{-3}J\cdot m^{-3}$	破碎块度分形维数 D_f
SSDC0－3－1	347.6	1 073.6	2.680 44
SSDC0－3－2	824.3	2 545.8	2.922 48
SSDC0－3－3	654.3	2 020.8	2.927 15
SSDC0－3－4	738.5	2 280.8	2.937 22
SSDC0－4－1	803.33	2 481.1	2.939 29
SSDC0－6－2	720.5	2 225.2	2.923 03
SSDC0－6－3	777.6	2 401.6	2.941 91
SSDC0－D－1	110.2	340.35	2.080 22
SSDC0－D－2	94.86	292.97	2.129 69
SSDC0－D－3	327.4	1 011.2	2.763 8
SSDC2－2－1	97.99	302.64	2.126 28
SSDC2－5－1	46.76	144.42	1.152 4
SSDC2－7－1	347.8	1 074.2	2.638 39
SSDC4－2－1	224.62	693.73	2.561 87
SSDC4－3－1	57.19	176.63	1.521 65
SSDC4－4－1	244.8	756.06	2.609 07

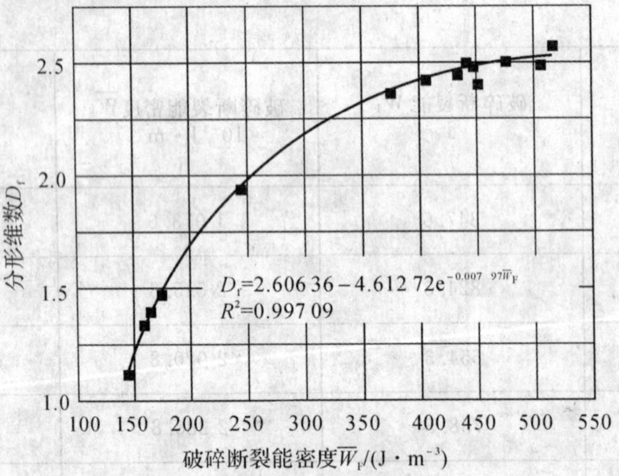

图 6.7　绢云母石英片岩的 D_f 和 $\overline{W}_F$ 的关系

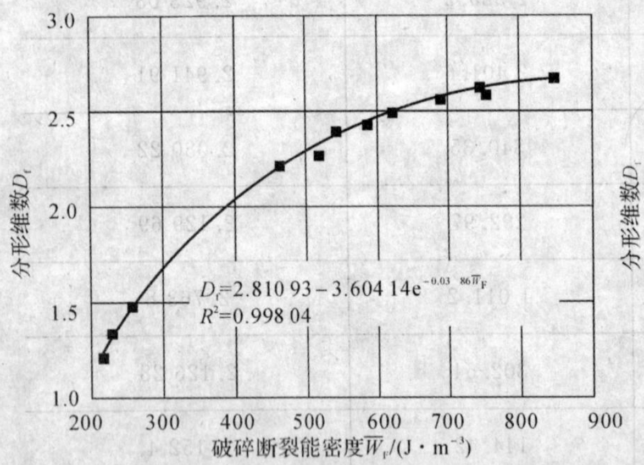

图 6.8　斜长角闪岩的 D_f 和 $\overline{W}_F$ 的关系

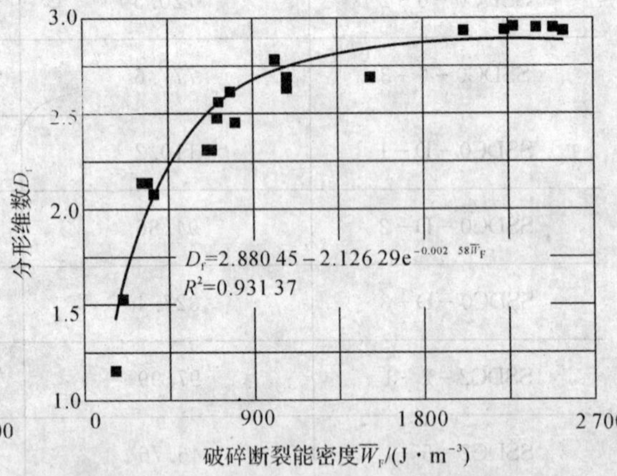

图 6.9　砂岩的 D_f 和 $\overline{W}_F$ 的关系

从图中 $\overline{W}_F$ 和 D_f 的变化规律可知，两者服从形如下式的指数关系：

$$D_f = A_1 - A_2 e^{-k\overline{W}_F} \tag{6.37}$$

式中，A_1 是岩石破碎块度的极限分形维数；A_2 和 k 是与岩石类型有关的参数。

绢云母石英片岩：

$$D_f = 2.606\ 36 - 4.612\ 72e^{-0.007\ 97\overline{W}_F} \qquad R^2 = 0.997\ 09 \tag{6.38}$$

斜长角闪岩：

$$D_f = 2.810\ 93 - 3.604\ 14e^{-0.003\ 86\overline{W}_F} \qquad R^2 = 0.998\ 04 \tag{6.39}$$

砂岩：

$$D_f = 2.880\ 45 - 2.126\ 29e^{-0.002\ 58\overline{W}_F} \qquad R^2 = 0.931\ 37 \tag{6.40}$$

从分形维数 D_f 与破碎断裂能密度 $\overline{W}_F$ 的关系可知，随着 $\overline{W}_F$ 的提高，D_f 随之增加，但增加的速率逐渐减缓并趋于一极限值；由式(6.38)至式(6.40)可知，绢云母石英片岩破碎块度的极限分形维数为2.606 36，斜长角闪岩破碎块度的极限分形维数为2.810 93，砂岩破碎块度的极限分形维数为2.880 45。

6.8　小　结

本章依据试验结果，对岩石破碎块度的能量特性和分形特征进行了研究，主要结论如下：

(1) 通过岩石在冲击荷载作用下的破碎块度和能量分析，建立了块度-断裂能计算模型。依据SHPB试验试件破碎筛分结果和能量计算，确定了斜长角闪岩、绢云母石英片岩和砂岩的破碎能耗因子分别为548.5，385.2，323.8。

(2) 通过将分形维数 D_f 引入到岩石破碎块度的研究中，建立了岩石破碎块度的分形计算模型。基于岩石SHPB动态压缩试验块度筛分结果得到破碎块度的分形维数。经对比，分形计算结果与试验筛分结果基本吻合，证明了岩石破碎的分形演化特征以及岩石破碎块度分形模型的正确性。

(3) 岩石破碎过程中耗散的断裂能越多，其破碎程度越严重，相应的分形维数越大。破碎断裂能密度 $\overline{W}_F$ 和分形维数 D_f 成正相关性，但 D_f 随 $\overline{W}_F$ 的增加而增加的速率逐渐减缓并趋于一极限值；绢云母石英片岩破碎块度的极限分形维数为2.606 36，斜长角闪岩破碎块度的极限分形维数为2.810 93，砂岩破碎块度的极限分形维数为2.880 45。

第7章　围压条件下岩石试件动力试验的数值模拟

7.1 引　言

对于岩石类的SHPB试验主要存在两方面问题：一方面是关于试验有效性的争论，由于采用大尺寸试样满足材料均质性要求以及岩石类材料本身具有的小破坏应变的力学特性，导致试验过程中相当长的时间内，试样的应力(应变)存在一定程度的非均匀性[302]；另一方面是试验得到的应力-应变关系用何种本构模型来描述，并最终应用到数值模拟中去。

目前，将理论分析、试验研究和数值模拟等多种研究手段相结合是许多学科发展的大趋势，其中数值模拟在SHPB试验技术的改进和材料的动态力学性能研究中起着重要的作用。首先，它是SHPB试验技术的完善和补充，减少了人为因素产生的误差，并能给新方法的发展提供有力支持，如有关应力均匀性和弥散问题的数值模拟。其次，对SHPB试验的影响因素也可进行数值模拟研究，如谭柱华等[303]通过使用显式动力学程序计算得到了试样在加载过程中的应力-应变曲线，并且和输入材料曲线做了比较，讨论了试样的长径比及试样与压杆之间的界面摩擦力对试样内部应力均匀性和对试样材料动态屈服应力的影响。最后得出结论，数值模拟参数设计方便，成本较低。数值模拟与试验相互结合，还可以获得大量试验中无法得到的物理量供理论分析使用，方便开展不同初始条件、不同材料参数的模拟计算，为理论分析提供充分的数据资料。

本章对SHPB试验中紫铜波形整形器的整形效果进行了数值仿真，通过隐式-显式求解序列并使用Johnson-Holmquist本构模型对在围压条件下岩石材料的SHPB试验进行模拟计算；基于模拟结果和试验结果，对岩石SHPB试验的有效性进行验证和讨论；根据试验实测数据确定用于数值计算的岩石本构模型参数，然后通过将数值模拟重构的试件应力-应变曲线和试验结果对比分析，修正并确定岩石Johnson-Holmquist本构模型中的材料参数，为有限元数值模拟计算提供依据。

7.2 数值模拟方法的选择

7.2.1 有限元求解序列及算法选择

根据研究问题的不同、结构复杂性的差异、方法的精度以及求解的难易程度，求解弹性动力学振动响应主要有以下三类方法：时域方法、频域方法和响应谱方法（冲击谱方法）。其中时域方法根据解法的不同又可以分为直接积分法、模态叠加法与状态空间法。直接积分法又可分为中心差分法（显式）、Houbolt 法（隐式）、Wilson 法（隐式）以及 Newmark 法（隐式）等[304]。

直接积分法的基本思想是：将运动方程在物体运动的时间坐标上进行离散化，即将感兴趣的那段反应过程的时间分成许多小的时间段，仅要求在这些时间离散点上运动方程被满足，而在每一小段时间内对位移、速度和加速度之间引入了一个简单关系作为近似。欲求整个过程的各状态矢量，则只须从初始状态矢量开始逐步推算后一临近时刻的状态矢量，直到所关心的那段时间过程结束。

1. *显式中心差分法*

中心差分法是直接积分法的一种，在中心差分法中，对加速度、速度的导数采用中心差分代替。假定 $0,t^1,t^2,\cdots,t^n$ 时刻的节点位移、速度与加速度均为已知，现求解 $t^{n+1}(t+\Delta t)$ 时刻的结构响应：

$$\left.\begin{aligned}\ddot{\boldsymbol{U}}_t&=\frac{1}{\Delta t^2}\{\boldsymbol{U}_{t-\Delta t}-2\boldsymbol{U}_t+\boldsymbol{U}_{t+\Delta t}\}\\ \dot{\boldsymbol{U}}_t&=\frac{1}{2\Delta t}\{-\boldsymbol{U}_{t-\Delta t}+\boldsymbol{U}_{t+\Delta t}\}\end{aligned}\right\}\tag{7.1}$$

$$\boldsymbol{M}\ddot{\boldsymbol{U}}+\boldsymbol{C}\dot{\boldsymbol{U}}+\boldsymbol{K}\boldsymbol{U}=\boldsymbol{F}\tag{7.2}$$

将式(7.1)代入动力学微分方程式(7.2)中，整理后得

$$\hat{\boldsymbol{M}}\boldsymbol{U}_{t+\Delta t}=\hat{\boldsymbol{R}}_t\tag{7.3}$$

式中，$\hat{\boldsymbol{M}}=\frac{1}{\Delta t^2}\boldsymbol{M}+\frac{1}{2\Delta t}\boldsymbol{C}$，$\hat{\boldsymbol{R}}_t=\boldsymbol{F}_t-\left(\boldsymbol{K}-\frac{2}{\Delta t^2}\boldsymbol{M}\right)\boldsymbol{U}_t-\left(\frac{1}{\Delta t^2}\boldsymbol{M}-\frac{1}{2\Delta t}\boldsymbol{C}\right)\boldsymbol{U}_{t-\Delta t}$，分别称为有效质量矩阵与有效荷载向量；$\boldsymbol{F}_t,\boldsymbol{M},\boldsymbol{C},\boldsymbol{K}$ 分别为结构荷载向量、质量阵、阻尼阵与刚阵。

求解线性方程组式(7.3)，即可获得 $t+\Delta t$ 时刻的节点位移向量 $\boldsymbol{U}_{t+\Delta t}$，将 $\boldsymbol{U}_{t+\Delta t}$ 代入几何方程与物理方程中即可获得 $t+\Delta t$ 时刻的单元应力与单元应变。式(7.3)的形式与弹性静力学有限元基本方程 $\boldsymbol{F}=\boldsymbol{K}\boldsymbol{U}$ 相同，因此可采用静力有限元求解方法。

由上述计算过程可知，中心差分方法在求解 $t+\Delta t$ 瞬时的位移向量 $\boldsymbol{U}_{t+\Delta t}$ 时，只需要根据 $t+\Delta t$ 时刻以前的状态变量计算出 $\hat{\boldsymbol{M}}$ 与 $\hat{\boldsymbol{R}}$，即可直接计算出 $\boldsymbol{U}_{t+\Delta t}$，这种求解方法称为显式算法，因此，中心差分法又称为显式直接积分方法。

时间步长（时步）Δt 的选择涉及两个方面的约束：① 在直接积分方法中，实质是用差分代替微分，且对位移和加速度的变化采用引申的线性关系（外插），这就限制了 Δt 的取值不能过大，否则结果可能失真过大，不能正确表现冲击振动的真实响应；② 数值稳定性问题，在每一步数值计算中，不可避免地存在舍入误差，这些舍入误差又不可避免地代入下一个时间步算式中，如果算法不具备数值稳定性，则可能导致结果发散，不能正常表现真实响应，甚至无法求解。计算误差的控制要求 Δt 的取值不可能过大，这取决于算法本身构造对误差的容限。

可以证明，中心差分算法是有条件稳定的，也即时间步长必须小于由该问题求解方程性质所决定的一个时步临界值：$\Delta t_{cr}=T_n/\pi$，其中 T_n 是有限元系统的最小固有振动周期，一般只需要求解系统中最小尺寸单元的最小固有振动周期 $\min T_n^{\,c}$ 即可。

2. 隐式 Newmark 法

Newmark 方法采用如下形式的加速度、速度表达式：

$$\left.\begin{aligned}\dot{\boldsymbol{U}}_{t+\Delta t}&=\dot{\boldsymbol{U}}_t+[(1-\delta)\ddot{\boldsymbol{U}}_t+\delta\ddot{\boldsymbol{U}}_{t+\Delta t}]\Delta t\\ \boldsymbol{U}_{t+\Delta t}&=\boldsymbol{U}_t+\dot{\boldsymbol{U}}_t\Delta t+[(1/2-\alpha)\ddot{\boldsymbol{U}}_t+\alpha\ddot{\boldsymbol{U}}_{t+\Delta t}]\Delta t^2\end{aligned}\right\}\tag{7.4}$$

式中，α，δ 为参量。将式(7.4)代入动力学微分方程式(7.2)中，整理后得

$$\hat{\boldsymbol{K}}\boldsymbol{U}_{t+\Delta t}=\hat{\boldsymbol{R}}_{t+\Delta t}\tag{7.5}$$

式中

$$\hat{\boldsymbol{K}}=\frac{1}{\alpha\Delta t}\boldsymbol{M}+\frac{\delta}{\alpha\Delta t}\boldsymbol{C}+\boldsymbol{K}$$

$$\hat{\boldsymbol{R}}_{t+\Delta t}=\boldsymbol{F}_{t+\Delta t}+\boldsymbol{M}\left[\frac{1}{\alpha\Delta t}\boldsymbol{U}_t+\frac{1}{\alpha\Delta t}\dot{\boldsymbol{U}}_t+\left(\frac{1}{2\alpha}-1\right)\ddot{\boldsymbol{U}}_t\right]+$$

$$\boldsymbol{C}\left[\frac{\delta}{\alpha\Delta t}\boldsymbol{U}_t+\left(\frac{\delta}{\alpha}-1\right)\dot{\boldsymbol{U}}_t+\left(\frac{\delta}{\alpha}-1\right)\frac{\Delta t}{2}\ddot{\boldsymbol{U}}_t\right]$$

式中，$\hat{\boldsymbol{K}}$，$\hat{\boldsymbol{R}}_{t+\Delta t}$ 分别称为有效刚度矩阵与有效荷载向量。求解上式，不难得到 $\boldsymbol{U}_{t+\Delta t}$，进而得到 $t+\Delta t$ 时刻的应力与应变。由上式可以看出，求解 $\boldsymbol{U}_{t+\Delta t}$ 时，需要用到 $\boldsymbol{F}_{t+\Delta t}$，因此该算法称为隐式算法。当荷载历史全部已知时，$\boldsymbol{F}_{t+\Delta t}$ 为已知量，对于接触冲击问题，荷载与结构响应耦合，$\boldsymbol{F}=\boldsymbol{F}(\varepsilon_{t+\Delta t})=\boldsymbol{F}(\boldsymbol{U}_{t+\Delta t})$，因此上式的求解需要通过迭代实现，常用的迭代算法有牛顿法、拟牛顿法以及修正牛顿法等。

可以证明，当参量 $\delta\geqslant 0.5$，$\alpha\geqslant 0.25(0.5+\delta)^2$ 时，Newmark 方法是无条件稳定的，也即时步 Δt 的大小不影响解的稳定性。此时 Δt 的选择主要根据解的精度确定，一般说可以比中心差分法中的时步大得多。Newmark 方法相当于用计算上的复杂代替了中心差分法的微小时步。

仔细分析上面的数值计算方法，发现显式中心差分法非常适合研究波的传播问题，而 Newmark 方法更适用于计算低频占主导的动力学问题。一方面，当介质的边界或内部的某个小区域受到初始扰动时，扰动是逐步向介质内部或周围传播的。分析式(7.3)发现，显式中心差分算法的 $\boldsymbol{M}$ 与 $\boldsymbol{C}$ 阵是对角阵，如给定某些有限元节点以初始扰动，在经过一个时间步长后，和它相关(在 $\boldsymbol{K}$ 中处于同一带宽内)的节点进入运动，即 $\boldsymbol{U}$ 中这些节点对应的分量成为非零量，此特点正好和波的传播特点相一致。另一方面，研究波传播的过程需要微小的时间步长，这也正是中心差分法的特点。

对于低频响应占主导的动力学问题，从计算精度考虑，允许采用较大的时间步长以节省计算时间；同时，较大的时间步长还可以过滤掉高阶不精确特征解对系统响应的影响，因此可以采用 Newmark 方法进行计算。对于碰撞、高速冲击、爆炸等问题，都需要考虑波的传播，因

此，主要采用显式中心差分算法。

对在围压条件下岩石试件SHPB动力试验进行数值模拟，首先必须解决试件在围压状态下的初始应力加载问题。根据前面对数值计算方法的分析，Newmark法适合于求解在围压作用下岩石试件的初始应力问题，而中心差分法则适合SHPB试验模型的动力求解。因此，先对试件在围压作用下的初始应力进行隐式求解，然后将隐式分析的节点结果用于SHPB动力试验的显式分析。

7.2.2　动态接触算法

在SHPB试验中，子弹与压杆以及压杆与岩石试样之间的撞击属于动态接触过程，因而接触计算将影响接触后的试验模拟的响应。分析试样应力均匀性问题时，需要直接关注接触面处单元的应力，对接触问题的处理就显得很重要。

在数值计算中，将撞击物体分开建立有限元模型，通过位移协调条件与动量方程求解撞击荷载。在接触、滑动界面处理上，选用对称罚函数法接触算法。

对称罚函数法的基本原理为：在每一时步，先检查各节点是否穿透主表面，没有穿透则对该节点不作任何处理；如果穿透，则在该节点与被穿透主表面之间引入一个较大的界面接触力，其大小与穿透深度、主表面刚度成正比，称为罚函数值。其物理意义相当于在从节点和被穿透主表面之间放置一个法向弹簧，以限制从节点对主表面的穿透。对称罚函数法编程简单，很少激起网格的零能模式，没有噪声，这是由于算法具有对称性且动量守恒准确，不需要碰撞和释放条件。

在模拟SHPB试验过程中定义接触时须注意，当使用点面和面面接触类型时，若模拟的实体只有变形而从不破坏，则须定义主面与从面，且主面与从面必须由附属于面上的节点组成；若模拟物体的破坏过程，则须定义整个实体节点组元来进行接触，这是因为破坏过程是贯穿整个实体的，如果只定义了接触面的一层单元为接触主面或从面，那么当接触面破坏时，剩下的实体将不再发生接触，以致达不到破坏的目的。

7.2.3　材料模型

1. *压杆和波形整形器材料模型*

在所建立的三维模型中，子弹、压杆材料模型选用线弹性材料模型，主要参数包括密度为7 850kg/m^3，弹性模量为210GPa，泊松比为0.25。紫铜波形整形器采用双线性随动强化塑性材料，密度为8 930kg/m^3，弹性模量为120GPa，硬化模量为20GPa，屈服应力为400MPa，泊松比为0.35。屈服准则为Von-Mises屈服准则。

2. *岩石材料模型*

岩石材料选用Johnson-Holmquist模型，该模型能够很好地描述在高应变率下岩石等脆性材料的响应问题，模型综合考虑了大应变、高应变率、高围压效应，同时结合损伤理论考虑了材料的拉伸脆断行为，而压力是体积应变（包括永久压垮在内）的函数，损伤累积则是塑性体积应变、等效塑性变形及压力的函数[305-306]。

Johnson-Holmquist模型破坏失效面定义为[307]

$$\sigma^* = [A(1-D) + BP^{*N}](1 + C\ln\dot{\varepsilon}^*) \tag{7.6}$$

式中，归一化等效强度为 $\sigma^* = \sigma/f'_c$，σ 为真空等效应力，f'_c 为准静态单轴压缩强度；$P^* = P/f'_c$，为归一化压力；归一化等效应变率为 $\dot{\varepsilon}^* = \dot{\varepsilon}/\dot{\varepsilon}_0$，$\dot{\varepsilon}_0$ 为参考应变率。

式(7.6)中，D 为损伤度，可见损伤度的累积与等效塑性应变和塑性体应变都有关。当 $D=0$ 时，材料没有损伤，具有完全的抗剪切能力；当 $D=1$ 时，表示材料断裂，失去承受拉伸和剪切的能力，在此条件下材料应当按流体处理，且 $D = \sum \dfrac{\Delta\varepsilon_p + \Delta u_p}{D_1(P^* + T^*)^{D_2}}$，表示允许材料的塑性应变达到一定值时破坏（见图7.1）。$\Delta\varepsilon_p$，Δu_p 分别为等效塑性偏应变增量和塑性体应变增量；D_1，D_2 为损伤常数。另外，模型还给出最大无量纲强度 S_{max}（见图7.2）。$T^* = T/f'_c$ 为无量纲拉伸强度，它为拉伸强度与单轴压缩强度这之比，T 即材料所能承受的最大拉应力。

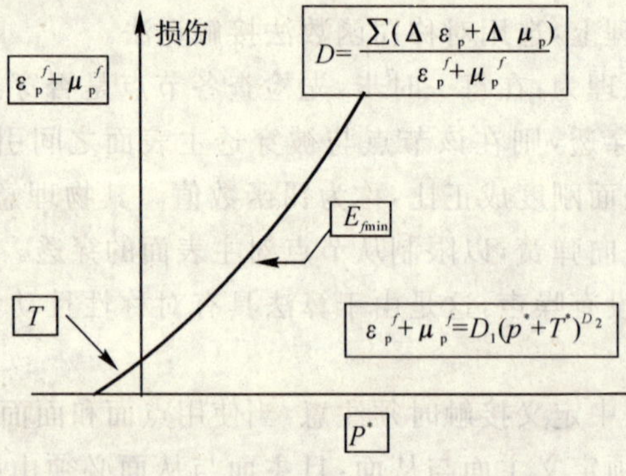

图7.1 Johnson-Holmquist的损伤模型

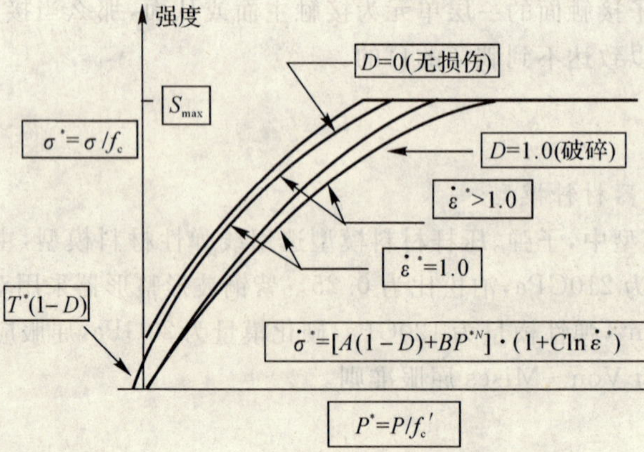

图7.2 Johnson-Holmquist本构模型

而单元变形分为压缩和拉伸两种情况，与此对应，单元内的静压 P 和体积应变 μ 的关系也分为以下几种：

在压缩阶段：

(1) 弹性阶段，有

$$P = K\mu \tag{7.7}$$

式中，K 为弹性模量，$K = P_C/\mu$；$\mu = \rho/\rho_0 - 1$，为单元的体积应变，ρ 和 ρ_0 分别表示单元的密度和初始密度。

(2) 塑性过渡阶段。这一阶段是指岩石受到损伤，并开始产生破碎性裂纹，但还没有完全破碎，有

$$P = P_C + K_C(\mu - \mu_C) \tag{7.8}$$

式中

$$K_C = (P_L - P_C)/(\mu_L - \mu_C) \tag{7.9}$$

(3) 压实阶段。在这一阶段材料已经完全破碎，有

$$P = K_1\bar{\mu} + K_2\bar{\mu}^2 + K_3\bar{\mu}^3 \tag{7.10}$$

式中，$\bar{\mu} = (\mu - \mu_L)/(\mu + \mu_L)$；$K_1$，$K_2$，$K_3$ 为材料参数。

如图 7.3 所示，μ 为体积应变；P_{crush}，μ_{crush} 分别为压碎点的压力和体积应变；$\bar{\mu}$ 为修正的体积应变，压力与体积应变关系分段表示。

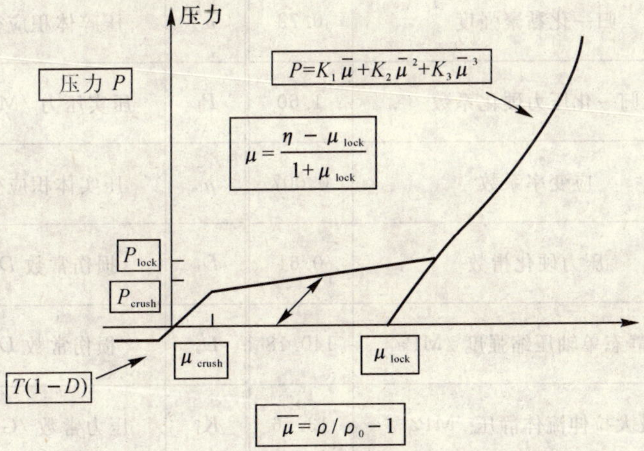

图 7.3　Johnson-Holmquist 的压力-体积关系

而在卸载和拉伸阶段，有

$$P = \begin{cases} K\mu & (\text{弹性区}) \\ [(1-F)K + FK_1]\mu & (\text{破碎区}) \\ K_1\mu & (\text{压实区}) \end{cases} \tag{7.11}$$

在过渡阶段(破碎区),拉伸应力是通过插值来计算的,插值系数 $F=(\mu_{max}-\mu_{lock})/(\mu_{lock}-\mu_{crush})$,其中 μ_{max} 是达到卸载点时的最大体积应变,μ_{lock} 对应压力 P_L 时的体积应变。拉伸压力的极限为 $T(1-D)$。

该模型中包括 3 种参数:强度参数、损伤参数和压力参数。这些参数有的可以由试验得到,有的则存在困难。张凤国和李恩征[308] 曾在 Johnson. G. R 给出参数计算的基础上提出了材料在不同抗压情况下 Johnson - Holmquist 模型计算参数的确定方法。文献[309 - 314] 也针对各自模拟的问题给出了该模型的计算参数,尽管存在差异,但大体上相同。本章在进行岩石 SHPB 试验数值模拟时,岩石材料模型参数选取是在文献[315] 的研究基础上,根据试验实测数据进行确定,最终根据模拟结果和试验结果对参数进行修正而确定。三种岩石材料的模型参数值如表 7.1 至表 7.3 所示。

表 7.1　斜长角闪岩 Johnson-Holmquist 模型参数

符号	含义	数值	符号	含义	数值
ρ	密度 / $(kg \cdot m^{-3})$	2 806	S_{max}	归一化最大强度	7.0
G	剪切模量 /GPa	32	P_c	压碎压力 /MPa	46.7
A	归一化黏聚强度	0.79	μ_c	压碎体积应变	0.001 05
B	归一化压力硬化系数	1.60	P_l	压实压力 /MPa	2 000
C	应变率系数	0.007	μ_l	压实体积应变	0.1
N	压力硬化指数	0.61	D_1	损伤常数 D_1	0.0375
f_c'	准静态单轴压缩强度 /MPa	140.18	D_2	损伤常数 D_2	1.0
T	最大拉伸流体静压 /MPa	13.56	K_1	压力常数 /GPa	85
$\dot{\varepsilon}_0$	参考应变率	1	K_2	压力常数 /GPa	−171
ε_{min}	断裂前最小塑性应变量	0.01	K_3	压力常数 /GPa	208

表 7.2　砂岩 Johnson-Holmquist 模型参数

符号	含义	数值	符号	含义	数值
ρ	密度(kg·m^{-3})	2 578	S_{max}	归一化最大强度	7.0
G	剪切模量 /GPa	17.64	P_c	压碎压力 /MPa	20.5
A	归一化黏聚强度	0.79	μ_c	压碎体积应变	0.000 7
B	归一化压力硬化系数	1.60	P_l	压实压力 /MPa	2 000
C	应变率系数	0.007	μ_l	压实体积应变	0.1
N	压力硬化指数	0.61	D_1	损伤常数 D_1	0.033 5
f_c'	准静态单轴压缩强度 /MPa	61.4	D_2	损伤常数 D_2	1.0
T	最大拉伸流体静压 /MPa	8.1	K_1	压力常数 /GPa	85
$\dot{\varepsilon}_0$	参考应变率	1	K_2	压力常数 /GPa	−171
ε_{min}	断裂前最小塑性应变量	0.01	K_3	压力常数 /GPa	208

表 7.3　绢云母石英片岩 Johnson-Holmquist 模型参数

符号	含义	数值	符号	含义	数值
ρ	密度(kg·m^{-3})	2 603	S_{max}	归一化最大强度	7.0
G	剪切模量 /GPa	20.88	P_c	压碎压力 /MPa	26.53
A	归一化黏聚强度	0.79	μ_c	压碎体积应变	0.000 875
B	归一化压力硬化系数	1.60	P_l	压实压力 /MPa	2 000
C	应变率系数	0.007	μ_l	压实体积应变	0.1
N	压力硬化指数	0.61	D_1	损伤常数 D_1	0.0374
f_c'	准静态单轴压缩强度 /MPa	79.59	D_2	损伤常数 D_2	1.0
T	最大拉伸流体静压 /MPa	8.01	K_1	压力常数 /GPa	85
$\dot{\varepsilon}_0$	参考应变率	1	K_2	压力常数 /GPa	−171
ε_{min}	断裂前最小塑性应变量	0.01	K_3	压力常数 /GPa	208

7.3 数值模拟结果及分析

7.3.1 波形整形器对入射波整形效果的数值模拟

1. 入射波整形效果

由于紫铜波形整形器(见图 7.4)在打击杆的高速撞击下将产生很大变形,因此,为了避免因为波形整形器网格畸变过大造成的计算发散、计算结果不可信等缺陷,在进行波形整形器对入射波的整形效果数值模拟时,本书采用自适应网格法进行求解,这种算法的缺陷是求解时间较长。

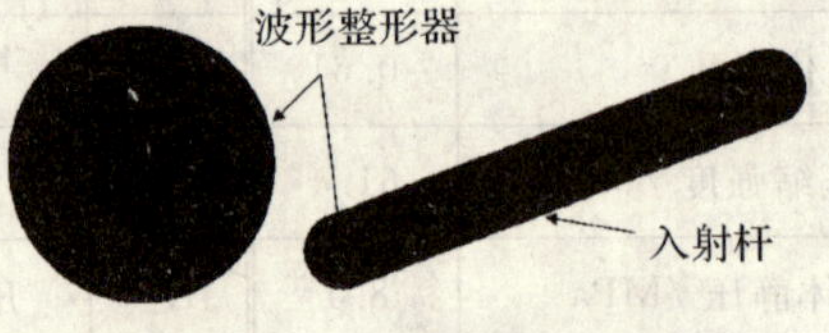

图 7.4 模型图及波形整形器细部

如图 7.5 和图 7.6 所示分别是无波形整形器和波形整形器直径为 35mm 时,打击杆以 10m/s 撞击入射杆得到的入射应力波形的模拟结果和试验值的对比。从图 7.5 可知,入射波形基本吻合,尤其是在上升沿和下降段基本一致;但是在平台段,试验结果明显比数值模拟的结果更加振荡。由图 7.6 可知,波形整形器将原来入射波中的高频波过滤,将入射波整形为近似的半正弦波,并且数值模拟得到的整形波形与试验结果一致性很好,只是在波形上升沿转折点之前有微小偏差。如图 7.7 所示是与图 7.5 和图 7.6 中入射应力波曲线对应的波在入射杆传播的应力云图。

从模拟和试验结果的比较来看,两者所获得的应力波不管是波形,还是上升沿,甚至整个波长历时都能很好地吻合。其中小部分有振荡差异,可能是由于数值模拟中采用的模型和实际情况不是完全相同的缘故,以及试验中采集数据的时候外界的干扰所造成的。

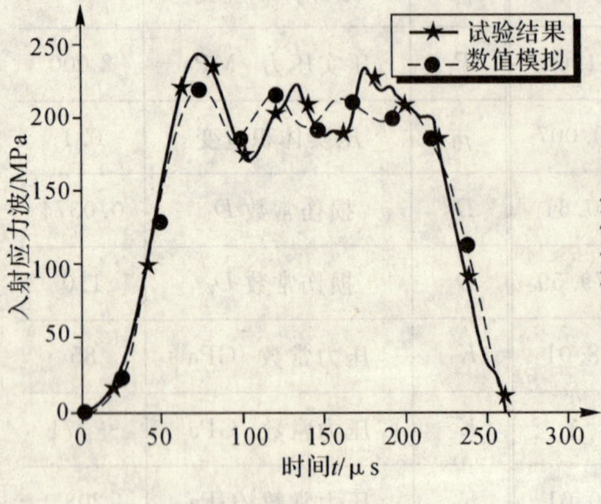

图 7.5 无波形整形器时入射应力波形的模拟结果和试验值

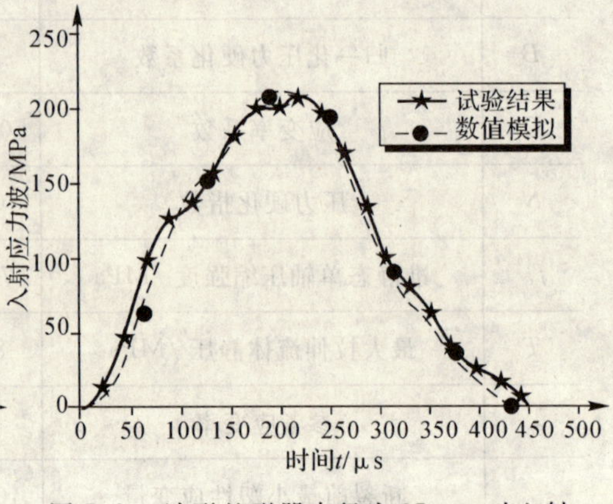

图 7.6 波形整形器直径为 35mm 时入射应力波形的模拟结果和试验值

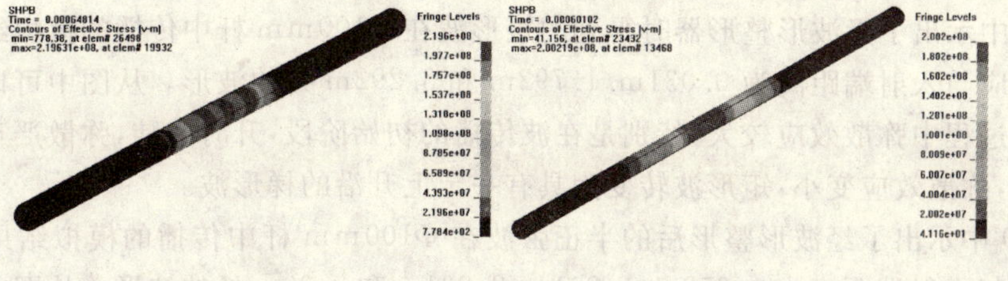

(a)　　(b)

图 7.7　入射应力波在杆中传播的应力云图

(a) 矩形波；(b) 半正弦波

2. 波形整形器的变形

如图 7.8 所示是打击杆速度为 10m/s 时，紫铜波形整形器变形的试验实物照片以及数值模拟结果。数值模拟得到的波形整形器的变形形态及尺寸与试验结果相一致。

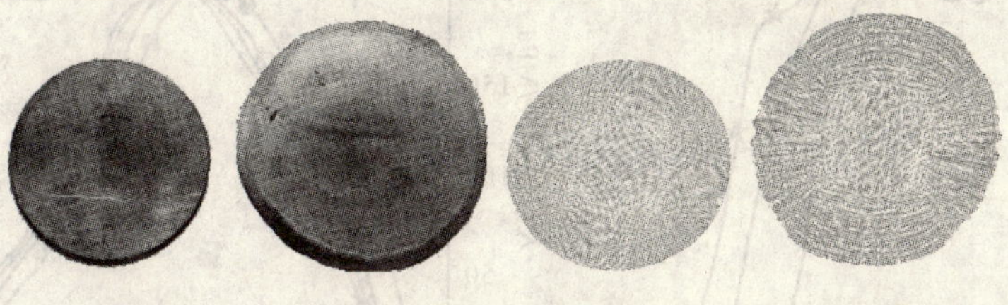

(a)　　(b)

图 7.8　紫铜波形整形器的变形

(a) 试验结果；(b) 数值模拟结果

综合分析入射波整形效果以及波形整形器的变形结果可知，数值模拟与试验得到的结果能很好地吻合，说明了波形整形数值模拟的可靠性。另外，无论是否使用波形整形器，数值模拟得到的入射应力波形都与试验结果相一致。因此，为了避免计算发散并节省求解时间，在本章后续的数值计算中，直接将试验得到的入射波形作为初始条件进行加载，而在计算模型中不考虑打击杆和波形整形器。

7.3.2　应力波在弹性压杆中传播的弥散效应分析

在 SHPB 试验中，人们一直关注应力波在压杆中传播的弥散问题。众所周知，任意波形的波总可以借频谱分析的方法看做由不同频率的谐波分量叠加组成，Rayleigh 采用能量法[85] 得到了圆柱弹性杆中谐波传播速度 C 和波长 λ 的关系：

$$\frac{C}{C_0} \approx 1 - \mu^2 \pi^2 \left(\frac{a}{\lambda}\right)^2 \tag{7.12}$$

式中，μ，a 分别为弹性杆的泊松比和半径。由此可见，不同频率的谐波分量将按各自的相速传播，因此，在传播中波形不能再保持原来的形状，而发生波的几何弥散现象。随着大直径 SHPB 压杆的日益普及，试验过程中几何弥散带来的误差增大。在 Φ100mm SHPB 试验的数值模拟中，通过分析离入射杆端不同位置处测点的波形，从而得到两种不同的加载波形的弥散效应。

图7.9中示出了无波形整形器时得到的矩形波在Φ100mm杆中传播的模拟结果，图中的曲线分别对应与入射端距离为0.031m，1.792m和3.292m处的波形。从图中可以发现，矩形波在传播的过程中弥散效应较大，特别是在波传播的初始阶段，升时较陡，弥散严重，当传播到一定距离时，弥散效应变小，矩形波转变为具有一定上升沿的梯形波。

图7.10中示出了经波形整形后的半正弦波在Φ100mm杆中传播的模拟结果，图中的曲线分别对应与入射端距离为0.652m，1.201m，2.231m和3.30m处的波形。从图中可以发现，半正弦波的弥散效应比矩形波要小得多，且波形比较稳定，但随着传播距离的增加，上升沿升时仍有少量增加。

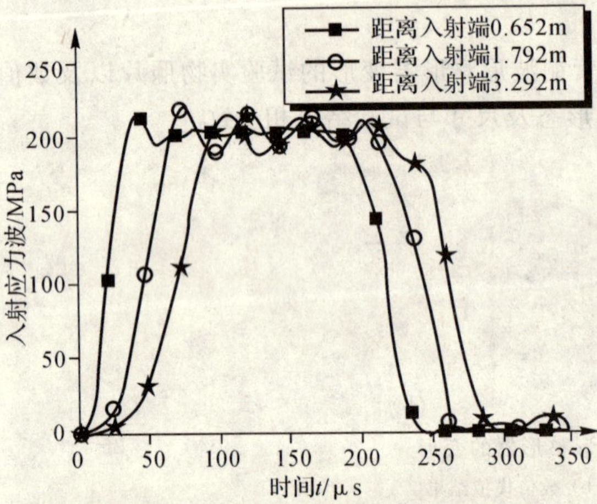

图7.9　入射杆不同位置处的矩形波形

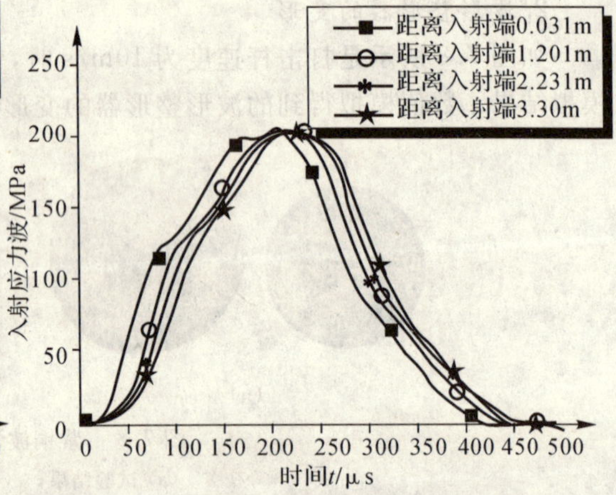

图7.10　入射杆不同位置处的半正弦波形

如图7.11所示是与图7.9和图7.10相对应的上升沿升时t_s（指应力脉冲的起始点到应力最大值所经历的时间）和上升沿升时增长率η_t随传播距离X的变化曲线。由图7.11可知，应力脉冲升时t_s随传播距离X的增大而增大，而且由文献[85]可知，杆径越大，升时t_s随传播距离X的增大越显著，这是由于横向惯性效应随着杆径的增大而变得更加显著。另外，矩形应力脉冲升时增长率η_t比半正弦波的升时增长率显著，其弥散效应比半正弦波的弥散效应严重得多。随着波传播距离的增加，上升沿升时增加的速度减缓，即波的弥散效应大部分是在子弹撞击后一段有限的距离完成的，这一点在不同测点得到的矩形波的传播波形尤为明显，这是由于波在开始传播时升时较陡，弥散严重，传播一定距离后，波逐步弥散演变成有一定升时的梯形波，相应的弥散减小。而对于半正弦波，由于波形整形器起到“低通滤波器”的作用，已将入射波的高频部分过滤，且使半正弦波具有相当长的上升沿时间。与矩形波相比，半正弦波的上升沿升时增长率η_t-X关系曲线近似水平；长度为500mm的打击杆产生的半正弦波的t_s-X关系曲线在波传播距离为2.5m时基本稳定，因此，为了防止入射波和反射波的叠加对数据采集造成影响，对于本次试验用的Φ100mmSHPB系统，入射杆长4.5m是合理的，能够满足“一维应力波”假定，从而保证试验的有效性。因此有

$$t_s = 11.20474 + 46.27671X - 5.45041X^2 \quad 矩形波$$

$$t_s = 170.2480 + 38.60702X - 6.31003X^2 \quad 半正弦波$$

$$\eta_t = 0.87059 + 4.18975X - 0.49331X^2 \quad 矩形波$$

$$\eta_t = 0.99305 + 0.22519X - 0.03681X^2 \quad 半正弦波$$

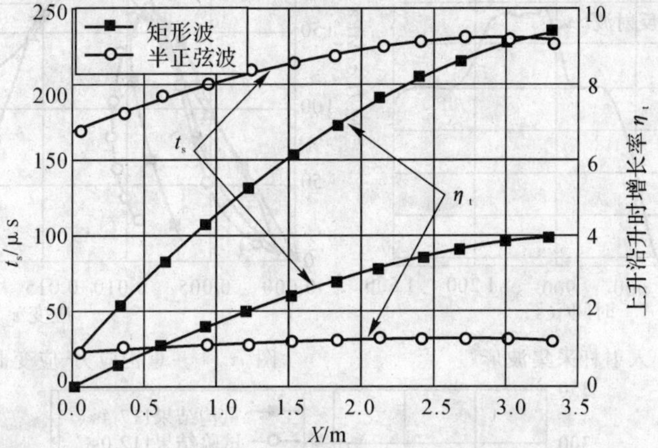

图 7.11　t_s 和 η_t 随传播距离 X 的变化曲线

7.3.3　岩石试件应力-应变曲线的重构

本节对岩石试件的 SHPB 动态压缩试验进行数值模拟，运用 2.5 节中的三波法对数值模拟得到的波形进行处理，重构试件的应力-应变曲线，并与试验结果进行对比，修正并确定岩石的 Johnson-Holmquist 模型参数。下面仅列出当围压为 0，4MPa 和 20MPa 时，斜长角闪岩动力试验的数值模拟及分析结果。如图 7.12 所示是有限元计算模型及半正弦入射波在入射杆中的传播示意图；如图 7.13 所示是当围压为 0 时，与图 7.12 对应的典型的入射杆上的采集波形，图中反射波为一平台波，即实现了试件的恒应变率加载。

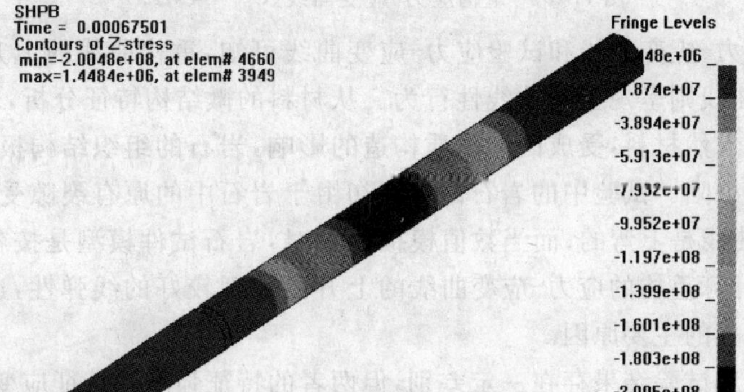

图 7.12　半正弦入射波在入射杆中的传播

如图 7.14 至图 7.16 所示分别是数值模拟重构的斜长角闪岩应力-应变曲线。

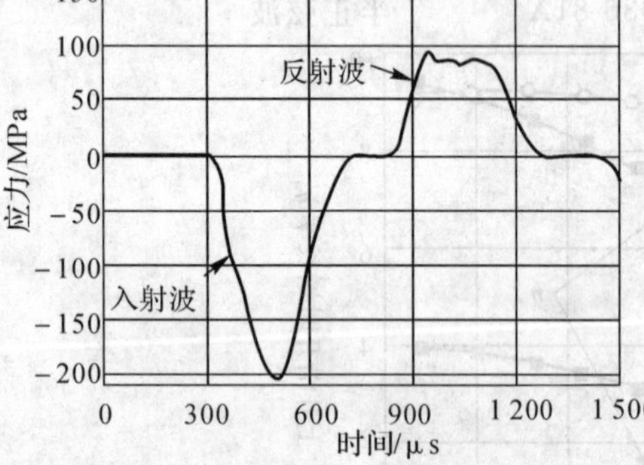

图 7.13　入射杆采集波形

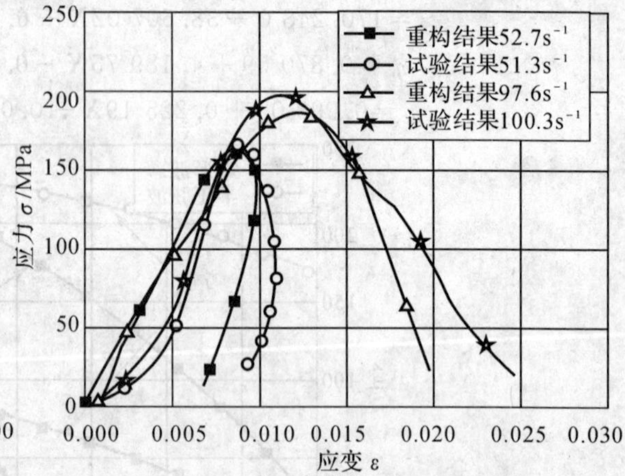

图 7.14　重构应力-应变曲线($C_p = 0$)

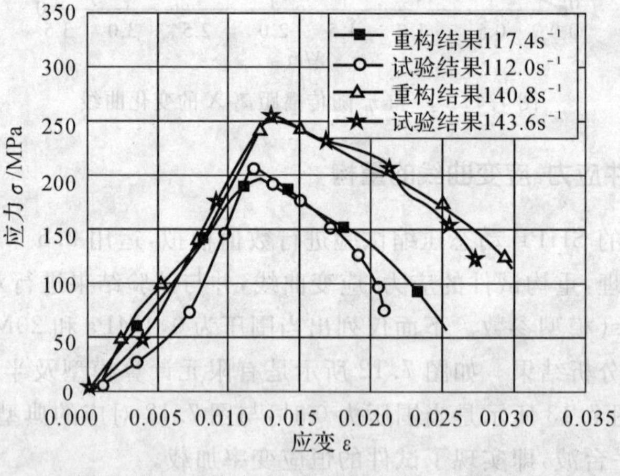

图 7.15　重构应力-应变曲线($C_p = 4$MPa)

对比重构的应力-应变曲线和试验应力-应变曲线可知，重构曲线的上升段呈现较好的线弹性行为，而试验曲线则呈现上弯非线性行为。从材料的微结构特征分析，岩石作为一种非均质多相复合的特殊天然材料，受成因和地质构造的影响，岩石的组织结构极为不均匀，内部存在各种大量的天然缺陷。试验中的岩石试件起初由于岩石中的原有裂隙受压闭合，致使试验得到的应力-应变曲线是上弯的；而当数值模拟计算时，岩石试件模型是按各向同性均质材料处理的，因而数值计算重构的应力-应变曲线的上升段呈现较好的线弹性，这是造成试验结果和模拟重构结构差异的主要原因。

虽然模拟结果和试验结果存在一定差别，但两者的特征强度和特征应变等都比较吻合，体现的力学行为本质也非常相近，包括随应变率的增加抗压强度也相应地增加等，甚至在低应变率或高围压条件下未出现宏观裂纹时的黏弹性回滞现象也具备相似性。因此，

Johnson-Holmquist 本构模型是描述岩石类材料的一种较理想的本构模型。

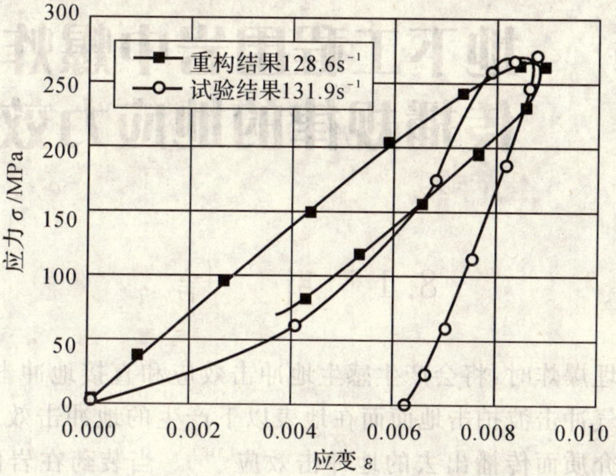

图 7.16　重构应力-应变曲线（$C_p = 20$MPa）

在本书关于岩石试件动力试验的数值模拟中，对绢云母石英片岩和砂岩也进行了类似斜长角闪岩的数值模拟研究，研究结果与斜长角闪岩相似，对于这两种岩石，仅给出最后确定的本构模型参数值。根据模拟结果和试验结果对岩石材料本构模型参数进行修正，最终确定的参数值如表 7.1 至表 7.3 所示。本书确定的 Johnson-Holmquist 本构模型参数值可用于相应围岩类型的地下工程动力响应的数值模拟研究。

7.4　小　结

本章采用有限元程序对围压条件下岩石试件 SHPB 试验进行了数值模拟，主要结论如下：

(1) 不加波形整形器时得到的矩形入射波在 Φ100mm 杆中传播的弥散效应较大。特别是在波传播的初始阶段，升时较陡，弥散严重，当传播到一定距离时，弥散效应变小，矩形波转变为具有一定上升沿的梯形波。经波形整形后的半正弦入射波在 Φ100mm 杆中传播的弥散效应比矩形波要小得多，且波形比较稳定，但随着传播距离的增加，上升沿升时仍有少量增加。

(2) 从半正弦波的应力脉冲升时 t_s 随传播距离 X 的关系式可知，长度为 500mm 的打击杆产生的半正弦波在传播距离为 2.5m 时基本稳定。为了防止入射波和反射波的叠加对数据采集造成影响，对于本次试验用的 Φ100mmSHPB 系统，入射杆长 4.5m 是合理的，能够满足“一维应力波”假定，从而保证了试验的有效性。

(3) 由于岩石内部存在各种大量的天然缺陷，试验中的岩石试件起初由于岩石中的原有裂隙受压闭合，致使试验得到的应力-应变曲线是上弯的；而数值模拟重构曲线的上升段呈现较好的线弹性行为。虽然模拟结果和试验结果存在一定差别，但两者的特征强度和特征应变等都比较吻合，体现的力学行为本质也非常相近。因此，Johnson-Holmquist 本构模型是描述岩石类材料的一种较理想的本构模型。

第8章　地下工程围岩中爆炸冲击波传播规律的地应力效应分析

8.1　引　言

弹药在触地或浅埋爆炸时，将会产生感生地冲击效应和直接地冲击效应。所谓感生地冲击就是爆炸产生的空气冲击波拍击地面而在地表以下产生的地冲击效应；直接地冲击则是由与爆炸物直接接触的介质而传播出去的地冲击效应[316]。当装药在岩体中爆炸时，由于在爆心附近，爆炸波压力非常高，爆炸瞬间产生的爆轰波和迅速膨胀的爆炸产物与岩石相碰，将首先产生以超声波传播的冲击波，随着冲击波的向外传播，应力幅值不断衰减，波速不断降低，最后演变成应力波，应力波的进一步传播、衰减又演变成地震波（弹性波）。引起爆炸应力波衰减的原因有：波阵面的扩大，导致单位波阵面上能量密度的降低；传播介质（岩石）质点运动引起的内摩擦能量耗散；爆炸应力波传播过程中的追赶卸载[317]。

如图8.1所示，在爆炸近区传播的是冲击波，在中区传播的是应力波，而在远区传播的则是弹性波即爆炸地震波，它实际上仍是一种弱应力波。冲击波、应力波和地震波具有不同的应力幅值和加载率，因而具有不同的衰减速率和其各自的作用范围[318]，如图8.2所示。综合当前的研究成果，冲击波、应力波和地震波等在传播过程中遵循相同的规律 —— 指数规律，只是衰减指数不同[319]。

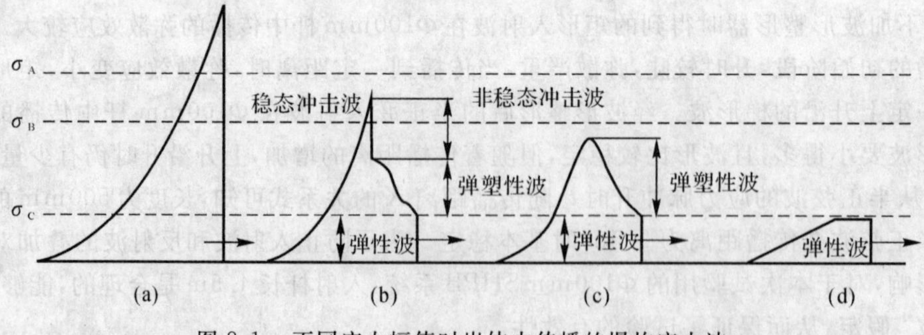

图8.1　不同应力幅值时岩体中传播的爆炸应力波

(a) 稳定冲击波区；(b) 非稳定冲击波区；(c) 塑性区；(d) 弹性区

一般说来，由于爆炸方式的不同及介质特性的差异，所产生的地冲击效应也就差别很大，这主要表现在应力波的传播和衰减上[320-322]。不管是触地爆炸还是浅埋爆炸甚至全封闭爆炸，只要是直接传入到岩体中的应力波的衰减规律主要与爆炸能量及岩体介质性质有关[323]，且爆炸能量主要反应在应力波强度上，故从衰减规律的角度看，只要介质性质相近，直接传入的应力波的衰减规律应该是相近的。尽管在岩体中有关地冲击传播的测试技术和试验技术都有相当大的难度，但还是可以找到大体相近的规律。本章首先对国内外现有的地下岩体中爆炸冲击波传播规律进行分析；然后根据在围压条件下岩石试件的SHPB动态压缩试验结果，从岩石能量吸收特性随围压的变化关系，对地下工程围岩中爆炸冲击波传播规律的地应力效应进行定性分析和探讨。

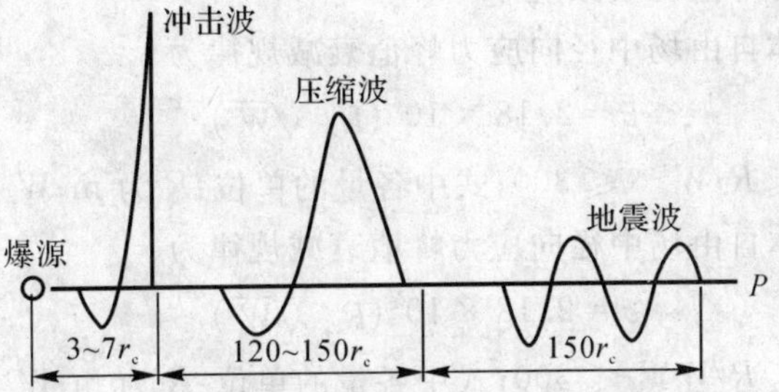

图8.2　岩体中爆炸应力的演变

8.2　围岩中地冲击波传播规律

爆炸冲击波场、爆炸应力波场和爆炸地震波场均属于动态应力场，岩体内的应力场与时间有关，它们在传播过程中应力峰值均呈指数规律衰减，但衰减指数不同，冲击波衰减指数最大，应力波衰减指数次之，地震波衰减指数最小[324]。具体原因是冲击波、应力波和地震波具有不同的应力幅值和加载速率，因而具有不同的衰减速率和作用范围。

当应力波在介质中传播时，由于阻尼的存在而使应力波振幅逐渐衰减[325]。有关试验研究表明[326]，爆炸在岩石中所形成的应力波，在向外传播的过程中，其强度不断衰减。衰减的快慢与爆炸的荷载形式、爆炸的初始能量、几何扩散形式、岩石性质和地质条件有关[327]。影响应力波传播规律的主要因素是岩石性质和地质条件。

由国内外相关研究可知，从空中爆炸、近地爆炸、接触爆炸、浅埋爆炸直到全封闭爆炸，在地介质中所产生的应力波的传播规律尽管做过许多试验和研究工作[320-322]，也测得过不少数据，但这些数据的离散度较大，所分析总结出的应力波衰减规律五花八门。特别是感生地冲击所产生的应力波衰减规律，由于情况复杂，测试数据也不太多，很难找出理想的结果。

爆炸产生的直接传入岩体介质中的应力波衰减规律通常用$\sigma=A(R/\sqrt[3]{W})^{-n}$的形式表示，其中$\sigma$为自由场应力，$R$为距爆心距离，$W$为装药量，$A$为衰减系数，$n$为衰减指数。

通过多次试验测试，国内有关单位曾给出了全封闭核爆炸中远区峰值径向应力的衰减规律为

$$\sigma=A_1(R/\eta\sqrt[3]{W})^{-1.95}\quad (\text{I类岩体}) \tag{8.1}$$

$$\sigma = A_2 (R/\eta \sqrt[3]{W})^{-2.48} \quad \text{(II 类岩体)} \tag{8.2}$$

$$\sigma = A_3 (R/\eta \sqrt[3]{W})^{-2.83} \quad \text{(III 类岩体)} \tag{8.3}$$

式中，σ 为自由场应力；R 为距爆心距离；W 为装药量；A_1，A_2，A_3 均为衰减系数；η 是触地核爆炸与地下封闭核爆炸的能量耦合系数。

文献[328]介绍了硬岩中大当量地下爆炸应力波的测试技术，分析了对测量系统的频响要求，给出了自由场应力峰值的衰减规律。

对于干燥硬岩，岩体自由场中径向应力峰值衰减规律为

$$\sigma = 2.18 \times 10^6 (R/\sqrt[3]{W})^{-2.47} \tag{8.4}$$

式(8.4)适用区域：$20 \leqslant R/W^{1/3} \leqslant 300$；式中各量的单位：$R$ 为 m；W 为 kt；σ 为 MPa。

对水饱和硬岩，岩体自由场中径向应力峰值衰减规律为

$$\sigma = 2.12 \times 10^5 (R/\sqrt[3]{W})^{-1.77} \tag{8.5}$$

式(8.5)适用区域：$15 \leqslant R/W^{1/3} \leqslant 300$；式中各量的单位：$R$ 为 m；W 为 kt；σ 为 MPa。

美国陆军技术手册给出了地冲击参数的变化规律。地冲击波的到达时间与介质的地震波速成反比，因而在地震波速较高的介质中爆炸将产生持续时间很短的高频脉冲，并且产生的加速度值较高，位移较小。相反，在干燥、松散介质中的爆炸将产生持续时间较长且频率较低的地运动。岩石中爆炸产生的自由场应力和地运动参数按下式计算[329-330]：

$$\sigma = 0.1(\eta W)^{0.83} R^{-2.5} C_0^2 \quad \text{(MPa)} \tag{8.6}$$

$$v = 0.05(\eta W)^{0.83} R^{-2.5} C_0^2 \quad \text{(m/s)} \tag{8.7}$$

$$m = \frac{1}{15}(\eta W)^{0.83} R^{-3.5} C_0^2 \quad \text{(g)} \tag{8.8}$$

式中，W 为爆炸当量(kt)；R 为距爆心的距离(m)；C_0 为爆炸介质的地震波速度(m/s)；η 是等效当量耦合系数[330-331]。如图 8.3 所示是国内外关于自由场地冲击波应力衰减规律的比较。

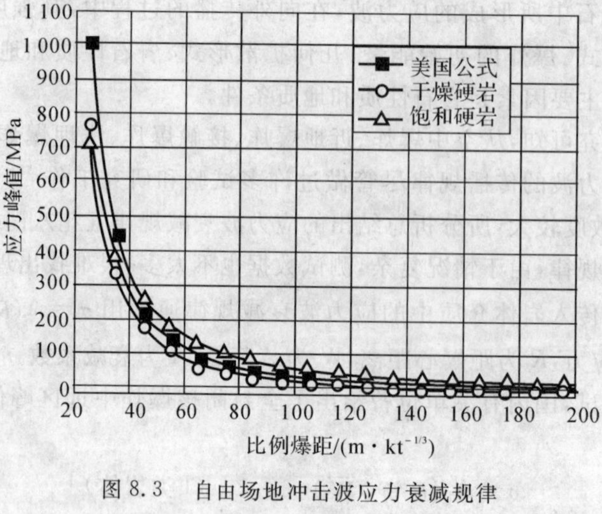

图 8.3　自由场地冲击波应力衰减规律

8.3　地应力对地冲击波传播规律影响的试验分析

关于地应力对爆炸应力波传播规律的影响，相关的研究文献较少。肖正学等[332]（1996年）通过对存在不同初始应力场的几种材料的室内试验和地下矿山爆破实例的分析，发现初始应力场对爆破效果有很大的影响。初始应力场的存在改变了爆轰波的传播规律，同时，对裂纹发展起着导向作用。刘艳、许金余[333]（2007 年）建立了地应力作用下岩体在爆炸荷载作用下的运动微分方程，研究了地应力的存在对爆破应力波传播规律的影响。G. W. Ma 等[307]（2008 年）分析了不同初始应力场对爆炸冲击引起的裂纹扩展的影响。

由文献[333]的研究可知，在近爆腔处，较低的静应力场与较高的动应力场作用时，爆炸动态应力波占主导地位，初始应力对爆炸应力波影响较小。在远离爆腔处，高地应力的存在改变了爆炸应力波的传播规律，对爆炸岩体有很大影响。但是，前面关于围岩中爆炸冲击波传播规律的研究，其研究范围并没有涉及地应力的影响；而对处于地应力环境下的地下工程来说，无论是开挖之前的初始地应力，还是施工开挖后造成的应力重分布（二次应力），都使围岩处于一定的地应力环境中，尤其是深部地下工程，其围岩所处的地应力水平更高。本节根据在围压条件下岩石试件的 SHPB 动态压缩试验结果，从岩石能量吸收特性随围压的变化规律来定性分析地应力对地冲击波传播的影响。

表 8.1 是入射波能量为 2 300 J 左右（$v\approx 14$m/s）时，三种岩石在第一次冲击荷载作用下的比能量吸收值随围压的变化统计，如图 8.4 至图 8.6 所示是与此相对应的数据点及拟合结果。

表 8.1　岩石在第一次冲击荷载作用下的比能量吸收值随围压的变化

编号	弹速 /(m·s^{-1})	入射波能量 /J	比能量吸收值 /(J·cm^{-3})
PHDC 0－6－4	13.92	2 187	2.121 5
PHDC 2－7－3	14.61	2 469	1.481 4
PHDC 4－5－1	13.49	2 278	0.974 0
PHDC 6－2－1	13.99	2 168	0.686 2
PHDC 10－2－1	14.16	2 390	0.334 0
PHDC 20－3－1	13.83	2 329	0.273 8
SPDC 0－3－2	13.97	2 321	2.696 4
SPDC 2－7－1	13.76	2 233	2.585 6

续表

编号	弹速 /(m·s^{-1})	入射波能量 /J	比能量吸收值 /(J·cm^{-3})
SPDC 4-3-1	14.13	2 314	2.446 7
SPDC 6-1-3	13.93	2 340	1.736 6
SPDC 10-2-1	14.11	2 335	1.438 2
SPDC 20-2-1	13.97	2 192	1.0445
SSDC 0-3-3	14.17	2 363	3.784 2
SSDC 2-5-1	13.68	2 332	2.300 9
SSDC 4-2-1	14.00	2 351	2.087 8
SSDC 6-1-1	13.5	2 205	1.788 9
SSDC 10-3-1	13.97	2 373	1.667 0
SSDC 20-1-1	14.04	2 424	1.408 0

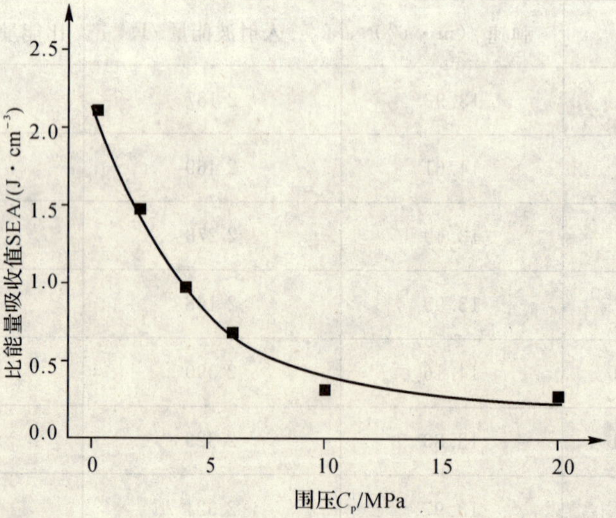

图 8.4　斜长角闪岩在第一次冲击荷载作用下的比能量吸收值随围压的变化

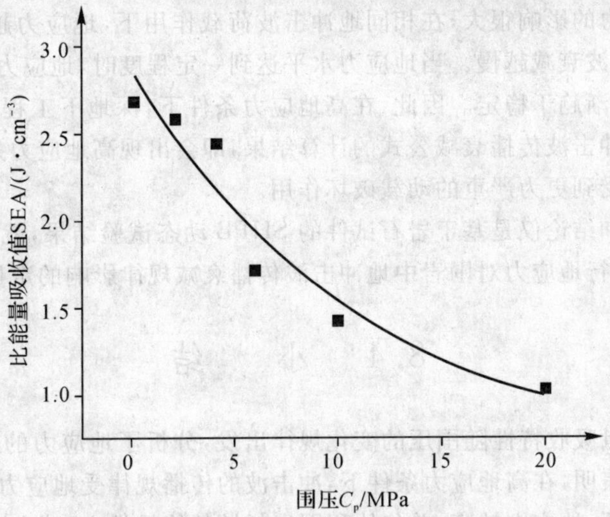

图 8.5　绢云母石英片岩在第一次冲击荷载作用下的比能量吸收值随围压的变化

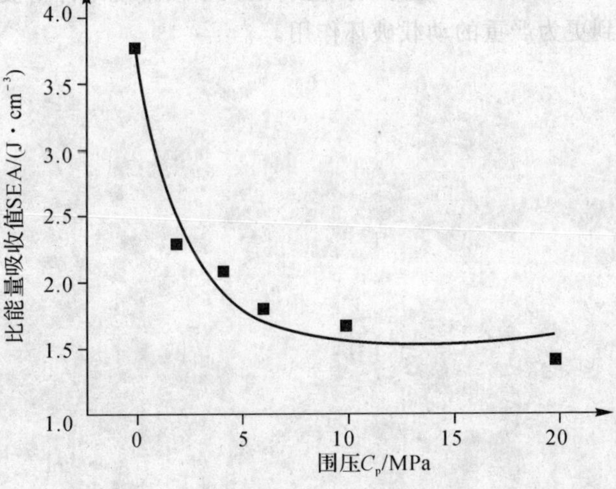

图 8.6　砂岩在第一次冲击荷载作用下的比能量吸收值随围压的变化

$$\mathrm{SEA}_{\mathrm{PH}} = 0.209\,64 + 1.937\,33\mathrm{e}^{-\frac{C_p}{4.312\,17}} \qquad R^2 = 0.996\,1 \tag{8.9}$$

$$\mathrm{SEA}_{\mathrm{SP}} = 0.590\,02 + 2.238\,7\mathrm{e}^{-\frac{C_p}{11.675\,93}} \qquad R^2 = 0.935\,01 \tag{8.10}$$

$$\mathrm{SEA}_{\mathrm{SS}} = 1.567\,49 + 2.178\,54\mathrm{e}^{-\frac{C_p}{2.263\,94}} \qquad R^2 = 0.975\,95 \tag{8.11}$$

由图 8.4 至图 8.6 可知，随着围压的增加，三种岩石的比能量吸收值急剧减小，当围压达到 10 ～ 20MPa 时，斜长角闪岩和砂岩的比能量吸收值趋于稳定，而绢云母石英片岩的比能量吸收值在本次试验最高围压 20MPa 时仍未趋于稳定。由此说明，在高地应力条件下，冲击波的传播规律受地应力的影响很大；在相同地冲击波荷载作用下，地应力越高，单位体积围岩耗散的能量越少，冲击波衰减越慢。当地应力水平达到一定程度时，地应力对冲击波传播衰减规律的影响减弱，并逐渐趋于稳定。因此，在高地应力条件下，深地下工程围岩中的应力波强度将远大于按常规地冲击波传播衰减公式的计算结果，即会出现高地应力条件下的“应力波放大效应”，地下工程将受到更为严重的动载破坏作用。

由于以上分析和结论仅是基于岩石试件的 SHPB 动态试验结果，就研究的尺度范围和数据量而言，还无法进行地应力对围岩中地冲击波传播衰减规律影响的定量研究。

8.4 小 结

本章从岩石能量吸收特性随围压的变化规律出发，分析了地应力的存在对爆炸地冲击波传播的影响。研究表明，在高地应力条件下，冲击波的传播规律受地应力的影响很大。在相同地冲击波荷载作用下，地应力越高，单位体积围岩耗散的能量越少，冲击波衰减越慢；当地应力水平达到一定程度时，地应力对冲击波传播衰减规律的影响减弱，并逐渐趋于稳定。因此，在高地应力环境下的地下工程围岩中应力波强度将远大于按常规地冲击波传播衰减公式的计算结果，地下工程将受到更为严重的动载破坏作用。

第9章 结论及展望

9.1 结论

本书采用试验研究、理论分析和数值模拟相结合的方法，从岩石的静态力学性能、动态劈裂抗拉和在围压状态下的动态压缩 SHPB 试验出发，运用应力波理论、损伤力学、分形理论和有限单元法等理论展开研究，获得的主要研究成果如下：

1. 试验技术研究

(1) 通过气体绝热方程推导了由初始条件表示的打击杆理论速度计算式，为试验方案的设计提供了依据，保证了 SHPB 试验的稳定性和有效性。

(2)T2 紫铜波形整形器将原来陡峭上升的脉冲方形波修正成上升过程较为平缓的波形，增加入射波的上升时间，保证了试件内部在破坏之前有足够长的时间达到应力平衡；同时减少了入射波的高频振荡，使得应变率的波动性明显减小。针对岩石在单轴状态和围压状态下力学性能的不同，通过波形整形技术的试验研究，得到具有较长上升沿时间的半正弦入射波和近似双线性硬化特性的入射波形，从而实现了在单轴状态和围压状态下岩石试件的恒应变率加载，并保证了在试验过程中试件的应力均匀性的要求。

(3) 提出了无量纲应力均匀性因子 δ 和应力均匀性指数 ξ，能够定量描述材料 SHPB 试验过程中试件的应力均匀性问题，指导岩石试件的最佳尺寸设计。本书确定的岩石试件的最佳尺寸为 $\Phi 97\text{mm} \times 43\text{mm}$。

2. 岩石在冲击荷载单次作用下的动态压缩和动态劈裂抗拉试验研究

(1) 在单轴状态下，砂岩的断裂破坏形态与斜长角闪岩和绢云母石英片岩不同，虽然砂岩试件也是随着应变率的增加、破坏的碎块尺度显著减小而碎块数量明显增加，表现出较强的应变率相关性，但是，砂岩在较低应变率下的动态压缩破坏呈现外围剥落式径向拉伸破坏模式，而斜长角闪岩则呈现轴向劈裂破坏模式。在较高应变率下，砂岩呈现颗粒状粉碎破坏模式，而斜长角闪岩和绢云母石英片岩则呈现块状压碎破坏形式。另外，与内部原始裂纹发育较充分的绢云母石英片岩相比，斜长角闪岩的结构完整性较好，质地致密，在同等应变率情况下，绢云母石英片岩的碎块尺度比斜长角闪岩更小，破碎更严重。

在单轴状态下，三种岩石的动态抗压强度增长因子和比能量吸收值都随应变率的增加而提高。绢云母石英片岩的动态抗压强度增长因子随 $\dot{\varepsilon}^{1/3}$ 线性增加的速度最快，其增加率为 2.094 03；砂岩次之，为 1.410 42；斜长角闪岩最小，为 0.445 98。而砂岩的比能量吸收值随应变率线性增加的速度最快，其增加率为0.039 65；绢云母石英片岩次之，为0.032 61；斜长角闪岩最小，为0.021 98。

(2) 在围压条件下，斜长角闪岩和绢云母石英片岩的应力-应变曲线在应力峰值点后，曲线的下降段随着围压的增加逐渐呈现塑性变形特征，即应力-应变曲线在峰后随着变形的持续增加，岩石试件抵抗峰后荷载的能力随着围压的增加而提高。砂岩的应力-应变曲线具有较明显的屈服平台，呈近似的理想弹塑性特征，砂岩的塑性变形特征比斜长角闪岩和绢云母石英片岩表现得更明显。围压的加载作用对阻止试件产生剪切失稳的作用相当明显。

(3) 拉伸敏感系数随着应变率的提高而增加，三种岩石相比，斜长角闪岩的动态抗拉强度对应变率最敏感，绢云母石英片岩次之，砂岩的敏感性最弱。

三种岩石的动态拉伸弹性模量均随应变率的提高有所增加，但增幅不大；斜长角闪岩的动态拉伸弹性模量最大，砂岩的最小，表明斜长角闪岩的刚度更大，更坚硬。三种岩石拉伸应力-径向应变曲线的卸载段模量都大于各自上升段的弹性模量，斜长角闪岩和绢云母石英片岩的卸载段模量远大于砂岩的卸载段模量，说明刚度较大、较坚硬的斜长角闪岩和绢云母石英片岩在卸载时将具有更大的应力释放率或者破坏更具突然性。这也是硬岩中更容易发生岩爆的原因。

3. 基于统计分布的岩石动态损伤本构模型研究

本书所构建的本构模型能反映围压对岩石动力承载特性的影响，围压增大，岩石动力强度也随之增大；且对岩石动载作用下峰后部分的变形及残余强度能较好地模拟；反映了岩石强度受应力状态的影响，围压增大，岩石强度也随之增大，与实际吻合。模型充分反映了岩石破裂过程的损伤不仅随岩石微元强度而变化，而且受岩石的应力状态影响。采用基于岩石破坏准则的岩石微元强度度量方法，引入Drucker-Prager破坏准则来表征岩石微元的强度，使损伤演化方程更具灵活性，计算结果更加接近实际。

4. 岩石在冲击荷载循环加载下的力学性能研究

(1) 随着冲击荷载循环作用次数的增加，岩石的屈服应力降低，屈服应变增加；岩石中的细观裂纹由原始微裂纹处应力集中而起裂，细观裂纹的发展降低了岩石组构传递荷载的能力和比例，使得材料性能下降，导致应力-应变曲线的上升段斜率减小，弹性模量变小。

(2) 围压的增加使试样内陡倾角裂隙的承载能力迅速增大，不会产生滑移破坏，从而极大地提高了岩石试样的抗压强度及变形性能。

(3) 当处于无围压状态时，斜长角闪岩和绢云母石英片岩的破坏面是新鲜干净的断裂面，而在围压条件下，由于裂隙摩擦滑移的作用，其破坏面上有明显的白色岩粉。在相同围压等级下，当岩石达到破坏的累积比能量吸收值相同时，与一次打击破坏的情况相比，岩石在冲击荷载循环作用下的破坏块度减小，碎块数量增多。另外，在累积比能量吸收值相同的情况下，围压越高，岩石破坏时形成的断裂面的面积越小，试件的破碎程度越低。砂岩的破坏形态随围压的大小不同而发生变化，在三轴应力状态下，砂岩从轴向拉伸破坏形态向压剪破坏形态转变的临界围压值为10MPa。

(4) 在能量相同的入射波作用下，岩石在低围压时比在高围压时的比能量吸收值大；与低围压情况相比，岩石试件在高围压条件下累积损伤直至破坏，所耗散的总能量更大。当围压和入射波能量相同时，斜长角闪岩的比能量吸收值最小。三种岩石的比能量吸收值与围压和入射波能量之间存在很好的规律性：

$$\mathrm{SEA_{SS}}=\begin{cases}0.001\,42E_{\mathrm{I}}-0.336\,57 & C_{\mathrm{p}}=0\\ 1\times10^{-5}\times(135-2.487\,2C_{\mathrm{p}})E_{\mathrm{I}}+(0.020\,13C_{\mathrm{p}}-1.060\,62) & C_{\mathrm{p}}\in[2,20]\mathrm{MPa}\end{cases}$$

$$\mathrm{SEA_{PH}}=(0.000\,67+0.000\,95\mathrm{e}^{-\frac{C_{\mathrm{p}}}{7.818\,89}})E_{\mathrm{I}}+0.341\,81\mathrm{e}^{-\frac{C_{\mathrm{p}}}{6.302\,6}}-1.342\,3 \qquad C_{\mathrm{p}}\in[0,20]\mathrm{MPa}$$

$$\mathrm{SEA_{SP}}=0.001\,16E_{\mathrm{I}}+1.557\,61\mathrm{e}^{-\frac{C_{\mathrm{p}}}{8.61281}}-1.654\,83 \qquad C_{\mathrm{p}}\in[0,20]\mathrm{MPa}$$

(5) 在冲击荷载作用下，岩石的能量吸收率随着应变率的增加而提高，随围压的增加而减小，且三个变量间存在很好的规律性：

$$\eta_{\mathrm{SS}}=\begin{cases}0.041\,17+0.003\,16\dot{\varepsilon} & C_{\mathrm{p}}=0\\ 0.000\,835\dot{\varepsilon}+0.219\,01\mathrm{e}^{-\frac{C_{\mathrm{p}}}{7.868\,34}}-0.006\,68 & C_{\mathrm{p}}\in[2,20]\mathrm{MPa}\end{cases}$$

$$\eta_{\mathrm{PH}}=\begin{cases}-0.071\,77+0.004\,14\dot{\varepsilon} & C_{\mathrm{p}}=0\\ (0.004\,67\mathrm{e}^{-\frac{C_{\mathrm{p}}}{3.581\,6}}+0.001\,07)\dot{\varepsilon}-0.213\,14\mathrm{e}^{-\frac{C_{\mathrm{p}}}{3.943\,29}}-0.090\,86 & 2\mathrm{MPa}<C_{\mathrm{p}}<20\mathrm{MPa}\end{cases}$$

$$\eta_{\mathrm{SP}}=-0.073\,45\mathrm{e}^{0.115\,27C_{\mathrm{p}}}+(0.001\,7\mathrm{e}^{-\frac{C_{\mathrm{p}}}{5.076\,43}}+0.001\,03)\dot{\varepsilon} \qquad C_{\mathrm{p}}\in[0,20]\mathrm{MPa}$$

(6) 岩石循环冲击损伤演化过程存在围压效应，当围压逐渐增大时，砂岩损伤度的增加随累积比能量吸收值增加的趋势变缓，其抗冲击损伤的能力增强，即围压越高，试件达到相同损伤度所需要耗散的能量越多。损伤度 D 与累积比能量吸收值 ϑ 和围压之间存在很好的规律性：

$$D_{\mathrm{SS}}=\begin{cases}0.732\,58\vartheta^{1.024\,73} & C_{\mathrm{p}}=0\\ (0.002\,29+0.031\,36\mathrm{e}^{-\frac{C_{\mathrm{p}}}{5.973\,05}})\vartheta^{1.443\,63+0.028\,2C_{\mathrm{p}}} & C_{\mathrm{p}}\in[2,20]\mathrm{MPa}\end{cases}$$

$$D_{\mathrm{PH}}=(0.028\,83+0.781\,96\mathrm{e}^{-\frac{C_{\mathrm{p}}}{1.905\,37}})\vartheta^{1.465\,95-0.343\,07\mathrm{e}^{-0.084\,53C_{\mathrm{p}}}} \qquad C_{\mathrm{p}}\in[0,20]\mathrm{MPa}$$

$$D_{\mathrm{SP}}=(0.011\,7+0.263\,59\mathrm{e}^{-\frac{C_{\mathrm{p}}}{1.968\,06}})\vartheta^{1.922\,78-0.727\,53\mathrm{e}^{-0.024\,28C_{\mathrm{p}}}} \qquad C_{\mathrm{p}}\in[0,20]\mathrm{MPa}$$

(7) 岩石达到损伤阈值 $D_{\mathrm{cr}}=0.19$ 时的累积比能量吸收值随着围压的升高而增加，且低围压时的增加速度比高围压时的增加速度快。随着围压的增加，砂岩达到损伤阈值时的累积比能量吸收值增长率最大，斜长角闪岩次之，绢云母石英片岩最小，表明砂岩的损伤对围压条件最为敏感。

5. *岩石破碎块度的能量分析和分形特征*

(1) 通过岩石在冲击荷载作用下的破碎块度和能量分析，建立了块度-断裂能计算模型。依据SHPB试验试件破碎筛分结果和能量计算，确定了斜长角闪岩、绢云母石英片岩和砂岩的破碎能耗因子分别为 548.5,385.2,323.8。

(2) 通过将分形维数 D_{f} 引入到岩石破碎块度的研究中，建立了岩石破碎块度的分形计算模型。基于岩石 SHPB 动态压缩试验块度筛分结果得到破碎块度的分形维数。经对比，分形计算结果与试验筛分结果基本吻合，证明岩石破碎的分形演化特征以及岩石破碎块度分形模型的正确性。

(3) 岩石破碎过程中耗散的断裂能越多，其破碎程度越严重，相应的分形维数越大。破碎断裂能密度$\overline{W}_F$ 和分形维数 D_f 成正相关性，但 D_f 随$\overline{W}_F$ 的增加而增加的速率逐渐减缓并趋于一极限值；绢云母石英片岩破碎块度的极限分形维数为 2.606 36，斜长角闪岩破碎块度的极限分形维数为 2.810 93，砂岩破碎块度的极限分形维数为 2.880 45。

6. 围压条件下岩石试件动力试验的数值模拟

(1) 不加波形整形器时得到的矩形入射波在 Φ100mm 杆中传播的弥散效应较大。特别是在波传播的初始阶段，升时较陡，弥散严重，当传播到一定距离时，弥散效应变小，矩形波转变为具有一定上升沿的梯形波。经波形整形后的半正弦入射波在 Φ100mm 杆中传播的弥散效应比矩形波要小得多，且波形比较稳定，但随着传播距离的增加，上升沿升时仍有少量增加。

(2) 从半正弦波的应力脉冲升时 t_s 随传播距离 X 的关系式可知，长度为 500mm 的打击杆产生的半正弦波在传播距离为 2.5m 时基本稳定，为了防止入射波和反射波的叠加对数据采集造成影响，对于本次试验用的 Φ100mmSHPB 系统，入射杆长 4.5m 是合理的，能够满足“一维应力波”假定，从而保证了试验的有效性。

(3) 由于岩石内部存在各种大量的天然缺陷，试验中的岩石试件起初由于岩石中的原有裂隙受压闭合，致使试验得到的应力-应变曲线是上弯的；而数值模拟重构曲线的上升段呈现较好的线弹性行为。虽然模拟结果和试验结果存在一定差别，但两者的特征强度和特征应变等都比较吻合，体现的力学行为本质也非常相近。因此，Johnson-Holmquist 本构模型是描述岩石类材料的一种较理想的本构模型。

7. 冲击波传播规律的地应力效应

在高地应力条件下，冲击波的传播规律受地应力的影响很大。在相同地冲击波荷载作用下，地应力越高，单位体积围岩耗散的能量越少，冲击波衰减越慢；当地应力水平达到一定程度时，地应力对冲击波传播衰减规律的影响减弱，并逐渐趋于稳定。因此，在高地应力环境下的地下工程围岩中应力波强度将远大于按常规地冲击波传播衰减公式的计算结果，地下工程将受到更为严重的动载破坏作用。

9.2 展　望

本书针对地下工程围岩所处的复杂地质环境，对岩石在围压条件下的动态力学性能进行了系统的试验研究，虽然取得了一些创新性的成果，并进行了一些有益的探讨，但尚有许多研究工作需要进一步深入研究：

(1) 本书仅是基于 SHPB 试验结果对冲击波传播规律的地应力效应进行了定性分析探讨。如何定量地分析冲击波传播规律的地应力效应，以确保深地下工程围岩的稳定性，还有待深入研究。现场试验研究和数值仿真是研究这一问题的两个重要手段，也是下一步的研究方向。

(2) 深部地下工程岩石处于“三高一扰动”环境，本书进行了地应力对岩石力学性能的试验研究，对于高温和高水压环境下岩石的力学性能还有待进一步研究。

参考文献

[1] 周宏伟，谢和平，左建平．深部高地应力下岩石力学行为研究进展[J]．力学进展，2005,35(1):91－99.

[2] 许金余，等．防护工程设计原理[M]．西安：空军工程大学工程学院，2004.

[3] 王保存．世界新军事革命[M]．北京：解放军出版社．1999.

[4] 何典章．防护工程科研现状及发展趋势[C]// 中国土木工程学会防护工程分会第九次学术年会论文集．长春，2004:19－29.

[5] 王稚．21世纪美军先进军事技术和武器系统[M]．北京：解放军出版社，2002.

[6] 邓国强，周早生，郑全平．钻地弹爆炸聚集效应研究现状及展望[J]．解放军理工大学学报：自然科学版，2002，3(3)：45－49.

[7] 邓春梅，许金余．B61—11钻地核弹的侵彻深度与成坑效应[J]．弹箭与制导，2007，27(5)：116－118.

[8] 茂木清夫.一般三轴压缩下岩石的流动和破坏[J].许东俊，译.岩土力学，1980,(1):1－14.

[9] Chen C S. Characterization of Deformability, Strength, and Fracturing of Anisotropic Rocks Using Brazilian Tests [D]. University of Colorado, 1996.

[10] Sibiriakov B P. Supersonic and intersonic cracking in rock－like material under remote stresses [J]. Theoretical and Applied Fracture Mechanics, 2002(38):255－265.

[11] Li N. Dynamic fatigue properties of the cracked sandstone samples under freezing and cyclic loading[J]. Chinese Journal of Geotechnical Engineering, 2002, 24(5).

[12] Cho S H, Ogata Y J, Kaneko K. Strain-rate dependency of the dynamic tensile strength of rock[J]. International Journal of Rock Mechanics and Mining Sciences, 2003, 40(5): 763－777.

[13] Muhammad Javid Iqbal. Comparison of Fracture Toughness Measurement Techniques in Brittle Rocks [D]. University of Toronto, 2004.

[14] Valentina Rocchi, Sammonds P R, Kilburn C R J. Fracturing of Etnean and Vesuvian rocks at high temperatures and low pressures [J]. Journal of Volcanology and Geothermal Research, 2004(132):137－157.

[15] Sano O, Kudo Y, Mizuta Y. Experimental-determination of elastic-constants of Oshima granite, Barre granite, and Chelmsford granite [J]. J Geophys Res 1992;97: 3367－3379.

[16] Takemura T, Golshani A, Oda M, Suzuki K. Preferred orientations of open microcracks in granite and their relation with anisotropic elasticity[J]. Int J Rock Mech Min Sci, 2003, 40:443－454.

[17] Nasseri M H B, Mohanty B, Young R P. Fracture toughness measurements and acoustic emission activity in brittle rocks [J]. Pure Appl Geophys , 2006, 163:917-945.

[18] Nasseri M H B, Mohanty B. Fracture toughness anisotropy in granitic rocks [J]. Int J Rock Mech Min Sci, 2007.

[19] Yoshikazu, Yamaguchi, Hiroyuki. Strength Evaluation of Rockfill Materials Considering Confining Pressure Dependency [C]// Proceedings of the 1st International Symposium on Rockfill Dams. China Three Gorges Corporation, 2009.

[20] QI C Z, WANG M Y, QIAN Q H. Strain rate effects on the strength and fragmentation size of rocks[J]. International Journal of Impact Engineering, 2009, 36 (12):1355-1364.

[21] Aksoy C O, Kantarci O,O zacar V. An example of estimating rock mass deformation around an underground opening using numerical modeling[J]. International Journal of Rock Mechanics & Mining Sciences, 2010 (47):272-278.

[22] Bazle A Gama, Sergey L Lopatnikov, John W Gillespie Jr. Hopkinson bar experimental technique: A critical review [J]. Applied Mechanics Review, 2004, 57 (4): 223-250.

[23] Xia K, Nasseria M H B, Mohanty B, et al. Effects of microstructures on dynamic compression of Barre granite [J]. International Journal of Rock Mechanics & Mining Sciences, 2007, 9(13):1-9.

[24] Xia K, Nasseri M H B, Mohanty,B et al. Effects of microstructures on dynamic compression of Barre granite[J]. International Journal of Rock Mechanics & Mining Sciences, 2008 (45):879-887.

[25] Zuo J P, Li H T, et al. A nonlinear strength criterion for rock—like materials based on fracture mechanics [J]. International Journal of Rock Mechanics & Mining Sciences, 2008,45:594-599.

[26] Li J C, Ma G W. Experimental study of stress wave propagation across a filled rock joint[J]. International Journal of Rock Mechanics and Mining Sciences, 2009,46(3): 471-478.

[27] Demirdag S, Tufekci K, Kayacan R, et al. Dynamic mechanical behavior of some carbonate rocks[J]. International Journal of Rock Mechanics and Mining Sciences, 2010,47(2): 307-312.

[28] 谢和平,彭瑞东,鞠杨. 岩石变形破坏过程中的能量耗散分析[J]. 岩石力学与工程学报,2004,23(21):3565-3570.

[29] 尤明庆,华安增. 岩石试样单轴压缩的破坏形式与承载能力的降低[J]. 岩石力学与工程

学报,1998,17(3):292－296.

[30] 王武林，黄理兴，吕同生. 用拉格朗日多点测量和分析法确定岩石的动力本构关系[C]//复杂岩石中的建筑物. 北京：科学出版社，1986.

[31] 杨春和. 地质材料率性相关的内变量本构理论的研究[J]. 岩土力学，1992，13(1)：74－80.

[32] 郭少华. 岩石类材料压缩断裂的实验与理论研究[D]. 长沙:中南大学，2003.

[33] 左宇军,李夕兵. 动静组合加载下的岩石破坏特性研究[D]. 长沙:中南大学，2005.

[34] 苏承东,张振华. 大理岩三轴压缩的塑性变形与能量特征分析[J]. 岩石力学与工程学报,2008,27(2):273－280.

[35] 谢和平,鞠杨,黎立云. 基于能量耗散与释放原理的岩石强度与整体破坏准则[J]. 岩石力学与工程学报,2005,24(17):3003－3010.

[36] 谢和平,彭瑞东,鞠杨,等. 岩石破坏的能量分析初探[J]. 岩石力学与工程学报,2005,24(15):2604－2608.

[37] 尤明庆,华安增. 岩石试样破坏过程的能量分析[J]. 岩石力学与工程学报,2002,21(6):778－781.

[38] 杨圣奇,徐卫亚,苏承东. 岩样单轴压缩变形破坏与能量特征研究[J]. 固体力学学报,2006, 27(2):213－216.

[39] 喻勇,尹健民. 三峡花岗岩在不同加载方式下的能耗特征[J]. 岩石力学与工程学报,2004,23(2):205－208.

[40] 彭瑞东,谢和平,鞠杨,等. 试验机弹性储能对岩石力学性能测试的影响[J]. 力学与实践,2005,27(3):51－55.

[41] 杨圣奇,徐卫亚,苏承东. 大理岩三轴压缩变形破坏与能量特征研究[J]. 工程力学,2007, 24(1):136－142.

[42] 张雪颖，阮怀宁，贾彩虹，等. 高围压大理岩卸荷变形破坏与能量特征研究[J]. 矿业研究与开发，2009,29(6):13－16.

[43] 黄理兴,陈奕柏. 我国岩石动力学研究状况与发展[J]. 岩石力学与工程学报,2003,22(11)：1881－1886.

[44] 王武林,刘远惠,陆以璐,等. RDT—10000 型高压三轴仪的研制[J]. 岩土力学,1989,10(2):69－82.

[45] 信礼田，何翔，苏敏. 强冲击载荷下岩石的力学性质[J]. 岩土工程学报，1996，18(6)：61－68.

[46] 席道瑛. 大理岩和砂岩动态本构的实验研究[J]. 爆炸与冲击，1995 (3)：33－38.

[47] 单仁亮. 花岗岩单轴冲击全程本构特性的实验研究[J]. 爆炸与冲击，2000(1)：41－46.

[48] 高文学，杨军，黄风雷. 强冲击载荷下岩石本构关系研究[J]. 北京理工大学学报,

2000,20(2):165-170.

[49] 中国岩石力学与工程学会岩石动力学专委会.第七届全国岩石动力学学术会议论文选集[J].辽宁工程技术大学学报,2001,20(4):1-144.

[50] 赵阳升. 岩体动力破坏的最小能量原理[J]. 岩石力学与工程学报, 2003, 22(11): 1781-1783.

[51] 谢和平, 鞠杨, 黎立云. 基于能量耗散与释放原理的岩石强度与整体破坏准则[J]. 岩石力学与工程学报, 2005, 24(17): 3003-3010.

[52] 肖大武, 胡时胜. SHPB实验试件横截面积不匹配效应的研究[J]. 爆炸与冲击, 2007, 27(1): 87-90.

[53] 朱珏, 胡时胜, 王礼立. 率相关混凝土类材料SHPB试验的若干问题[J]. 工程力学, 2007, 24(1): 78-87.

[54] 翟越, 马国伟,赵均海,等.花岗岩在单轴冲击压缩荷载下的动态断裂分析[J].岩土工程学报,2007,29(3):385-390.

[55] 张成良. 深部岩体多场耦合分析及地下空间开挖卸荷研究[D]. 武汉:武汉理工大学, 2007.

[56] 周小平, 钱七虎, 杨海清. 深部岩体强度准则[J]. 岩石力学与工程学报, 2008, 27(1): 117-123.

[57] 李夕兵,周子龙,叶州元,等. 岩石动静组合加载力学特性研究[J]. 岩石力学与工程学报. 2008,27(7):1387-1395.

[58] 宫凤强, 李夕兵, 等. 三轴SHPB岩石材料动力学特性试验研究的现状和发展趋势[J]. 科技导报, 2009, 27(18):106-111.

[59] 王泽东,许金余,吕晓聪. 动静组合加载下岩石的吸能特性研究[C]// 第九届全国冲击动力学学术会议.焦作, 2009,8:567-571.

[60] 刘军忠,许金余,吕晓聪. 冲击压缩荷载下角闪岩的动态力学性能试验研究[J]. 岩石力学与工程学报. 2009,28(10):2113-2120.

[61] 吕晓聪,许金余,等. 围压对砂岩动态冲击力学性能的影响[J].岩石力学与工程学报. 2010,29(1):193-201.

[62] ISRM Suggested Methods for Determining Tensile Strength of Rock Materials[J]. Int. J. MechMin. Sc. i&Geomech. Abstr., 1978,15: 99-103.

[63] 中华人民共和国电力工业部. 工程岩体试验方法标准[S]. 北京:中国计划出版社,1999.

[64] ASTM C496—85. Standard Test Method for Splitting Tensile Strength of Cylindrical Concrete Specimens [S]. Annual Book of ASTM Standards 4 (04. 02), 1986: 337-342.

[65] Wang Q Z, Xing L. Determination of fracture toughness KIC by using the flattened

Brazilian disk specimen for rocks [J]. Eng Fract. Mech. ,1999,64: 193 - 201.

[66] 李伟,谢和平,王启智. 大理岩动态拉伸强度及弹性模量的 SHPB 实验研究[J]. 实验力学,2005,20(2):200 - 206.

[67] 王启智,吴礼舟. 用平台巴西圆盘试样确定脆性岩石的弹性模量、拉伸强度和断裂韧度——第二部分:试验结果[J]. 岩石力学与工程学报, 2004,23(2):199 - 204.

[68] 刘世奇,李海波. 有侧向压力的花岗岩动态直接拉伸力学特性研究[D]. 武汉:中国科学院武汉岩土力学研究所, 2007.

[69] 冯峰,韦重耕,王启智. 用中心直裂纹平台巴西圆盘测试岩石动态断裂韧度的尺寸效应[J]. 工程力学,2009,26(4):167 - 173.

[70] Kolsky H. An investigation of the mechanical properties of materials at very high rates of loading [C]//Proceedings of the Physical Society. London, 1949, 62B: 676 - 700.

[71] 胡时胜. 动态加载装置和动态测试技术[J]. 实验力学,1987, 2(1): 27 - 42.

[72] 李铭,韩铭宝,王仁. 动态拉伸及动态循环加载技术[J]. 实验力学, 1990, 5 (2): 144 - 151.

[73] Zhang Z X, Yu J, Kou S Q, et al. Effects of high temperatures on dynamic rock fracture[J]. International Journal of Rock Mechanics & Mining Sciences, 2001(38): 211 - 225.

[74] 胡时胜. Hopkinson 压杆试验技术的应用进展[J]. 实验力学, 2005, 20(4): 589 - 594.

[75] 胡时胜,王道荣,刘剑飞. 混凝土材料动态力学性能的实验研究[J]. 工程力学,2001,18 (5): 115 - 118.

[76] 孟益平,胡时胜. 混凝土材料冲击压缩试验中的一些问题[J]. 实验力学, 2003, 18(1): 108 - 112.

[77] 王鲁明,赵坚,华安增,等. 脆性材料 SHPB 实验技术的研究[J]. 岩石力学与工程学报, 2003, 22 (11): 1798 - 1802.

[78] 刘剑飞,胡时胜,胡元育,等. 花岗岩的动态压缩实验和力学性能研究[J]. 岩石力学与工程学报, 2000, 19 (5):618 - 621.

[79] 刘剑飞,王道荣,胡时胜. 用于脆性材料的 Hopkinson 压杆动态实验新方法[J]. 实验力学, 2001, 16 (3): 283 - 290.

[80] 徐明利,张若棋,张光荧. 确定 SHPB 实验中延迟时间的曲线拟合法[J]. 高压物理学报, 2003, 17 (2): 153 - 156.

[81] 宋博,宋力,胡时胜. SHPB 实验数据处理的解耦方法[J]. 爆炸与冲击, 1998, 18(2): 167 - 171.

[82] 周风华,王礼立,胡时胜. 高聚物 SHPB 试验中试件早期应力不均匀性的影响[J]. 实验力学, 1992, 7 (1): 23 - 29.

[83] 徐明利，张若棋，张光荧. SHPB 实验中试件内早期应力平衡分析[J]. 爆炸与冲击，2003，23 (5)：235 - 240.

[84] 赵寿根，程伟，杨嘉陵，等. 材料动力学实验技术及其研究进展[C]//全国结构动力学学术研讨会论文集. 南昌，2007：159 - 180.

[85] 王礼立. 应力波基础[M]. 北京：国防工业出版社，2005.

[86] Gary G T. Classic Split-Hopkinson Pressure Bar Testing. Mechanical Testing and Evaluation[J]. Metals Handbook, American Society for Metals, Materials Park, Ohio, 2000, 8: 462 - 476.

[87] Blumenthal W R, Gray G T III. Characterization of Shock-loaded Aluminum-Infiltrated Borton Carbide Cermets[C]//Schmidt S C, Johnson J N, Davision L W. Eds. Shock Compression of Condensed Matter-1989. Amsterdam: Elsevier Science Publishers, 1990, 393 - 396.

[88] 刘剑飞，胡时胜，胡元育，等. 花岗岩的动态压缩实验和力学性能研究[J]. 岩石力学与工程学报，2000，19：618 - 621.

[89] 胡时胜，王道荣，刘剑飞. 混凝土材料动态力学性能的实验研究[J]. 工程力学，2001，18：115 - 119.

[90] Tay T E, Ang H G, Shim V P W. An Empirical Strain Rate-Dependent Constitutive Relationship for Glass-Fibre Reinforced Epoxy and Pure Epoxy [J]. Composite Structures, 1995, 33: 201 - 210.

[91] Yang L M, Shim V P W, Lim C T. A Visco-Hyperelasitc Approach to Modeling the Constitutive Behavior of Rubber [J]. International Journal of Impact Engineering, 2000, 24: 545 - 560.

[92] Rinde J A, Hoge K G. Time and Temperature Dependence of the Mechanical Properties of Polystyrene Bead Foam[J]. Journal of Applied Polymer Science, 1971, 15: 1377 - 1395.

[93] Nemat-Nasser S. Introduction to High Strain Rate Testing[J]. Mechanical Testing and Evaluation, Metals Handbook, American Society for Metals, Materials Park, Ohio, 2000, 8: 427 - 446.

[94] Meyers M A. Dynamic Behavior of Materials[M]. New York: John Wiley & Sons, 1994.

[95] Berholf L D, Karnes C H. Two-dimensional Analysis of the Split Hopkinson Pressure Bar System[J]. Journal of Mechanics and Physics of Solids, 1975, 23: 1 - 19.

[96] Davis E D H, Hunter S C. The Dynamic Compression Testing of Solids by the Method of the Split Hopkinson Pressure Bar[J]. J. Mechanics and Physics of Solids, 1963, 11: 155 - 179.

[97] Al-Mousawi M M, Reid S R, Deans W F. The Use of the Split Hopkinson Pressure Bar

Techniques in High Strain Rate Materials Testing[J]. Proceedings of the Institution of Mechanical Engineers,1997,211(C):273-292.

[98] Jahsman W E. Reexamination of the Kolsky Technique for Meauring Dynamic Material Behavior[J]. Transactions of the ASME, Journal of Applied Mechanics, 1971,3:75-82.

[99] Ligshitz J M, Leber H. Data Processing in the Split Hopkinson Pressure Bar Tests [J]. International Journal of Impact Engineering,1994,15:723-733.

[100] Gong J C, Malvern L E, Jenkins D A. Dispersion Investigation in the Split Hopkinson Pressure Bar [J]. Journal of Engineering Materials and Technology, 1990, 112:309-314.

[101] Malinowski J Z, Klepaczko J R. A Unified Analytic and Numerical Approach to Specimen Behaviour in the Split-Hopkinson Pressure Bar[J]. International Journal of Mechanical Science, 1986,28:381-391.

[102] Dioh N N, Ivankovic A, Leevers P S, et al. Stress Wave Propagation Effects in Split Hopkinson Pressure Bar Tests[J]. Proceedings of the Royal Society, 1995,449:187-204.

[103] Dioh N N, Leevers P S, Williams J G. Thickness Effects in Split Hopkinson Pressure Bar Tests[J]. Polymer,1993,34:4230-4234.

[104] Chen W, Lu F, Frew D J, et al. Dynamic Compression Testing of Soft Materials[J]. Transactions of the ASME, Journal of Applied Mechanics,2002,69:214-223.

[105] 周风华,王礼立,胡时胜. 高聚物 SHPB 试验中试件早期应力不均匀性的影响[J]. 实验力学, 1992,7:23-29.

[106] 宋博, 姜锡权, 陈为农. 霍普金森压杆实验中的脉冲整形技术[C]//第三届全国爆炸力学实验技术交流会论文集. 黄山:2004, 1-70.

[107] Lee O S, Kim S H, Han Y H. Thickness effect of pulse shaper on dynamic stress equilibrium and dynamic deformation behavior in the polycarbonate using SHPB technique [J]. Journal of Experimental Mechanics, 2006, 21(1): 51-60.

[108] Forrestal Wrightb M J, Chen T W. The effect of radial inertia on brittle samples during the Split Hopkinson Pressure Bar test [J]. International Journal of Impact Engineering, 2007, 34: 405-411.

[109] 翟毅. 碳纤维混凝土动态力学性能研究[D]. 西安:空军工程大学,2009.

[110] Christensen R J, Swanson S R, Brown W S. Split-Hopkinson-Bar Tests on Rocks Under Confining Pressure[J]. Experimental Mechanics,1972,11:508-513.

[111] Parry D J, Walker A G, Dixon P R. Hopkinson Bar Pulse Smoothing[J]. Measurment Science and Technology,1995,6:443-446.

[112] Nemat-Nasser S, Isaacs J B, Starrett J E. Hopkinson Techniques for Dynamic Recovery Experiments[C]// Proceedings of the Royal Society of London. 1991,435: 371 - 391.

[113] Frew D J, Forrestal M J, Chen W. Pulse Shaping Techniques for Testing Brittle Materials with a Split Hopkinson Pressure Bar[J]. Experimental Mechanics, 2002, 42:93 - 106.

[114] Chen W, Song B, Frew D J, et al. Dynamic Small Strain Measurements of a Metal Specimen with a Split Hopkinson Pressure Bar[J]. Experimental Mechanics, 2003, 43:20 - 23.

[115] Chen W W, Wu Q, Kang J H, et al. Compressive Superelastic Behavior of a NiTi Shape Memory Alloy at Strain Rates of 0. 001 - 750 s - 1[J]. International Journal of Solids andStructures, 2001, 38:8989 - 8998.

[117] Subhash G, Ravichandran G. Split-Hopkinson Pressure Bar Testing of Ceramics[J]. Mechanical Testing and Evaluation, Metals Handbook, American Society for Metals, Materials Park, Ohio, 2000, 8:497 - 504.

[118] Frew D J, Forrestal M J, Chen W. A Split Hopkinson Pressure Bartechnique to determine compressive stress-Strain data for rock Materials [J]. Experimental Mechanics, 2001, 41:40 - 46.

[119] 李夕兵，刘德顺，古德生. 消除岩石动态实验曲线振荡的有效途径[J]. 中南工业大学学报，1995，26:457 - 460.

[120] Song B, Chen W, Weerasooriya T. Quasi-Static and Dynamic Compressive Behaviors of a S－2Glass/SC15 Composite[J]. Journal of Composite Materials, 2003, 37:1723 - 1743.

[121] Chen W, Lu F, Winfree N. High-strain-rate Compressive Behavior of a Rigid Polyurethane Foam with Various Densities [J]. Experimental Mechanics, 2002, 42:65 - 73.

[122] Frew D J, Forrestal M J, Chen W. Pulse Shaping techniques for testing brittle materials with a split Hopkinson pressure bar [J]. Experimental Mechanics, 2002, 42(1):93 - 106

[123] 卢芳云，Chen W，Frew D J. 软材料的 SHPB 实验设计[J]. 爆炸与冲击，2002，22(1):15 - 19.

[124] 胡金生，唐德高，陈向欣，等. 提高大直径 SHPB 装置试验精度的方法[J]. 解放军理工大学学报:自然科学版，2003，4(1):71 - 74.

[125] 陶俊林. SHPB 实验技术若干问题研究[D]. 北京：中国工程物理研究院，2005.

[126] 赵习金. 分离式霍普金森压杆实验技术的改进和应用[D]. 长沙:国防科学技术大

学,2003.

[127] 王艳. 应用SHPB试验对活性粉末混凝土动力性能的研究[D]. 长沙:湖南大学, 2006.

[128] 王永刚,施绍裘,王礼立. 采用改进的SHPB方法对泡沫铝动态力学性能的研究[J]. 实验力学,2003,18:257-264.

[129] Oguni K, Ravichandran G. Dynamic Behavior of Fiber Reinforced Composites Under Multiaxial Compression [J]. Thick Composites for Loading Bearing Structures, 1999: 87-96.

[130] Ninan L, Tsai J, Sun C T. Use of Split Hopkinson Pressure Bar for Testing Off-Axis Composites[J]. International Journal of Impact Engineering, 2001, 25: 291-313.

[131] Sarva S, Nemat-Nasser S. Dynamic Compressive Strength of Silicon Carbide Under Uniaxial Compression[J]. Materials Science and Engineering, 2001, A317: 140-144.

[132] 吕晓聪,许金余,张龙,等. 大直径SHPB系统角闪岩的冲击动力试验//第九届全国冲击动力学学术会议论文集[C]. 2009.

[133] Nemat-Nasser S, Isaacs J B, Starrett J E. Hopkinson Techniques for Dynamic Recovery Experiments[J]. Proceedings of the Royal Society of London, 1991, 435: 371-391.

[134] Dougill J W, Lau J C, Burt N J. Toward a theoretical model for progressive failure and softening in rock, concrete and similar materials [J]. Mech in Engng., ASCE—END, 1976: 335-355.

[135] 李兆霞. 损伤力学及其应用[M]. 北京:科学出版社,2002.

[136] 唐春安. 岩石破裂过程中的灾变[M]. 北京:煤炭工业出版社,1993.

[137] 张玉卓. 岩石模糊强度理论及其应用[J]. 煤炭学报,1994, 15(5):450-455.

[138] Gao Feng, Xie Heping. Statistically fractal strength theory for brittle materials[J]. Acta Mechanica Solids Sinica, 1996, 9(1):42-51.

[139] 周维垣,刘公瑞. 岩石、混凝土类材料断裂损伤过程区的细观力学研究[J]. 水电站设计,1997, 13(1):1-9.

[140] 黄修云,魏莉萍,乔春生,等. 隧道岩石力学参数的随机-模糊统计分析[J]. 西部探矿工程,2000, 12(4):5-7.

[141] 曹文贵,张升. 基于Mohr-Coulomb准则的岩石软化本构模型之损伤随机统计方法研究[J]. 湖南大学学报,2005, 32(1):43-48.

[142] Lemaitre J. A continuous damage mechanics model for ductile fracture [J]. Engng. Mater. Tech., 1985, 107(1):83-89.

[143] 徐卫亚,韦立德. 岩石统计损伤本构模型研究[J]. 岩石力学与工程学报,2002, 21(6):787-791.

[144] 杨圣奇,徐卫亚,韦立德,等.单轴压缩下岩石损伤统计本构模型与试验研究[J].河海大学学报:自然科学版,2004, 32(2):200-203.

[145] 李树春,许江,李克钢,等.基于 Weibull 分布的岩石损伤本构模型研究[J].湖南科技大学学报,2007, 22(4):225-229.

[146] Blanton T L. Effect of Strain Rate from 10-1 to 10 sec in Triaxial Compression Tests on Three Rocks [J]. Int J Rock Mech and Min Sci, 1981, 18(1): 47-62.

[147] Masuda K, Mizutani H, Yamada I. Experimental Study of Strain-rate Dependence and Pressure Dependence of Failure Properties of granites [J]. J Phys Earth, 1987, 35(1): 37-66.

[148] 尚嘉兰,沈乐天,赵宇辉,等. Bukit Timah 花岗岩的动态本构关系[J].岩石力学与工程学报,1998, 17 (6): 634-641.

[149] 楼伪涛.花岗岩体中应力波传播计算的动态本构关系[J].爆炸与冲击,1989, 9 (3): 220-227.

[150] 周光泉,刘孝敏. 粘弹性理论[M].合肥:中国科学技术出版社,1996.

[151] Wang Zhiliang, Li Yongchi, Wang J G. A damage softening stastical constitutive model considering rock residual strength [J]. Computers and Geosciences, 2007, 33 (1):1-9.

[152] Shao J F. Hoxha D, Bart M, et al. Modeling of induced anisotropic damage in granites [J]. Int. J. Rock Mech. & Min. Sci. ,1999, 36 (8):1001-1012.

[153] Nemat-Nasser S , Hori M. Micromechanics: Overall Properties of Hetergeneous Materials [M]. Elsevier: The Netherlands, 1993.

[154] 陆晓霞,张培源.在围压冲击条件下岩石损伤粘塑性本构关系[J].重庆大学学报:自然科学版,2002, 25 (1):6-8.

[155] 单仁亮,薛友松,张倩.岩石动态破坏的时效损伤本构模型[J].岩石力学与工程学报,2003, 22 (11): 1771-1776.

[156] 李夕兵,左宇军,马春德. 中应变率下动静组合加载岩石的本构模型[J].岩石力学与工程学报,2006, 25 (5):865-873.

[157] Lindholm U S, Yeakley L M, Nagy A. The dynamic strength and fracture properties of dresser basalt [J]. Int. J. Rock Mech. Min. Sci. & Geomech. Abstr. , 1974, 11 (2):181-191.

[158] 于亚伦. 用三轴 SHPB 装置研究岩石的动载特性[J].岩土工程学报,1992, 14 (3):76-79.

[159] 郑永来,周澄,夏颂佑. 岩土材料粘弹性连续损伤本构模型探讨[J].河海大学学报,1997, 25 (2):114-116.

[160] 欧进萍,王光远.结构随机振动[M].北京:高等教育出版社,1998.

[161] Cagnasso A, Sawczuk A. Tomography in application to evaluation of material deterioration in plastically strained solid[C]//Bull., Acas Sei. Polon. CIIV. 1984: 98-122.

[162] 谢和平.岩石混凝土损伤力学[M].徐州:中国矿业大学出版社,1990:243-268.

[163] Murakami S. Mechanical modeling of material damage[J]. Transactions of the ASME,1998,55:280-286.

[164] Taylor L M, Chen E P, Kuszmaul J S. Microcrack induced damage accumulation in brittle rock under dynamic loading[J]. Computer Method in APP. Mech. &Eng. 1986,55:301-320.

[165] O'connell R J, Budiansky B. Elastic moduli of cracked solids[J]. Int. J. Solids Struct,1976,12: 81-95.

[166] Ricketts T E. Estimating underground mine damage produced by blasting[C]//4th Mini Symp. On Explosive and Blasting Res., Soc. Explosive Eng., Anaheim. California,1988:1-156.

[167] Forsyth W W. A discussion on the blast induced over-break around underground excavations[J]. Fragblast,1993(4):161-166.

[168] Persson P A, Holmberg R, Lee J. Rock Blasting and Explosive Engineering[M]. Tokyo:CRC Press,1996.

[169] Raina A K, Chakraborty A K, Ramulu M, et al. Rock mass damage from underground blasting, a literature review, and lab-and full scale tests to estimate crack depth by ultrasonic method[J]. Fragblast,2000(4):103-125.

[170] Mark R Ayling, Philip G, et al. Microcracking during triaxial deformation of porous rocks monitored by changes in rock physical properties, I. Elastic-wave propagation measurements on dry rocks[J]. Tectonophysics, 1995(245): 205-221

[171] Martyn D Read, Mark R Ayling, Philip G Meredith, et al. Microcracking during triaxial deformation of porous rocks monitored by changes in rock physical properties, II. Pore volumometry and acoustic emission measurements on water-saturated rocks[J]. Tectonophysics,1995(245):223-235.

[172] Sayers C M, Kachanov M. Microcrack-induced elastic wave anisotropy of brittle rocks[J]. Journal of Geophysical Research,1995,100(B3):4149-4156.

[173] Menendez Beatriz, Zhu Wenlu, Wong Teng-fong. Micromechanics of brittle faulting and cataclastic flow inBerea sandstone[J]. Journal of Structural Geology, 1996,18(1):1-16.

[174] Martin C D. The effect of cohesion loss and stress path on brittle rock strength[J]. Can Geotech J, 1997(34):698-725.

[175] 汪旭光,熊代余.第六届国际岩石爆破破碎学术会议综述[J].爆破,2000,17(s):1-5.
[176] Wu X Y, Baud P, Wong T F. Micromechanics of compressive failure and spatial evolution of anisotropic damage in Darley Dale sandstone[J]. Int J Rock Mech Min Sci Geomech Abstr., 2000(37):143-60.
[177] Otto Sehulze, Till Popp, Hartmut Kem. Development of damage and Permeability in deforming rock salt[J]. Engineering Geology, 2001, 61(2):163-180.
[178] Gatelier N, Pellet F, Loret B. Mechanical damage of an anisotropic porous rock in cyclic triaxial tests[J]. International Journal of Rock Mechanics & Mining Sciences, 2002 (39):335-354.
[179] Meglis I L, Chow T M, Martin C D. Assessing in situ microcrack damage using ultrasonic veloeity tomography [J]. International Journal of Rock Mechanics&Mining Sciences, 2005, 42(1):25-34.
[180] 刘殿书.岩石爆破破碎的数值模拟[D].北京:中国矿业学院北京研究生部,1992.
[181] 凌建明,孙均.脆性岩石的细观裂纹损伤及其时效特征[J].岩石力学与工程学报,1993,12(4):304-312.
[182] 王家来,徐颖.应变波对岩体的损伤作用和爆生裂纹传播[J].爆炸与冲击,1995,15(3):212-216.
[183] 张奇等.岩石爆破作用的分形研究[J].岩土工程学报,1997,19(2).
[184] 杨军,金乾坤,黄风雷.岩石爆破理论模型及数值计算[M].北京:科学出版社,1999.
[185] 杨小林,员小有,吴忠,等.爆破损伤岩石力学特性的试验研究[J].岩石力学与工程学报,2001,20(4):436-439.
[186] 朱传云,喻胜春.爆破引起岩体损伤的判别方法研究[J].工程爆破,2001,7(1):12-16.
[187] 胡柳青,李夕兵,赵伏军.冲击荷载作用下岩石破裂损伤的耗能规律[J].岩石力学与工程学报,2002,21(s2):2304-2308.
[188] 尹光志,张东明,代高飞,等.脆性煤岩损伤模型及冲击地压损伤能量指数[J].重庆大学学报,2002,25(9):75-78.
[189] 高文学,刘运通.冲击载荷作用下岩石损伤的能量耗散[J].岩石力学与工程学报.2003,22 (11):1777-1780.
[190] 阳生权.爆破地震累积效应理论和应用初步研究[D].长沙:中南大学,2002.
[191] 赫建明,柳崇伟,郭东明.爆破对预留岩体力学特性影响的试验研究[J].矿冶工程,2003,23(6):11-14.
[192] 马建军.软岩巷道在周边爆破作用下的稳定性研究[D].北京:北京理工大学,2004.
[193] 李建军,段祝平.节理裂隙岩体爆破试验研究[J].爆破,2005,22(3):12-16.
[194] 林大能,陈寿如,刘优平.岩石循环冲击损伤演化围压效应的实验研究[J].矿冶工程,

2005,25(4):12-15.

[195] 王泽云,刘立,刘保县. 岩石微结构与微裂纹的损伤演化特征[J]. 岩石力学与工程学报,2004,23(10):1599-1603.

[196] 林大能,陈寿如. 循环冲击荷载作用下岩石损伤规律的试验研究[J]. 2005,24(22):4094-4098.

[197] 尤明庆,苏承东,李小双. 损伤岩石试样的力学特性与纵波速度关系研究[J]. 岩石力学与工程学报, 2008,27(3):458-467.

[198] 闫长斌. 爆破作用下岩体累积损伤效应及其稳定性研究[D]. 长沙:中南大学,2006.

[199] 朱泽奇,盛谦,张占荣. 脆性岩石侧向变形特征及损伤机理研究[J]. 岩土力学,2008,29(8):2137-2143.

[200] 李夕兵,周子龙,叶州元,等. 岩石动静组合加载力学特性研究[J]. 岩石力学与工程学报,2008,27 (7):1387-1395

[201] 张爱辉,徐进,庞希斌,等. 围压对大理岩力学特性影响的试验研究[J]. 西南民族大学学报:自然科学版,2008,34(6):1257-1260.

[202] 苏承东,张振华. 大理岩三轴压缩的塑性变形与能量特征分析[J]. 岩石力学与工程学报,2008,27(2):273-280.

[203] 樊秀峰,吴振祥,简文彬. 循环荷载下砂岩疲劳损伤过程的声学特性分析[J]. 岩土力学,2009,30(S):58-62.

[204] 李祥龙,刘殿书,董星,等. 岩石材料损伤与应力波参数关系研究[J]. 爆破,2009,26(3):6-9.

[205] Hopkinson B. Method of measuring the pressure produced in the detonation of high explosives or by the impact of bullets [J]. Philos Trans Roy Soc., 1914, 213 (31):437-456.

[206] Kolsky H. Stress waves in solids[M]. New York:Dover,1963.

[207] Bhargava J, Rhenstrom A. Dynamic strength of polymer modified and fiber-reinforced concretes[J]. Cement and Concrete Reasearch, 1977(7):199-208.

[208] Malvern L E, Jenkins D A, Tang T X. Dynamic compressive testing of concrete [C]// Proceedings of 2nd Symposium on Interaction of Non-nuclear Munitions with Structures. Florida: Us Department of Defense, 1985:194-199.

[209] Ross C A, Thompson P Y, Tedesco J W. Split-Hopkinson pressure bar tests on concrete and motar in tension and compression[J]. ACI Material Journal, 1989, 86 (5): 475-481.

[210] 胡时胜,王道荣. 冲击载荷下混凝土材料的动态本构关系[J]. 爆炸与冲击, 2002,22 (3): 242-246.

[211] 刘孝敏,胡时胜. 应力脉冲在变截面 SHPB 锥杆中的传播特性[J]. 爆炸与冲击,

2000，20(2)：110－114.

[212] 陈德兴，胡时胜，张守保，等. 大尺寸 Hopkinson 压杆及其应用[J]. 实验力学，2005，20(3)：398－402.

[213] 沈刘军. 玄武岩纤维混凝土冲击力学性能的试验研究[D]. 西安：空军工程大学，2007.

[214] Wu X J，Gorham D A. Stress equilibrium in the split Hopkinson pressure bar test [J]. J. Phys. Ⅳ France，1997，7(C3)：91－96.

[215] 李为民，许金余，沈刘军，等. Φ100 mm SHPB 应力均匀及恒应变率加载试验技术研究[J]. 振动与冲击，2008，27(2)：129－133.

[216] 李为民，许金余. 大直径 SHPB 试验中的波形整形技术研究[J]. 兵工学报，2009，30(3)：350－355.

[217] Togami T C，Baker W E，Forrestal M J. A split Hopkinson pressure bar technique to evaluate the performance of accelerometers [J]. J. Appl. Mech.，1996，63：353－356.

[218] Chen W，Zhang B，Forrestal M J. A split Hopkinson pressure bar technique for low-impedance materials [J]. Experimental Mechanics，1999，39：81－85.

[219] 赵习金，卢芳云，王悟，等. 入射波整形技术的实验和理论研究[J]. 高压物理学报，2004，18(3)：231－236.

[220] 陶俊林. SHPB 实验技术若干问题研究[D]. 四川：中国工程物理研究所，2005.

[221] 谭云亮，刘传孝，赵同彬. 岩石非线性动力学初论[M]. 北京：煤炭工业出版社，2008.

[222] Davies E D H，Hunter S C. The dynamic compression testing of solids by the method of the split Hopkinson bar[J]. Journal of the Mechanics and Physics of Solids，1963，11(3)：155－179

[223] Samanta S K. Dynamic deformation of aluminium and copper at elevated temperatures [J]. Journal of the Mechanics and Physics of Solids，1971，19(3)：117－135.

[224] Malinowski J Z，Klepaezko J R. A unified analytical and numerical approach to specimen behaviour in the split Hopkinson pressure bar[J]. International Journal of Mechanics Science，1986，28(6)：381－391.

[225] 陶俊林，陈裕泽，田常津. SHPB 系统圆柱形试件的惯性效应分析[J]. 固体力学学报，2005，26(1)：107－110.

[226] Love A E. A treatise on the mathematical theory of elasticity[M]. New York：Dover Publications，1944.

[227] Dioh N N，Leevers P S，Williams J G. Thickness effects in split Hopkinson pressure bar tests[J]. Polymer，1993，34(20)：4230－4234.

[228] Zhao H. A study of specimen thickness effects in the impact tests on polymers by numeric simulations[J]. Polymer,1998, 39(5):1103－1106.

[229] 李夕兵,古德生.岩石冲击动力学[M].长沙:中南工业大学出版社,1994.

[230] Li X B, Lok T S, Zhao J. Dynamic characteristics of granite subjected to intermediate loading rate [J]. Rock Mechanics and Rock Engineering, 2005, 38 (1):21－39.

[231] Lok T S, Li X B, Liu D, et al. Testing and Response of Large Diameter Brittle Materials Subjected to high Strain rate[J]. Journal of Materials in Civil Engineering (ASCE), 2001,14(3):262－269.

[232] 戴俊.岩石动力学特性与爆破理论[M].北京:冶金工业出版社,2002.

[233] 邵鹏,张勇.高应变率下砂岩动态特性的研究[J].建井技术,1997,18(S):83－84.

[234] 叶明亮,续建科,牟宏,等.岩石抗拉强度试验方法的探讨[J].贵州工业大学学报:自然科学版,2001,30(6):19－24.

[235] 窦庆峰,岳顺,代高飞.岩石直接拉伸试验与劈裂试验的对比研究[J].地下空间,2004,24(2): 178－181.

[236] 张少华,缪协兴,赵海云.试验方法对岩石抗拉强度测定的影响[J].中国矿业大学学报,1999,28(3):243－246.

[237] 杨同,王宝学,孙林,等.垫条方式对岩石劈裂试验的影响分析[J].勘察科学技术,2002(1):3－7.

[238] Carneiro F, et al. International association of testing and research laboratories for materials and structures[J]. RILEM Bull,1953,13:99－125.

[239] Galvez F,Rodriguez J,Sanchez-Galvez V. Tensile measurements of ceramic materials at high rates of strain[J]. Journal de Physique IV,1997(C3):151－156.

[240] Galvez F,Rodriguez J,Sanchez-Galvez V. Influence of the starin rate on the tensile strength in aluminum of different puriy[J]. Journal de Physique IV, 2000,10(P9):323－328.

[241] 苏碧军,王启智.平台巴西圆盘试样岩石动态拉伸特性的试验研究[J].长江科学院院报, 2004, 21(1): 22－25.

[242] Wang Q Z, Xing L. Determination of fracture toughness K_{IC} by using the flattened Brazilian disk specimen of rocks[J]. Eng Fract. Mech. ,1999,64:193－201.

[243] 王启智,戴峰,贾学明.对“平台圆盘劈裂的理论和试验”一文的回复[J].岩石力学与工程学报, 2004,23(l):175－178.

[244] 王启智,贾学明.用平台巴西圆盘试样确定脆性岩石的弹性模量、拉伸强度和断裂韧度——第一部分:解析和数值结果[J].岩石力学与工程学报, 2002, 21 (9):1285－1289.

[245] Rodriguez J, Navarro C, Sanchez-Galvez V. Splitting tests: An alternative to determine the dynamic tensile strength of ceramic materials[J]. Journal de Physique IV, 1994.4(c8):101-106.

[246] Rena C, Yu A, Ruiz G, et al. Numerical investigation on the dynamic behavior of advanced ceramics[J]. Engineering Fracture Mechanics, 2004, 71:897-911.

[247] 李伟. 大理岩动态力学性能的分离式霍普金森压杆实验研究[D]. 成都:四川大学,2005.

[248] 李海波,赵坚,李廷芥. 滑移型裂纹模型在研究岩石动态单轴抗压强度中的应用[J]. 岩石力学与工程学报,2001, 20(3): 315-319.

[249] 李宁,陈文玲,张平. 动荷作用下裂隙岩体介质的变形性质[J]. 岩石力学与工程学报,2001, 20(1): 74-78.

[250] Kachanov L M, Tsukrov I, Shafiro B. Materials with fluid-saturated cracks and cavities: fluid pressure polarization and effective elastic response [J]. International Journal of Fracture, 1995, 73(4): 61-66.

[251] Lemaitre J, Sermage J P, Desmorat R. A two scale damage concept applied to fatigue [J]. International Journal of Fracture, 1999, 97(1-4): 67-81.

[252] 村上澄男. 损伤力学——材料损伤与断裂的连续介质力学处理[J]. 材料, 1982: 2-22.

[253] 赵锡宏,孙红,罗冠威. 损伤土力学[M]. 上海:同济大学出版社,2000.

[254] Rabotnov Yu N, Papernik L K, Stepanychev E I. Description on creep of composition materials under tension and compression [J]. Mekhnika Kompozitnykh Materialov, 1975, 9(5): 779-785.

[255] Broberg L. A new criterion for brittle creep ruptures [J]. Journal of Applied Mechanics, 1974, 41(3): 809-811.

[256] Krajcinovic D. Statistical aspects of the continuous damage theory [J]. International Journal of Solids Structures, 1982, 18(7): 551-562.

[257] Tang C A, Chen Z H, et al. A theoretical model for Kaiser effect in rock [J]. Pure Appl Geophys, 1997, 150: 203-215.

[258] 杨光松. 损伤力学与复合材料损伤[M]. 北京:国防工业出版社,1995.

[259] 曹文贵,赵明华,唐学军. 岩石破裂过程的统计损伤模拟研究[J]. 岩土工程学报,2003, 25(2): 184-187.

[260] 曹文贵. 岩石损伤软化统计本构模型之研究[J]. 岩石力学与工程学报,1998, 17(6): 628-633.

[261] 周光泉,刘孝敏. 黏弹性理论[M]. 合肥:中国科学技术大学出版社,1996.

[262] 薛云亮,李庶林,徐宏斌,等. 考虑残余强度的岩石损伤统计本构模型[J]. 武汉大学学

报:工学版,2008,41(增):1-6.

[263] 何满潮,钱七虎. 深部岩体力学研究进展[C]// 第九届全国岩石力学与工程学术大会论文集. 北京:科学出版社,2006.

[264] Hao H,Wu C H,Zhou Y X. Numerical analysis of blast-induced stress waves in a rock mass with anisotropic continuurn damage models. Part I:Equivaient Materia l Property approach[J]. Rock Mech. and Roek Eng, 2002,35(2):79-94.

[265] 胡柳青. 冲击载荷作用下岩石动态断裂过程机理研究[D]. 长沙:中南大学,2005.

[266] 薛志刚,胡时胜. 水泥砂浆在围压下的动态力学性能[J]. 工程力学,2008,25(12):184-188.

[267] 尤明庆. 基于黏结和摩擦特性的岩石变形与破坏的研究[J]. 地质力学学报,2005,11(3):286-292.

[268] Rubin A M, Aherns T J. Dynmaic Tensile Failure Induced Velocity Deficits in Rock [J]. Geophys Res. Lett., 1991,18(2):219-223.

[269] He Hong-liang, Athens T J. Mechanical Properties of shock-damaged rocks[J]. International Journal of Rock Mechanics & Mining Sciences,1994,31(5):525-533.

[270] Cang Li liu, AhrenT J. Stress Wave Attenuation in Shock-Damaged Rock[J]. J. Geophys. Res,1997,102(B2):5243-5250.

[271] 杨军,金乾坤,黄风雷. 岩石爆破理论模型及数值计算[M]. 北京:科学出版社,1999.

[272] 李造鼎. 岩体测试技术[M]. 北京:冶金工业出版社,1993.

[273] 张杰,李瑾,张琦涛,等. 非金属声波测试简明用户手册(内部交流). 中国科学院武汉岩土力学研究所智能仪器室,2001.

[274] 王让甲. 声波岩石分级和岩石动弹性力学参数的分析研究[M]. 北京:地质出版社,1997.

[275] 楚译涵. 声波测井原理[M]. 北京:地震出版社,1987.

[276] 闫长斌. 爆破作用下岩体累积损伤效应及其稳定性研究[D]. 长沙:中南大学,2006.

[277] Rubin A M, Aherns T J. Dynmaic Tensile Failure Induced Velocity Deficits in Rock [J]. Geophys Res. Lett., 1991,18(2):219-223.

[278] 杨桂通. 弹塑性力学引论[M]. 北京:清华大学出版社, 2004.

[279] Krajcinovic D, Fonseka G U. The Continous Damage Theory of Brittle Materials [J]. J. Applied Mechanics Trans. of ASME, 1981, 48(4):809-824.

[280] Drogen A, Mroz Z . A Continuum Model for Plastic-Brittle Behaviour of Rock and Concrete[J]. Int. J. Engineering Sciences, 1979, 19:121-137.

[281] 盖秉政. 弹性波在平面多连通域中的绕射与动应力集中[J]. 应用数学和力学,1986,7(1): 25-36.

[282] 鲍亦兴,毛昭宙. 弹性波的散射与动应力集中[M]. 北京:科学出版社,1993.

[283] 周益春. 材料固体力学[M]. 北京:科学出版社，2005.

[284] (美)Kanninen,Popelar M F. 高等断裂力学[M]. 洪其麟，郑光华，郑棋选，等，译. 北京:北京航空学院出版社，1987.

[285] Freumd L B. Dynamic Fracture Mechanics[M]. Cambridge:Cambridge Press,1990.

[286] RAVI—Chandar. K Dynamic Fracture[M]. Amsterdam:Elsevier,2004.

[287] 郭子庭，吴从师. 岩石爆破破碎的能量分析[C]//第三届全国岩石动力学学术会议论文集. 桂林，1992，11:185-192.

[288] Bernabe Y, Revil A. Pore-cale heterogeneity, energy dissipation and the transport properties of rocks[J]. Geophysical Research Letters, 1995, 22(12): 1529-1532.

[289] 尤明庆，华安增. 岩石试样破坏过程能量分析[J]. 岩石力学与工程学报，2002，21(6): 778-781.

[290] 赵阳升，冯增朝，万志军. 岩体动力破坏的最小能量原理[J]. 岩石力学与工程学报，2003，22(11): 1781-1783.

[291] Sujatha V, Chandra Kishen J M. Energy release rate due to friction at bimaterial interface in dams [J]. Journal of Engineering Mechanics, ASCE, 2003, 129 (7): 793-800.

[292] 彭瑞东. 基于能量耗散及能量释放的岩石损伤与强度研究[D]. 北京:中国矿业大学，2005.

[293] 张强，李夕兵，等. 炸药破碎能耗与块度分布关系式[J]. 爆破，1998，15(3):16-19.

[294] Hukki R T. Proposal for asolomoic settlement between the thororire of Von Rittinger, Kick and Bond. Tran AIME, 1952, 123:403-408.

[295] 赵忠虎，谢和平. 岩石变形破坏过程中的能量传递和耗散研究[J]. 四川大学学报:工程科学版，2008，40(2):26-31.

[296] Zhang Z X, Kou S Q, Jiang L G, et. al. Effects of loading rate on rock fracture: fracture characteristics and energy partitioning[J]. International Journal of Rock Mechanics and Mining Sciences, 2000(37):745-762.

[297] 谢和平. 分形——岩石力学导论[M]. 北京:科学出版社. 1997.

[298] 谢和平. 分形力学研究进展[J]. 力学与实践，1996，18(2):10-17.

[299] 李士斌. 深井岩石破碎规律及破碎的分形机理研究[D]. 大庆:大庆石油学院，2006.

[300] 曾文曲，王向阳，等. 分形理论与分形的计算机模拟[M]. 沈阳:东北大学出版社，2001.

[301] 钱烨. 基于分形理论的节理岩体爆破块度试验研究[D]. 武汉:武汉理工大学，2005.

[302] 巫绪涛，杨伯源，李和平，等. 大直径 SHPB 装置的数值模拟及实验误差分析[J]. 应用力学学报，2006，23(3):432-434.

[303] 谭柱华，盖秉政，庞宝君，等. 影响 Hopkinson 压杆实验结果因素的数值模拟分析[J].

哈尔滨工业大学学报,2007,39(3):363-366.

[304] 赵海鸥. LS-DYNA 动力分析指南[M]. 北京:兵器工业出版社,2003.

[305] LS-DYNA KEYWORD USER'S MANUAL(version970). US:LSTC,2003.

[306] Holmquist T J, Johnson G R, Cook W H. A computational constitutive model for high pressures[C]// 14th International Symposium on Ballistics. 1995:591-600.

[307] Ma G W, An X M. Numerical simulation of blasting-induced rock fractures[J]. International Journal of Rock Mechanics & Mining Sciences, 2008 (45):966-975.

[308] 张凤国,李恩征. 混凝土撞击损伤模型参数的确定方法[J]. 弹道学报,2001,13(4):12-16.

[309] 蔡清裕,崔伟峰,向东,等. 模拟刚性动能弹丸侵彻混凝土的 FE-SPH 方法[J]. 国防科技大学学报,2003,25(6):87-90.

[310] 刘云飞,申祖武,晏石林,等. 预应力钢筋混凝土安全壳侵彻数值模拟分析[J]. 武汉理工大学学报,2003,25(10):51-53.

[311] 纪冲,龙源,万文乾. 弹丸侵彻钢纤维混凝土数值模拟[J]. 解放军理工大学学报,2005,6(5):459-463.

[312] 韩丽,高世桥,李明辉,等. 弹丸垂直贯穿混凝土靶的数值研究[J]. 北京理工大学学报,2006,26(11):953-956.

[313] 纪冲,龙源,万文乾. 动能弹丸冲击侵彻混凝土靶数值模拟分析[J]. 混凝土,2006,2:6-8.

[314] Gama B A, LoPatnikov S L, GillesPie J W Jr, et al. Hopkinson bar experiment: Analysis and simulation[R]. Newark University of Delaware-Center for Composite Materials, UD-CCM Researeh Review, 2002.

[315] 白金泽. LS-DYNA3D 理论基础与实例分析[M]. 北京:科学出版社,2005.

[316] 徐迎松,雷万启. 直接传入岩体介质中应力波的衰减规律问题[J]. 防护工程,2007,29(4):39-41.

[317] 庄新炉. 爆炸载荷作用下裂隙岩体的损伤特性研究[D]. 合肥:安徽理工大学,2005.

[318] 田力. 地下爆炸波冲击下地面结构动力响应及滑移隔震研究[D]. 天津:天津大学建筑工程学院,2004.

[319] 张晋红. 柱状药包在岩石中爆炸应力波衰减规律的研究[D]. 太原:中北大学,2005.

[320] J. 亨利奇. 爆炸动力学及其应用[M]. 熊建国,等,译. 北京:科学出版社,1987.

[321] J. M. 梁霍夫. 岩土中爆炸动力学基础[M]. 刘光寰,王明洋,译. 南京:工程兵工程学院,1993.

[322] 杨秀敏. 爆炸冲击波理论基础[M]. 北京:科学出版社,1997.

[323] 王占江,李孝兰,戈琳,等. 花岗岩中化爆自由场应力波传播规律分析[J]. 岩石力学与工程学报,2003,22(11):1827-1831.

[324] 崔新壮,李卫民,段祝平,等. 爆炸应力波在各向同性损伤岩石中的衰减规律研究[J]. 爆炸与冲击,2001,21(1):76-80.

[325] Skews B W, Atkins M D, Seitz M W. The impact of a shock wave on porous compressible foams[J]. Journal Fluid Mechanics, 1993,253:245-265.

[326] Smith P D, Vismeg P, Teo L C , et al. Blast Wave Transmission Along Rough-walled Tunnels[J]. Int. J. Impact Eng. , 1999, 21(6):419-432.

[327] 何翔,任辉启. 岩体中爆炸地冲击试验研究[J]. 防护工程, 2002,24(3): 10-15.

[328] 李孝兰. 硬岩中大当量地下爆炸应力波的测试和分析[J]. 辽宁工程技术大学学报:自然科学版, 2001,20(4):393-395.

[329] 李晓军,张殿臣,李清献,等. 常规武器破坏效应与工程防护技术[M]. 洛阳:总参工程兵三所,2001:217-218.

[330] 何唐甫. 近地爆、触地爆、钻地成坑爆和地下封闭爆直接地冲击诸参数的统一实用计算公式[J]. 防护工程, 1986, 8(2):11-16.

[331] 庞伟宾,李茂生,杨仁华. 等效当量埋深系数的计算方法[J]. 防护工程,2006,28(4):10-12.

[332] 肖正学,张志呈,李端明. 初始应力场对爆破效果的影响[J]. 煤炭学报,1996,21(5):497-501.

[333] 刘艳,许金余. 地应力场下岩体爆体的数值模拟[J]. 岩土力学,2007,28(11):2485-2488.